养鱼手册

第 3 版

王纪亭　岳永生　主编

中国农业大学出版社

·北京·

内 容 简 介

本书主要介绍常规养殖鱼类的生物学特性、鱼的营养与饲料、水质要求及人工繁殖、育种与驯化、鱼苗和鱼种培育、池塘养鱼、网箱养鱼、鱼病防治等知识和技术。

图书在版编目(CIP)数据

养鱼手册/王纪亭,岳永生主编. —3 版. —北京:中国农业大学出版社,2014.12

ISBN 978-7-5655-1133-2

Ⅰ.①养…　Ⅱ.①王…②岳…　Ⅲ.①鱼类养殖-技术手册　Ⅳ.①S96-62

中国版本图书馆 CIP 数据核字(2014)第 285451 号

书　名	养鱼手册　第 3 版
作　者	王纪亭　岳永生　主编

策划编辑	赵　中	责任编辑	张苏明
封面设计	郑　川	责任校对	王晓凤
出版发行	中国农业大学出版社		
社　址	北京市海淀区圆明园西路 2 号	邮政编码	100193
电　话	发行部 010-62818525,8625	读者服务部 010-62732336	
	编辑部 010-62732617,2618	出　版　部 010-62733440	
网　址	http://www.cau.edu.cn/caup	e-mail	cbsszs@cau.edu.cn
经　销	新华书店		
印　刷	北京时代华都印刷有限公司		
版　次	2015 年 4 月第 3 版　　2015 年 4 月第 1 次印刷		
规　格	850×1 168　32 开本　　11.5 印张　　285 千字		
定　价	25.00 元		

图书如有质量问题本社发行部负责调换

主　　编　王纪亭　岳永生

副 主 编　宋憬愚　孙红喜

编写人员　王纪亭　宋憬愚　岳永生　丁　雷
　　　　　陈红菊　王雪鹏　季相山　赵　燕
　　　　　潘顺林　康明江　孙红喜

第 3 版前言

近十年来,随着中国经济的快速发展和人民生活水平的日益提高,以及全球海洋生态环境的日益恶化,水产养殖业在中国乃至全世界的作用日益显现。中国作为世界水产养殖大国,无论是水产养殖规模还是水产科技人才的数量以及科研水平均居于世界前列。为了适应中国水产养殖业快速发展的需要,我们对第 2 版《养鱼手册》进行了修改,增加了近几年国内外有关养鱼技术的最新研究成果,如鱼类的遗传育种、鱼类的营养与饲料、鱼病防治等实用新技术、新成果。

本书可供相关领域教学、科研人员以及水产养殖技术人员参考。由于编著者的水平有限,书中不当之处在所难免,敬请读者予以批评指正。

编著者

2014 年 9 月

第 2 版前言

为了促进我国淡水养殖业的发展,加快农民奔小康的步伐,适应加入 WTO 后经济发展的需要,我们对第 1 版《养鱼手册》进行了修改,增加了近几年国内外有关养鱼技术的最新研究成果和本地淡水养殖生产的最近实践经验,删除了传统的养殖技术,注意了鱼的疾病防治中禁用和限用药物,补充了大量无公害养殖新技术、集约化养殖新技术。本书是淡水养殖新技术、新经验的汇编。

本书可供从事教学、科研和技术工作的人员参考。由于编著者的水平有限,书中不当之处在所难免,敬请读者予以批评指正。

编著者
2005 年 5 月

第 1 版前言

我国养鱼有悠久的历史,远在 3 000 多年前的殷末周初就有养鱼的记录,至公元前 5 世纪的春秋战国时代,陶朱公范蠡根据当时的养鱼经验编写了世界上第一部养鱼著作《养鱼经》。我国人民经过几千年的养鱼实践,积累了丰富的经验。特别是近年来,我国养鱼事业得到很大发展,养鱼面积进一步扩大,养鱼的地区由解放前的少数几个省区扩大到全国各地,由平原发展到山区,由内地发展到边疆,由主要依靠坑塘发展到湖泊、水库、河沟、稻田、改造的涝洼地等各种水体养鱼;而且科学研究不断取得新成就,在世界上首先突破鲢、鳙等鱼类的人工繁殖难关,使苗种由依靠天然捕捞发展到形成人工繁育体系,因而使单位面积产量和渔业生产总产量不断提高。

改革开放以来,我国渔业生产与科研密切结合,取得了举世瞩目的成就,积累了许多新的资料。为了总结推广新的科研成果,进一步推动我国渔业生产的发展,编辑了这本《养鱼手册》。本书主要对常规养殖鱼类的生物学特性、饵料与水体施肥、水质、人工繁殖、育种与驯化、鱼苗和鱼种培育、池塘养鱼、水库养鱼、网箱养鱼、湖泊养鱼、河道养鱼、稻田养鱼、流水养鱼、养鱼机械、特种水产养殖、鱼病防治进行了较全面的论述。本书特点是科学性、先进性、实用性、指导性、可操作性。

本书可供从事教学、科研和技术工作的人员参考。由于编著者的水平有限,书中不当之处在所难免,敬请读者予以批评指正。

编著者
1998 年 10 月

目　　录

第一章 鱼类养殖基础知识

导读:本章在介绍鱼类形态(包括内部结构)和生活习性的基础上,阐述了常规养殖鱼类(包括鲤鱼、鲫鱼、鲢鱼、鳙鱼、草鱼、青鱼、团头鲂、鲮鱼、细鳞斜颌鲴)的生物学特性及养殖地位,是鱼类养殖的重要基础知识。

鱼是终生生活在水中的脊椎动物,但终生生活在水中的脊椎动物未必都是鱼,比如说鲸鱼、海豚等,只有那些用鳃呼吸、以鳍运动、体被鳞片(有的已退化)的水生变温脊椎动物才是鱼。

第一节 鱼的形态与构造

鱼在脊椎动物中是较为低等的,但是种类数量上又是最占优势的一个类群。在总数 48 000 余种现存脊椎动物中,鱼类约有 22 000 种。我国现存的鱼类约有 2 500 种,其中绝大多数生活于海水中,仅有 800 多种生活于淡水中。分布非常广泛的淡水鱼有鲤鱼、鲫鱼、鳊鱼、麦穗鱼、青鱼、赤眼鳟、黄尾密鲴和棒花鱼等,还有鲇鱼、黄颡鱼、泥鳅、花鳅、乌鳢、鳜鱼、黄鳝和鳗鲡等。

在我国的淡水鱼中,有 250 种以上是具有较大经济价值的食用鱼,其中大型或产量高而具有重要经济价值的种类有 40 多种,它们是鳡鱼、中华鲟(国家一级重点保护野生动物)、黑龙江鲟、团头鲂、长春鳊、鲥鱼、鳜鱼、鲫鱼、栉虾虎鱼、银鱼、大麻哈鱼、鲤鱼、青鱼、红鳍鲌、草鱼、鲢鱼、鳙鱼、赤眼鳟、翘嘴红鲌、蒙古红鲌、鳡鱼、黄尾密鲴、花鲭、白甲鱼、鲇鱼、黄颡鱼、狗鱼、鲚鱼、乌鳢、黄鳝、鳗鲡、鲹鱼和鲻鱼等,其中鲢鱼、鳙鱼、草鱼、青鱼被称为四大家鱼。从国外引进的有虹鳟、尼罗罗非鱼、短盖巨脂鲤(淡水白鲳)、斑点叉尾鮰、革胡子鲇、巴西鲷、俄罗斯鲟等,多种已成为我国主要养殖对象。

一、鱼类的外部形态和机能

鱼类终生生活于水中,水环境的特殊性造就了鱼类区别于陆栖动物的独特体型;体表的鳞片起保护作用,黏液可以减少运动时的阻力;鳔可以调节身体沉浮;偶鳍可以使鱼在水中灵活游动,奇鳍可以使鱼保持平衡,推进鱼体前进和控制游动方向;鳃可以使鱼在水中呼吸。总之,鱼类表现出了对水环境的极大适应性。

(一)鱼类的体型

水域环境复杂多变,鱼类生活习性也千差万别,由此出现了多种多样的体型,归纳起来有 4 种基本体型:纺锤型、平扁型、侧偏型和棍棒型。常见的鲤鱼、鲢鱼等基本属于纺锤型,团头鲂、长春鳊属于侧扁型,鳗鲡、黄鳝是棍棒型,平扁型的鱼在淡水中较少见。

(二)鱼体的外部区分与测量

鱼体分为头部、躯干部和尾部三部分。头部与躯干部以鳃盖骨的后缘为界;躯干部与尾部以肛门或尿殖孔后缘为界。鱼体的测量指标主要有以下几种(图 1-1):

(1)全长:由吻端至尾鳍末端的直线距离。

(2)体长:由吻端至最后一枚尾椎或到尾鳍基部的直线距离。

(3)叉长:由吻端至尾叉最凹处的直线距离(尾鳍分叉的鱼)。

(4)肛长:由吻端至肛门前缘的直线距离。

(5)体高:鱼体最高部位(躯干中部)的垂直高。

(6)头长:由吻端至鳃盖后缘的直线距离。

(7)吻长:由上颌前端至眼前缘的距离。

（8）眼径：眼水平方向前后缘之间的距离。

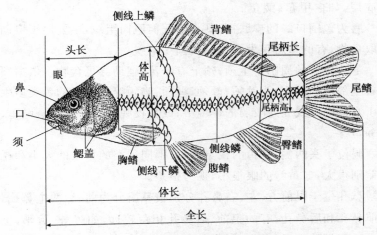

图 1-1 鱼体的外部区分与测量

（9）眼间距：两眼在头背部的最小距离。

（10）尾柄长：由臀鳍基底后缘至最后一枚尾椎后缘（或尾鳍基部）的直线长。

（11）尾柄高：尾柄最狭部位的垂直高。

(三)鱼的外部器官

鱼的外部器官主要有口、须、眼、鼻、鳃盖、鳞、侧线鳞、鳍等（图1-1)。

口位于头部前端，用于捕食，也是呼吸时的入水口，其位置、大小和形态与食性有关。吞食大型食物的凶猛肉食性鱼，口较大，如鳜鱼、乌鳢、鲇鱼等；而食小型食物的温和性鱼类，口裂小，如鲫鱼等；但滤食性的鱼口较大，如白鲢、鳙鱼等。依据上、下颌的长短可将鱼类的口区分为上位口、端位口和下位口。多数鱼类为端位口，口裂朝前，这类鱼活动于水体中层，捕食其前方的食物；具上位口的鱼捕食上层食物，多见于水体的上层，如翘嘴红鲌;而具下位口的鱼,善于觅食水底泥中的食物,多活动于水体底层,如白甲鱼、鲮鱼。

唇为包围口缘的皮肤褶,其上无任何肌肉组织,主要用于协助吸取食物,有的鱼唇很发达,如唇鱼。

部分鱼口的周围着生须,须上有味蕾,辅助寻觅食物。依据须的着生部位,须可分为颌须、颏须、鼻须、吻须等。有须的鱼类多生活于水体底层或光线较弱的环境中,或喜夜晚活动,如泥鳅、鲇鱼、黄颡鱼等。

眼位于头两侧,是鱼的视觉器官,不同种类的鱼眼的大小和视力差别很大,如黄鳝的眼很小,视力很差。

鼻孔位于眼前方,左、右鼻孔分别被鼻瓣分为前、后两个鼻孔,即前鼻孔和后鼻孔,有的鱼前、后鼻孔相距较远,如鳗鲡、黄鳝,也有少数鱼鼻孔中无鼻瓣。鱼类的鼻孔与呼吸毫无关系,只是嗅觉器官。

鳃盖孔位于头部最末端,其内为鳃腔,鳃腔内容纳着呼吸器官——鳃。鳃盖膜与峡部相连的鱼类,鳃盖孔小,如草鱼、青鱼等。而合鳃目的鱼(黄鳝)鳃移至头部腹面,左、右鳃盖膜相连呈横裂状,只有一个鳃孔。

鳍是躯干部的外部器官,分偶鳍和奇鳍两类。偶鳍包括胸鳍和腹鳍,左右成对;奇鳍包括背鳍、臀鳍和尾鳍,单个存在。鳍是鱼类最富于变化的器官之一,其数目、位置、形状、大小各不相同,快速游动的鱼各鳍发达,而不善运动的鱼或穴居鱼各鳍退化甚至消失,如黄鳝。有的鱼在背鳍后面还有一富含脂肪的鳍,称为脂鳍,如虹鳟、黄颡鱼、大麻哈鱼等。

侧线是鱼体侧一系列小孔,穿过侧线鳞,它是鱼类感知水流和低频振动的器官,用于察知水波的动态、水流方向、周围生物的活动情况以及游动途中的固定障碍物(河岸、岩石)等。除鱼类外,其他水生变温脊椎动物也常常有侧线。

二、鱼类的内部构造与机能

1. 皮肤及其衍生物　鱼类的皮肤由表皮和真皮构成。表皮都是活细胞,没有角质层,由生发层和腺层构成,腺层能向体表分泌黏液,用以润滑身体,并防止病菌侵入。真皮层内有结缔组织、色素细胞、神经及血管等。皮肤的功能是保护鱼体,此外,皮肤还能衍生出鳞片、发光器、黏液腺细胞、追星等衍生物,以协助鱼完成保护、联络、防御、生殖等多种功能。

2. 骨骼系统　鱼类的骨骼系统由中轴骨和附肢骨构成,附肢骨用于支持鳍。中轴骨又分为头骨及脊柱,头骨用于保护脑等头部的各种器官,脊柱分化简单,仅有躯干椎和尾椎两种。鲤科鱼的前3枚躯干椎分化成韦伯氏器,用于将鳔中气体的波动传至内耳。随着鱼类的进化,肌间骨(鱼肉中的小乱刺)逐渐减少至完全消失,如鲤鱼、鲢鱼有肌间骨,而鳜鱼、罗非鱼等肌间骨消失。骨骼系统的功能在于支持身体,保护内部器官,并配合肌肉产生各种与生命有关的运动。有些骨骼可用于判断鱼的生长特性及鉴定年龄。

3. 肌肉系统　鱼类的肌肉分布在头部、躯干部和尾部。头部的肌肉结构复杂。躯干部肌肉有大侧肌和上、下棱肌。大侧肌呈分节状,并被水平隔膜分为轴上肌和轴下肌。上、下棱肌分别位于背中线和腹中线上,与背鳍和臀鳍的活动有关。

4. 消化系统　由位于体腔中的消化管及连附于其附近的各种消化腺组成,包括口腔、咽、食道、胃、肠、肛门、肝脏、胰脏等。

口腔内有颌齿、犁齿、腭齿、舌齿等口腔齿,但这些齿并没有咀嚼功能,只起防止食物滑脱的作用。鲤科鱼无颌齿,但第五对鳃弓上有咽齿,与基枕骨下的角质垫形成咀嚼面,可用来磨碎食物。咽齿的数目及排列方式的表达式称为齿式,是鲤科鱼的分类依据之一,如青鱼的齿式为4/5。在鳃弓的内侧长有鳃耙,是鱼类的滤食器。鳃耙的数目也可作为分类依据之一:白鲢的鳃耙构成蜗管状的鳃上器官,与获取食物和吞咽有关;青鱼的鳃耙短而尖,有18~20枚;草鱼的鳃耙短而扁,有18枚;鲤鱼的鳃耙软,呈三角形,有20~25枚。

鱼类的食道宽、短而壁厚,且有味蕾和环肌,可以选择食物,并能将吞进的异物抛出体外。食道能分泌黏液帮助鱼吞咽食物。

胃以贲门部连于食道,而以幽门部连于肠,两处均有括约肌。很多鱼类在肠的开始处有盲囊状突出物,称为幽门盲囊(幽门垂),用以扩大吸收面积,如翘嘴鲌就有231~305个盲囊。鲤科鱼类没有胃。

一般说来,肉食性鱼类胃肠分化明显,但肠较短,仅为体长的0.25~0.3倍,而草食性鱼类肠较长,在体内盘曲较多,一般为体长的2~5倍,有的甚至可达10倍以上。

多数鱼类缺乏胃腺和肠腺。肝脏为最大的消化腺,肝脏分泌的胆汁能促进脂肪的分解,并能抗毒及储存糖原。胰脏呈散发性,与肝脏混杂在一起,统称肝胰脏。

5. **呼吸系统** 鱼主要以鳃吸收水中的氧气即"水呼吸"。除此之外,有的鱼能利用副呼吸器官或辅助呼吸器官来进行"气呼吸"。如黄鳝的口咽腔黏膜呼吸,泥鳅的肠呼吸,鳗鲡、鲇鱼等的皮肤呼吸,攀鲈、胡子鲇的鳃上器官呼吸等等。但多数鱼类主要是依靠鳃来吸取溶解于水中的氧气,因而水中的溶氧量与鱼的生命息息相关。常见养殖鱼类在每升水中的含氧量降到1毫克以下时,就容易因缺氧而出现"浮头"甚至"泛塘"现象,鱼苗和鱼种的耗氧量要比成鱼高几倍。

多数硬骨鱼均具有鳔,位于消化管背面,以鳔管通入食道的鱼称为喉鳔类,无鳔管的鱼称为闭鳔类。鳔的形状多样,分一室、二室或三室。鳔的主要功能是调节比重,有的鱼的鳔还可以呼吸、感觉或发声等。

6. 循环系统　鱼类的循环系统由心脏、血管、血液等构成。心脏位于心腔中,外被鳃盖骨保护。

血液在血管中流动时,有一部分经毛细血管渗入细胞组织之间形成组织间液,与细胞交换代谢物后,一部分含代谢物的组织间液进入淋巴毛细管成为淋巴液,最后淋巴液通过静脉回到心脏中,完成淋巴循环。可见,由淋巴液和淋巴管构成的淋巴循环是一种辅助的循环系统。

7. 尿殖系统　尿殖系统由泌尿系统和生殖系统两部分组成。由肾脏、输尿管、膀胱等器官构成的泌尿系统,执行代谢废物的排泄及渗透压的调节,使洄游性鱼类在海水和淡水中生活自如。生殖系统由生殖腺及输导管组成。精巢和卵巢是生殖细胞产生、成熟及贮存的地方,位于鳔的两侧腹下方,多成对。成熟的精巢多呈白色,卵巢常呈淡黄色。成熟的精子或卵子分别由输精管和输卵管输出,经尿殖孔或泄殖孔开口于体外。淡水养殖鱼类为雌雄异体,体外受精。

8. 神经系统及感觉器官　由脑和脊髓构成中枢神经系统,脑神经与脊神经构成外围神经系统,而植物性神经系统管理内脏的生理活动。

鱼类的感觉器官有一般皮肤感觉器、侧线感觉器及位于头部的嗅觉器(鼻)、听觉器(内耳)、味觉器及眼等。侧线器官是最为特化的皮肤感觉器,埋于身体两侧的皮下,外被侧线鳞保护,能感知水温、水流、水压等并具触觉。鱼类的味觉器官是味蕾,其位置不固定,可分布在口腔、舌、鳃、咽、食道、体表或口区等处。

鲤的内脏器官见图 1-2。

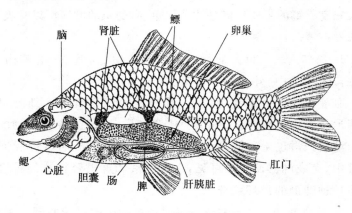

图 1-2　鲤的内脏器官

第二节　鱼类的生理及生活习性

栖息在不同水域中的鱼类,其生理及生活习性不同,因而要养好鱼,必须首先了解鱼类的生理及生活习性。

1. **食性**　鱼类的食物组成及摄食方式构成鱼类的食性。按照食物组成可将鱼类分为:草食性鱼,如草鱼、鳊鱼、团头鲂等;肉食性鱼,如青鱼、鳜鱼等;杂食性鱼,如鲤鱼、鲫鱼、罗非鱼等。但这 3 类鱼之间的界限并非十分严格,而只吃一种食物的鱼几乎没有。按摄食方式在养殖上通常将鱼分为滤食性鱼类和吃食性鱼类。前者有鲢鱼、鳙鱼等,其鳃耙很发达;后者有鲤鱼、鲫鱼等。

2. **生长发育**　鱼类生长的快慢相差甚远,这除了与其本身的遗传因素有关外,外界环境的影响也至关重要,外界因素主要是水温、水质和饵料。在鱼的最适宜生长温度范围内,水温越高,溶氧量越高,水质越好,鱼的吃食量越大,鱼的生长发育也就越快。

3. **繁殖**　不同的鱼类其繁殖习性是完全不一样的,多数鱼类都是雌雄异体,达到性成熟年龄的鱼类在适宜的外界条件下,就会相互追逐、产卵、射精。多数鱼类无体外交配器,行体外受精,受精卵在水中发育。刚孵化出的仔鱼的食性与成鱼不完全相同,随着身体的长大,食性才逐渐接近成鱼。也有些鱼类是体内受精,受精卵在体内发育,雌鱼直接生出小鱼,为卵胎生或假胎生。一般硬骨鱼类对卵没有保护,产卵量往往很大。例如一尾 1 千克重的鲤鱼,一次产卵可达 10 万多粒。产卵量大的鱼,鱼卵的孵化率和仔鱼成活率往往很低。

4. **栖息水层**　由于受食性等诸多因素的影响,经过长期适应,许多鱼类形成了自己相对固定的栖息水层。如在常见养殖鱼类中,鲢、鳙喜欢生活于水体的中上层,草鱼、团头鲂习惯于在水体中下层活动,鲤、鲫、青鱼则经常在水体底层栖息、觅食,但这种栖息水层不是绝对不变的,更有些鱼类并无固定的栖息水层,如尼罗罗非鱼。

5. **对温度的适应**　鱼类属冷血动物,其体温与栖息水体的水温基本相同,故水温的高低将直接影响鱼新陈代谢的快慢,影响其生长乃至生命安全。由于各种水域的自然条件千差万别,鱼类经过长期适应,对水温的要求也各不相同。生活在热带地区的鱼类要求有较高的水温才能正常生活,如罗非鱼;而长期生活于冷水中的冷水性鱼类,对高温的适应性就差些,如虹鳟;温带地区的鱼类对水温的要求范围相对较宽,属于广温性鱼类,如四大家鱼及鲤、鲫等。

6. **对溶氧的适应**　鱼类对水中溶氧量极为敏感,一般而言,热带地区的鱼类对水中溶氧量的需求较低,而寒带地区的鱼类对水中溶氧量的要求较高。如果鱼类长期处在低氧环境中,就会出现呼吸加快、生长缓慢等症状;如果水中溶氧量进一步降低,就会发生浮头,甚至死亡。一些具有副呼吸器官的鱼,如乌鳢、胡子鲶等,耐低氧能力较强,可以适当增大放养密度。

7. 对盐度的适应 1 千克水中所含溶解盐类的克数称为盐度。盐度在 0.5 克/千克以下的水称为淡水。传统养殖的淡水鱼对盐度都有一定的适应能力,其中鲤、鲫对盐度适应性很强,而尼罗罗非鱼和虹鳟经过驯化可在海水中饲养。对盐度有宽广适应范围的鱼称为广盐性鱼,如生活在河口咸淡水区的鲻鱼等。

8. 对酸碱度的适应 不同的鱼类对酸碱度的适应能力不同,四大家鱼及鲤鱼、鲫鱼、团头鲂等均喜欢偏碱性的水质,适宜的 pH 值是 7.5～8.5,若水体 pH 值长期低于 6.0 或高于 10.0,生长将受阻。但夏季晴天的下午,由于光合作用的缘故,pH 值短时间升高到 9.5～10.0,对其影响不大。

9. 对肥度的适应 一般而言,水体中悬浮的有机物和浮游生物多,透明度小,则水的肥度就大。常见养殖鱼类中,鲤、鲫等对肥度的适应性较强,鲢、鳙也适宜在浮游生物较多的肥水中生活,其中鳙更耐肥水,尼罗罗非鱼对肥水的适应性也很强,而草鱼、青鱼、团头鲂则喜欢较清澈的瘦水。

10. 对硬度的适应 所谓水的硬度是指水体中钙、镁离子的含量,我国常用德国度来表示(1 升水中含有相当于 10 毫克 CaO 的硬度即为 1 个德国度)。常见的养殖鱼类对硬度的要求不高,只是硬度过低会影响浮游生物的生长,因而间接影响鱼类的生长。有些鱼类对水的硬度有一定的要求,如鲑鳟鱼只有在高硬度的水中性腺才能正常发育,而某些热带鱼只有在软水中才能正常繁殖。

第三节　常规养殖鱼类

一、鲤　　鱼

鲤鱼（*Cyprinus carpio* L.）又名鲤拐子，属鲤形目鲤科鲤亚科鲤属，是一种适应能力很强的鱼类，分布很广。近年来，通过人工培育，形成了许多养殖品种，其中常见的有建鲤、镜鲤、丰鲤、红鲤、湘云鲤、黄河鲤等。

（一）形态特征

鲤鱼（图 1-3）体梭形、侧扁而腹部圆。头背间呈缓缓上升的弧形，背部稍隆起。头较小。口端位，呈马蹄形，有须 2 对。背鳍起点位于腹鳍起点之前。背鳍、臀鳍各有一硬刺，硬刺后缘呈锯齿状。

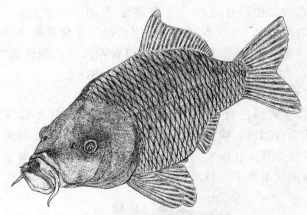

图 1-3　鲤鱼（宋憬愚绘）

背部灰黑色，腹部色淡而较白。臀鳍、尾鳍下叶呈橙红色，胸鳍、腹鳍灰黄色。除位于体背部和腹部的鳞片外，其他鳞片的后部有许多小黑点,组成网格状花纹。目前发现最大个体重 40 千克。

(二)生活习性

鲤鱼的适应性很强,对水质的要求不严格,喜栖息于水体底层,经常用能伸缩的上颌挖掘底泥,觅取食物。夏季摄食强度最大,冬季几乎不进食。鲤鱼为杂食性鱼类,食物颇杂,成鱼主要食底栖动物,如摇蚊幼虫、螺蛳、蚌类、小虾以及水生植物、植物种子和各种有机碎屑,对人工投喂的各种商品饲料均喜食。幼仔鱼喜食浮游生物,如轮虫、枝角类、桡足类等,随身体长大,渐转为吃成鱼饵类。

鲤鱼生长较快(但比草鱼、青鱼稍慢),2 年体重可达 500 克,体长达 25~30 厘米。大部分雄鱼 1 龄即可达性成熟,2 龄的雌、雄鱼全部达性成熟。一般雌鱼较大,怀卵量 30 万~70 万粒。繁殖季节多在春季,成熟的鲤在静水或流水水体中都可产卵繁殖,当水温达到或超过 18℃时,雄鱼开始追逐雌鱼,雌鱼受到刺激而产卵于水草或其他附着物上,卵子具黏性,黏附于水草上孵化。水温 25℃左右时,1.5~2 天即可孵出。刚孵出的小鱼喜欢悬浮在近水面的水草茎叶上,几天后开始游动,摄食轮虫等小型浮游生物,后随鱼体长大,逐渐像成鱼一样采食底层食物。

(三)养殖地位

鲤鱼在我国已有 3 000 多年的养殖历史。鲤鱼以其适应性强、食性杂、易繁殖、病害少、生长快、肉美味鲜等特点而受到普遍欢迎,养殖遍及大江南北,特别是在我国的北方地区,养殖十分普遍,是我国淡水鱼中产量最高的。

二、鲫　　鱼

鲫鱼(*Carassius auratus* L.)又名喜头、鲫瓜子,属鲤形目鲤科鲤亚科鲫属,比鲤鱼分布更广,但个体较小。常见个体的体重为 0.1~0.25 千克,大者可达 1 千克。目前在养殖上常见的除鲫以

外,还有银鲫、彭泽鲫、湘云鲫等,其个体较大、生长快,容易达到
1千克以上。

(一)形态特征

鲫鱼(图1-4)体较短,呈纺锤形。头小,吻钝,口端位,弧形,
唇较厚,无须,下颌部至胸鳍基部呈平缓弧形。背厚。鱼体背部呈
灰黑色,腹部呈灰白色。

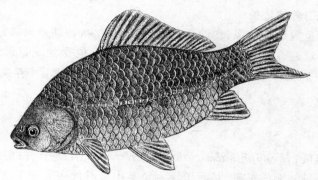

图1-4　鲫鱼(宋憬愚绘)

(二)生活习性

鲫鱼适应性也很强,喜欢生活在多水草的浅水湖汊中,天然产
量大。

鲫的生活习性似鲤,喜栖息于水体的底层,靠挖掘底泥觅取食
物,但能力稍差些。食性较杂,较大些的个体偏向于吃一些植物性
饵料,如各种有机颗粒、腐屑、硅藻、水绵、水草和植物种子,也摄食
一定数量的动物性饵料,如摇蚊幼虫、水蚯蚓及枝角类等,也抢食
人工投喂的各种商品饵料;幼小个体则主要以动物性饵料为主,喜
食轮虫、枝角类、桡足类、摇蚊幼虫等。

鲫鱼生长缓慢,1龄鱼体长8~9厘米,2龄鱼体长可达11~
13厘米,体重100克左右;3龄鱼体长18厘米,体重0.2~
0.25千克;5龄鱼体长亦不过25厘米,体重0.5千克左右。

鲫鱼性成熟较早,只要不是个体太小,一般 1 龄的雌、雄鱼全部可达性成熟,怀卵量为 2 万～3 万粒,产卵最适水温 20～24℃,分批产卵,卵较鲤鱼卵稍小,卵径 1.5 毫米,具黏性,黏在水草等附着物上孵化。孵化期及孵出后的鱼苗习性与鲤相似。鲫鱼产孵期较长,一般为 4～7 月份,雌、雄鱼比例为 4∶1 或 5∶1。在繁殖季节,头部及鳍上出现追星,雄体更为明显。

(三)养殖地位

鲫鱼因适应性强、食性杂、易繁殖、病害少,特别是肉味好而受到普遍欢迎。但因鲫生长缓慢而使其养殖地位受到一定影响,产量不如鲤高。近年来,由于彭泽鲫、湘云鲫的推广,养鲫业大有改观。

三、鲢　鱼

鲢鱼(*Hypophthalmichthys molitrix*)又名鲢子、白鲢,属鲤形目鲤科鲢亚科鲢属,是我国淡水鱼类中最具代表的种类之一,是大型鱼类,体重 10～15 千克的个体在江中常见。鲢没有亚种和品种存在,同属只有 2 种,大鳞鲢产于海南岛,没有进行人工养殖。

(一)形态特征

鲢鱼(图 1-5)体侧扁,稍高,胸鳍下方至肛门间有腹棱。头较大,约为全长的 1/4,吻短,钝而圆,口大而斜,下颌向上翘起。眼较小,位于体侧中轴线之下。鳞细小,侧线完全。鳃耙发达,彼此相连,形成海绵状筛膜。尾鳍呈深叉状。胸鳍末端达不到腹鳍基部。

鲢鱼体银白色,背灰色,背鳍、尾鳍边缘稍黑。目前发现最大个体重 20 千克。

(二)生活习性

鲢鱼是我国特有鱼类,分布较广,黑龙江、长江、珠江等东部各大水系均有自然分布。鲢鱼性情活泼,喜跳跃,用网捕捉时能跃出

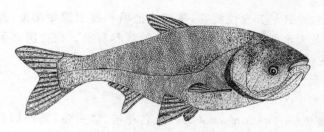

图 1-5　鲢鱼(宋憬愚绘)

水面 1 米多高。

鲢鱼主要以浮游植物为食,能用它发达的海绵状鳃耙滤得各种浮游生物以及悬浮的有机碎屑。因一般水体中浮游植物的量远高于浮游动物,所以,鲢应为食浮游植物为主的鱼类。

鲢鱼生长快,个体大,2 龄鱼体长可达 40 厘米,体重达 1 千克以上。

一般雄鱼 3 龄性成熟,雌鱼晚 1 年。怀卵量为 45 万~100 万粒,在长江地区,每年 4~6 月份是鲢的繁殖时期,水温 18℃ 以上时,成熟的亲鱼于产卵前由越冬地向江河上游洄游,寻找产卵场。产卵场通常位于江面宽窄相间的江段,涨水时这样的地段易产生湍急紊乱的水流,在这种水流条件的刺激下,雌、雄鱼追逐产卵,卵子无黏性,入水后易吸水膨胀,直径由 1.3~1.9 毫米变为 4.0~6.0 毫米,比重稍大于水,在水流的冲击下具漂浮性。受精卵在漂浮运动中孵化。孵化期的长短与水温关系很大,一般 1~2 天。刚孵出的仔鱼活动能力较弱,仍随波逐流,经几天的胚后发育,能主动摄食小型浮游生物,之后随身体长大,鳃耙变密,食性接近成鱼。

(三)养殖地位

为四大家鱼之一。鲢鱼是常见养殖鱼类中耐低氧能力最差的,肉质一般,但因其生长快、易起捕、适应性较强而得到极为普遍的养殖,尤其是其食性特殊,常成为池塘养殖中控制肥度,提高产量,以及大水面增养殖中不可缺少的放养对象。在美国河流中泛滥成灾的"亚洲鲤鱼"即是原产于中国的鲢鱼。

四、鳙　　鱼

鳙鱼(*Aristichthys nobilis*)又名花鲢、胖头鱼,属鲤形目鲤科鲢亚科鳙属,是和鲢十分相近的种类。鳙没有亚种和品种的分化,本属只有鳙一种。

(一)形态特征

鳙鱼(图 1-6)体侧扁,稍高,腹棱起自腹鳍基部至肛门。头肥大,约为体长的 1/3,口宽大,吻圆钝,眼小,位于头侧中轴线之下。鳞小,侧线完全。鳃耙排列紧密,但不彼此相连。尾鳍深叉状。胸鳍末端超过腹鳍基部。

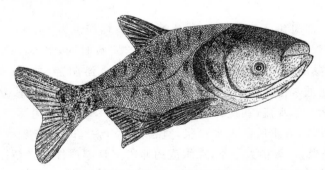

图 1-6　鳙鱼(宋憬愚绘)

鳙鱼的头、背部黑色,间有浅黄色泽,体两侧散布有黑色的斑点。腹部银白色,各鳍灰黑色。目前发现最大个体为 50 千克。

(二)生活习性

鳙鱼是我国的特产鱼类,分布不如鲢鱼广泛,黑龙江水系没有鳙鱼,华北地区河流中数量也较少,仅长江及以南地区水系较多。

鳙鱼的耐肥能力和耐低氧能力较鲢鱼强,喜栖息于水体中上层,但较鲢鱼偏低。鳙鱼性情温和,不善跳跃。鳙鱼头大口大,鳃耙大而细长,故滤食速度快,但效果不好,相当部分浮游植物会穿过鳃耙流到体外,所以,鳙鱼的主要食物是浮游动物,其次是较大型的浮游植物和有机碎屑。

鳙鱼的生长速度较鲢鱼稍快,个体也大些。一般在大水体中2龄鱼体长53厘米,体重2.6千克,3龄鱼体长71~75厘米,体重3.5~4.8千克,但在池塘中生长较慢。

鳙鱼雄鱼一般4龄性成熟,雌鱼晚一年,怀卵量100万粒左右。繁殖习性颇似鲢,只是需要的涨水条件高些,卵子也相对大些,卵径1.5~2毫米,吸水后为5.0~6.5毫米。

(三)养殖地位

鳙鱼为四大家鱼之一,具有适应性强、生长快、易起捕等优点,肉味也好于鲢鱼,市场价格也比较高,是池塘养殖和大水面放养不可缺少的鱼种。

五、草　　鱼

草鱼[*Ctenopharyngodon idellus* (*Cur. et* Val)]又名草鲩、鳍子、鲩鱼,属鲤形目鲤科雅罗鱼亚科草鱼属,因成鱼喜食草而得名,被誉为池塘中的"拓荒者"。

(一)形态特征

草鱼(图1-7)体长,前部略呈圆筒状,后部稍侧扁,腹圆,无腹棱。口端位,呈弧形,上颌稍突出于下颌。吻稍钝而圆。眼中等大小,鳞大,侧线完全。鳃耙短棒状,排列稀疏。尾鳍深叉状。

草鱼体草黄色,背部青灰色,腹部银白色,各鳍浅灰色。目前发现最大个体为35千克。

(二)生活习性

草鱼通常栖息于水体中下层和近岸多水草的清澈区域,性活

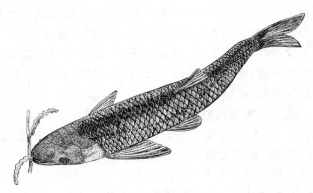

图 1-7　草鱼(宋憬愚绘)

泼,善跳跃。

草鱼喜食各种水草且食量大,对于人工投喂的陆草、菜叶等青饲料和各种商品饲料均喜食,抢食能力强。

草鱼生长速度较快,一般 2 龄鱼体长 60 厘米,体重 3.5 千克;3 龄鱼体长 68 厘米,体重 5.2 千克。

草鱼雄鱼一般 3 龄性成熟,雌鱼晚 1 年,怀卵量一般为 40 万~60 万粒。繁殖习性类似于鲢鱼。卵无黏性,直径约 1.5 毫米,吸水后约 5 毫米。

(三)养殖地位

草鱼为四大家鱼之一,因生长快,肉质好,体型修长,特别是饲料易解决、饲养成本低而得到广泛的养殖,养殖地位极高。但草鱼对水质适应性差,易患病死亡,特别是 1 龄鱼种死亡率较高,对其养殖地位的提高有所影响。

六、青　　鱼

青鱼(*Mylophayrngodon piceus*)又名乌青、青鲩,属鲤形目鲤科雅罗鱼亚科青鱼属,与草鱼相近,是大型鱼类,体重为 15～

25 千克的个体在江河湖泊中常见,目前发现的最大个体重达70 千克。青鱼没有品种和亚种分化,本属也只有青鱼一种。

(一)形态特征

青鱼(图 1-8)体型颇似草鱼,但吻较尖,除腹部为灰色外,其他各处和鳍均为青黑色或灰黑色,肠长为体长的 1.2～2 倍。咽喉齿一行,呈臼状,齿面光滑,齿式为 4/5。

图 1-8　青鱼(宋憬愚绘)

(二)生活习性

青鱼为我国的特产鱼类,其分布范围较草鱼稍狭,主要在长江及其以南地区,华北及东北地区较少。

青鱼耐肥能力较草鱼强,多生活于水体下层,很少到水面上层活动,性情温和,不善跳跃。

青鱼是肉食性鱼类,在自然条件下主食底栖动物,主要为软体动物中的螺蛳类(如田螺、椎实螺、萝卜螺、蚬等),在较小的水体中,也吃底栖动物中的蜻蜓幼虫、摇蚊幼虫以及小虾、幼蟹等。在鱼苗阶段,以摄食浮游生物为主。

青鱼生长迅速,1 龄鱼可长至 0.5 千克,2 龄鱼可长至 2.5～3千克,3 龄鱼在良好环境下可长至 6.5～7.5 千克。

青鱼的性成熟年龄很不一致,最早 3 龄,一般 4～5 龄。怀卵量随个体大小而在27 万～600 余万粒间变动,卵径 1.5～1.9 毫米,吸水后 5.0～7.0 毫米。繁殖习性似鲢。鱼卵和孵出的鱼苗随流水漂动,约 2 周后发育至独立游动、摄食时期。

(三)养殖地位

青鱼为四大家鱼之一,以生长快、肉质好、体型修长而受到欢迎,但因是肉食性鱼类,饵料不易解决,使其养殖地位受到较大影响。目前养殖量很少。

七、团 头 鲂

团头鲂(*Megalobrama amblycephala*)又名武昌鱼、团头鳊,属鲤科鳊亚科鲂属,是栖息于长江中游湖泊中的一种经济鱼类。

(一)形态特征

团头鲂(图 1-9)体高而侧扁,呈菱形。头小,吻钝圆,口端位,上、下颌角度小。腹部自腹鳍至肛门间有腹棱。尾柄短。上、下颌角质薄而窄,上颌角质呈三角形。背鳍末根不分支鳍条为硬刺,硬刺粗短,其长一般短于头长。胸鳍较短,不到或仅达腹鳍基部。

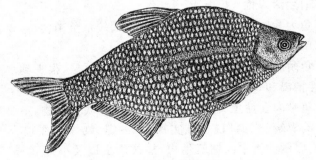

图 1-9　团头鲂(宋憬愚绘)

团头鲂体侧鳞片基部浅色,两侧灰黑色,在体侧形成数行浅色纵纹。目前发现最大个体 4 千克。

团头鲂外部形态似广布于我国南北的三角鲂(图 1-10),只是团头鲂的尾柄长小于尾柄高,胸鳍末端不超过腹鳍基部,肠长约为体长的 2.7 倍。但三角鲂的名气和养殖量远不及团头鲂。

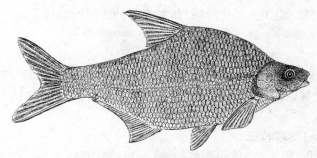

图 1-10　三角鲂(宋憬愚绘)

(二)生活习性

团头鲂适于在湖泊静水水体中生长和繁殖,喜栖息于底质为淤泥、有沉水植物的敞水区的中下层。

团头鲂以各种水草为食,喜食苦草、轮叶黑藻、眼子菜等水生维管束植物,也食一些小型浮游生物和有机碎屑等,对人工投喂的商品饲料也喜食。体长 3.5 厘米以下的幼鱼则以浮游动物如枝角类等为主要食料。团头鲂的食性近似于草鱼,但摄食强度和摄食量远不及草鱼。

团头鲂生长也慢,1 龄鱼平均体长 16.4 厘米;2 龄鱼为 30.7厘米,体重可达 300 克左右。

团头鲂的雄鱼 2 龄性成熟,雌鱼晚 1 年,繁殖习性似鲤鱼,但鱼卵黏性较差。繁殖期在 4 月下旬至 6 月份,怀卵量因个体大小而异,绝对怀卵量在 3 万~45 万粒。产出的卵黏附在水生维管束植物上,卵径一般为 1.3 毫米左右。刚产出的卵浅黄色微带绿色,约两天孵出,仔鱼 3.5~4.0 毫米,附在植物上继续发育,3 天后平游,从外界摄取食物。

(三)养殖地位

团头鲂属草食性鱼类,饲料易得且成本低廉,加上其肉味鲜美,品质优良,病较少,繁殖也容易,因而在一定程度上可替代草鱼进行养殖。但团头鲂生长缓慢,影响了其养殖地位的提高。

八、鲮 鱼

鲮鱼(*Cirrhina molitorella*)又名土鲮、鲮公,属鲤形目鲤科鲃亚科鲮属,分布于我国福建以南各水系,目前发现的最大个体4千克。

(一)形态特征

鲮鱼(图 1-11)体长而略侧扁,头短,吻圆钝,口小、下位,上唇边缘具裂纹,下唇边缘布满乳突,有短须 2 对,体侧上部每一鳞片后方都有一个小黑斑,而在胸鳍上方、侧线上下有 8~12 个鳞片,这些鳞片基部有深黑斑,聚集成菱形斑块。各鳍均呈灰黑色。

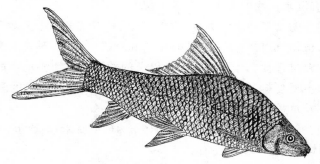

图 1-11 鲮鱼(宋憬愚绘)

(二)生活习性

鲮鱼通常在水底活动,遇到新鲜的水异常活跃。夏秋季节多在浅水地带活动,常刮食附生藻类(肠长为体长的 14 倍)。水温降到 14℃以下时,进入深水越冬。

鲮鱼生长稍慢,通常 1 龄鱼达 30~50 克,2 龄鱼 200 克,3 龄性成熟,体重在 400 克左右,喜欢在江河上游产卵。刚产出的卵较小,卵径 1.5 毫米,吸水后达 3.3 毫米,孵化期短。

（三）养殖地位

鲮鱼是我国南方常见的养殖鱼类，食性独特，能刮食附生藻类，是池塘养殖中不可或缺的鱼类。但鲮鱼生长较慢，尤其不耐寒，水温低于 7℃ 即死亡，因而限制了在北方的推广养殖。

九、细鳞斜颌鲴

细鳞斜颌鲴（*Plagiognathops microlepis*）又名沙姑子、黄片，属鲤形目鲤科鲴亚科鲴属，在我国分布较广，天然水体产量较高，也是鲴亚科鱼中生长最快的，可重达 3 千克。

（一）形态特征

细鳞斜颌鲴（图 1-12）身体延长，前圆后扁，头较小，口下位，略呈弧形，下颌有较发达的角质边缘。自腹鳍至肛门有明显的腹棱。体色银白，隐约可见黄色，背部灰黑色，各鳍均为浅黄色，尾鳍深黄色，并有黑色边缘。

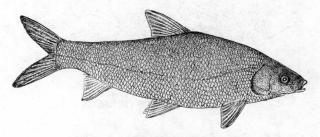

图 1-12　细鳞斜颌鲴（宋憬愚绘）

（二）生活习性

细鳞斜颌鲴能在江河、湖泊和水库等多种环境中生活，以附着藻类及有机碎屑为食，常在水底和池壁上刮食藻类。生长较快，2 龄鱼性成熟可达 1 千克。繁殖力强，4～6 月份洄游到水流湍急的砾石滩产卵。

（三）养殖地位

细鳞斜颌鲴适应性强，食性独特，生长较快，在池塘中混养，能利用其他鱼类不能利用的饵料资源，是北方池塘养鱼中替代鲮鱼的最佳选择，在水库、湖泊中放养效果也不错。细鳞斜颌鲴现已成为一个新的淡水养殖对象。

十、罗　非　鱼

罗非鱼（*Tilapia*）是原产于非洲的热带鱼，属鲈形目丽鱼科罗非鱼属，有 100 余种，我国养殖的主要有尼罗罗非鱼（图 1-13）、奥利亚罗非鱼等。

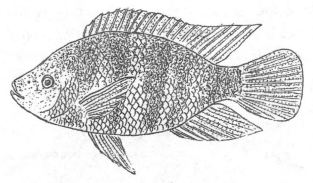

图 1-13　尼罗罗非鱼（宋憬愚绘）

（一）形态特征

罗非鱼身体略呈纺锤形，有些像鲫，但背鳍、臀鳍均有硬棘，尾鳍扇形，腹鳍胸位。侧线分上、下两段。身体呈黄棕色，但随生活环境不同而有差异，生殖期体色也有变化。体侧有 9 条黑色条纹。

罗非鱼在繁殖季节有明显的婚姻妆：雄鱼色彩鲜艳，呈深紫色或紫褐色，背鳍、胸鳍、尾鳍边缘呈艳丽的橘红色；雌鱼呈灰黄色。

雄鱼腹部有 2 个近邻的开孔,即肛门和尿殖孔。尿殖孔位于一个圆柱状的突起上,顶端仅为一个圆点。生殖期间此圆柱状突起常突出并略下垂,轻挤鱼腹部,有乳白色精液流出。雌鱼腹部有 3 个相邻的开孔,即肛门、生殖孔(排卵孔)和泌尿孔。生殖孔位于肛门和泌尿孔之间,呈微红色。在相同饲养条件下,雄鱼个体比同龄雌鱼个体大。

(二)生活习性

罗非鱼一般生活于水体下层,但一天之内有随水温升高而向上层移动的习性。对水质和低溶氧的忍耐能力很强,但对低温的适应性较差,16℃以下就有生命危险。

罗非鱼食性颇杂,对于各种浮游生物、水生昆虫及幼虫和有机颗粒均喜食,对人工投喂的商品饲料抢食能力较强。尼罗罗非鱼生长较快,一般雄鱼生长更快,个体也大些。

罗非鱼 5～6 个月达性成熟,雄鱼体重在 200 克左右,雌鱼体重在 150 克左右。此时雌、雄区别较明显:雄鱼背鳍及臀鳍一直延伸到尾鳍中部,雌鱼背鳍及臀鳍一直延伸到尾鳍基部。

罗非鱼每年多次产卵,只要水温保持在 20℃以上,全年均可产卵。繁殖前,雄鱼在适宜做巢的地方挖个窝,雌鱼产卵于窝内,并随即吞入口中,在雌鱼吞卵的同时,雄鱼射精,卵在口中受精、孵化,孵出的仔鱼仍留在雌鱼口中,待幼鱼长到 1.5 厘米时,雌鱼才停止护幼,幼鱼独立生活。

(三)养殖地位

罗非鱼是原产于非洲的鱼类,有 100 多种,其生活习性各异,其中尼罗罗非鱼以生长快、肉质好、食性杂、易繁殖等养殖特性而备受欢迎。虽然其耐低温能力较差,在我国绝大部分地区不能自然越冬,但因其养殖性状极佳,仍不失为优良养殖对象,目前已培育出不少优质品种。

思　考　题

1.鱼类有哪四种基本体型?

2.何谓鱼的全长 、体长?

3.口的大小和位置与鱼的食性有何关系?

4.为什么有些鱼类,如泥鳅、黄鳝、胡子鲶,离水后不容易死亡?

5.鱼类的生长速度主要与哪三种环境因素有关?

6.水中溶氧对养鱼有什么影响?

7.谈谈鲤鱼的生活习性及养殖地位。

8.谈谈鲫鱼的生活习性及养殖地位。

9.谈谈鲢鱼的生活习性及养殖地位。

10.谈谈鳙鱼的生活习性及养殖地位。

11.谈谈草鱼的生活习性及养殖地位。

12.谈谈青鱼的生活习性及养殖地位。

13.谈谈团头鲂的生活习性及养殖地位。

14.谈谈鲮鱼的生活习性及养殖地位。

15.谈谈细鳞斜颌鲴的生活习性及养殖地位。

16.谈谈罗非鱼的生活习性及养殖地位。

第二章 鱼的营养与饲料

导读:本章从鱼类的营养原理及需要,鱼类对饲料消化吸收的特点,鱼类的天然饵料及施肥技术,人工配合饲料,投饲技术等方面进行了全面的介绍。总的思路是简要论述鱼类营养与饲料配方技术的主要内容及相关知识,以期指导养鱼生产实践。

第一节 鱼类的营养

鱼类为了维持生命、生长和繁殖后代,需要从外界环境中获得某些化学物质,即营养素。所谓营养素是指能在动物体内消化吸收、供给能量、构成机体及调节生理机能的物质。鱼类需要的营养素有蛋白质、脂肪、糖类、维生素、矿物质和水等六大类。学习和掌握鱼类的营养原理,对于研制鱼类的配合饲料和提高饲料效率具有重要的意义。

一、能 量 营 养

鱼类在其生存过程中,一切生命活动都需要能量,如各种细胞的生长、增殖,营养物质的消化、吸收和运输,体组织的更新,神经冲动的传导,生物电的产生,肌肉的收缩,代谢废物的清除等都需要能量,没有能量,鱼体内的任何一个器官都无法实现它的正常功能。

(一)饲料营养素的能量

鱼类所需能量主要来源于饲料中的三大营养素,即蛋白质、脂肪和糖,这类含有能量的营养物质在体内代谢过程中经酶的催化,通过一系列的生物化学反应,释放出贮存的能量。饲料中三大能源营养物质经完全氧化后生成水、二氧化碳和其他气体等氧化产物,同时释放出能量。各种物质氧化时释放能量的多少与其所含的元素种类和数量有关。

1.糖　糖由碳、氢、氧三种元素组成,氧的平均含量为 50% 左右,碳、氢含量相对较少,其中氢含量约 6%,故氧化时需氧量少,产生的能量也较低。糖的平均产热量为 17.5 千焦/克。

2.脂肪　脂肪也由碳、氢、氧三种元素组成,其中氧的平均含量在 11% 左右,较糖类低得多;碳、氢总含量较高,且氢元素含量特别高,约为 12%,故氧化时需氧量多,产生热量也多。脂肪的平均产热量为 39.5 千焦/克。

3.蛋白质　蛋白质分子中除含有碳、氢、氧三种元素外,还含有氮、硫等元素,氧的平均含量为 22% 左右,氢元素平均含量约 7%,这两个数值都分别介于糖与脂肪分子的平均氧含量和平均氢含量之间。氮在体内不能彻底氧化,故热量仍由碳、氢元素氧化产生。所以蛋白质的产热量较糖为高,较脂肪为低。蛋白质的平均产热量为 23.64 千焦/克。

(二)饲料总能

总能(gross energy,GE)是指饲料中三大能源营养物质完全氧化所释放出来的全部能量。总能不会被鱼类完全利用,因为在消化或代谢过程中,总有一部分能量损失,其损失的数量与鱼类的摄食水平、饲料种类、水温、鱼类的生理机能状态等诸多因素有关。

(三)可消化能

可消化能(digestible energy,DE)是指从饲料中摄入的总能(GE)减去粪能(FE)后所剩余的能量,即已消化吸收养分所含总能量,或称之为已消化物质的能量。虽然饲料原料的种类、性状,饲料配合比例,水温、鱼体大小等对饲料中各营养素的消化率都有影响，但各营养素之间的相互作用几乎不存在，因而，配合饲料中各原料的可消化能之和与该配合饲料的消化能值相等。作为能量指标，可消化能的这种加成性质在饲料配方实践中具有重要意义。

（四）代谢能

代谢能（metabolizable energy，ME）是指摄入的饲料的总能与由粪、尿及鳃排出的能量之差，也就是消化能在减除尿能和鳃能后所剩余的能量。其计算公式为：

$$ME = DE - (UE + ZE)$$

式中：ME 为代谢能，DE 为可消化能，UE 为尿中排泄的能量，ZE 为鳃中排泄的能量。

（五）净能

净能（net energy，NE）是指代谢能（ME）减去摄食后的体增热（HI）量，即

$$NE = ME - HI$$

净能是完全可以被机体利用的能量。它分为两个部分，一部分用于鱼类的基本生命活动，如标准代谢、活动代谢等，这部分净能被称为维持净能（NE_m）；另一部分用于鱼类的生产，如生长、繁殖等，称为生产净能（NE_p）。

（六）鱼类的能量代谢

鱼类摄取了含营养物质的饲料，随着物质代谢的进行，能量在鱼体内被分配，其中一部分随粪便排出体外，一部分作为体增热而消耗，一部分随鳃的排泄物和尿排出而损失，最后剩余的称为净能的那部分能量，才真正用于鱼类的基本生命活动和生长繁殖的需求。图 2-1 表示了鱼类摄食后饲料中的能量在鱼体内的转化情况。

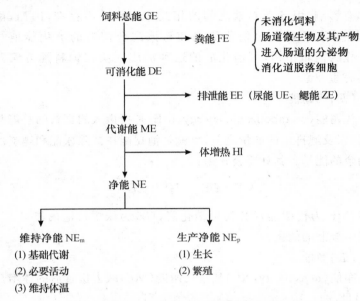

图 2-1　饲料能量在鱼体内的转化过程

(七)能量与蛋白质的关系

　　鱼类摄取营养物质的第一需要是满足能量的需要,能量是鱼类饲料定量的基础。而饲料中的能量乃是饲料中三大能源营养物质——蛋白质、脂肪、糖类所含能量的总和。作为营养素,蛋白质不仅是主要的供能物质,而且具有极其重要的生理功能,且鱼类对蛋白质的需求特别高,故蛋白质是饲料中首先要考虑给予的营养素。能量蛋白比是衡量鱼类对能量、蛋白质合理需要的一个指标。能量蛋白比(energy/protein ratio,简写为 E/P 比)是指单位质量饲料中所含的总能与饲料中粗蛋白含量的比值。

二、蛋白质营养

　　蛋白质是一切生命的物质基础,它不但是生物体的重要组成成分,而且还是催化代谢过程中调节和控制生命活动的物质。

（一）蛋白质的生理功能

鱼类生长主要是指依靠蛋白质在体内构成组织和器官。鱼类对蛋白质的需要量比较高,约为哺乳动物和鸟类的 $2\sim4$ 倍。由于鱼类对糖的利用能力低,因此蛋白质和脂肪是鱼类能量的主要来源,这一点与畜、禽类有很大不同。鱼类和其他动物一样从外界饲料中摄取蛋白质,在消化道中经消化分解成氨基酸后吸收利用,其生理功能如下:

（1）供体组织蛋白质的更新、修复以及维持体蛋白质现状;

（2）用于生长（体蛋白质的增加）;

（3）作为部分能量来源;

（4）组成机体各种激素和酶类等具有特殊生物学功能的物质。

（二）蛋白质、氨基酸的代谢

鱼类摄取饲料后,经过消化和吸收过程,在消化道内没有被消化吸收的废物以粪的形式排出体外,而被吸收了的氨基酸主要用于合成体蛋白质,一部分氨基酸经脱氨基以氨的形式（也有以尿素和尿酸形式）通过肾和鳃排出体外。鱼类在摄取无蛋白质饲料时,其排出的粪和尿中亦有含氮物质等代谢产物,从粪中排出的氮叫代谢氮,主要是肠黏膜脱落细胞、黏液和消化液所含有的氮;从尿排出及鳃分泌出的氮叫内生氮,主要是体内蛋白质修补更新时部分体蛋白降解,最终由尿排泄及由鳃分泌的氮。

（三）鱼类对蛋白质和氨基酸的需求

蛋白质是决定鱼类生长的最关键的营养物质,也是饲料中成本最大的部分。确定配合饲料中蛋白质最适需要量,在水产动物营养学和饲料生产上极为重要。鱼类对蛋白质需要量包含两个意义:①维持体蛋白动态平衡所必需的蛋白质量,即维持体内蛋白质现状所必需的蛋白质量;②能使鱼类最大生长,或能使体内蛋白质积蓄达最大量所需的最低蛋白质量。鱼类对蛋白质需要量的高低,受多种因素影响,如鱼的种类、年龄,水温,饲料蛋白源的营养价值以及养殖方式等。

动物(包括鱼类)从本质上讲,不是需要蛋白质而是需要氨基酸,动物、植物和微生物在合成蛋白质时所需要的起始物质各不相同。植物和有些微生物能从简单无机物(如二氧化碳、硝酸盐、硫酸盐等)合成氨基酸,也有某些微生物和绿色植物能直接利用空气中的氮来代替硝酸盐合成氨基酸,这一生命形式是蛋白质的最初来源。动物则不能从简单的无机物合成氨基酸,它必须依赖动、植物,即它必须直接或间接地从摄取动、植物中获得氨基酸。氨基酸可分为必需氨基酸和非必需氨基酸。因此,对鱼饲料不仅要注意蛋白质的数量,更要注意蛋白质的质量,优质蛋白质中必需氨基酸种类齐全,数量比例合适,容易被鱼类利用于生长。

必需氨基酸是指在体内不能合成,或合成的速度不能满足机体的需要,必须从食物中摄取的氨基酸。经研究确定,鱼类的必需氨基酸有异亮氨酸、亮氨酸、赖氨酸、蛋氨酸、苯丙氨酸、苏氨酸、色氨酸、缬氨酸、精氨酸、组氨酸等 10 种,而酪氨酸、丙氨酸、甘氨酸、脯氨酸、谷氨酸、丝氨酸、胱氨酸和天门冬氨酸等 8 种是体内能够合成的,为非必需氨基酸。从营养学角度来说,非必需氨基酸并非不重要,它也是体内合成蛋白质所必需的。在体内的酪氨酸可由苯丙氨酸转变而来,胱氨酸可由蛋氨酸转变而来,因此,当饲料中酪氨酸及胱氨酸含量丰富时,在体内就不必耗用苯丙氨酸和蛋氨酸来合成这两种非必需氨基酸,因其具有节省苯丙氨酸和蛋氨酸的功用,故将酪氨酸、胱氨酸称为"半必需氨基酸"。

氨基酸平衡是指配合饲料中各种必需氨基酸的含量及比例等于鱼类对必需氨基酸的需要量及比例,这就是理想的氨基酸平衡的饲料。如图 2-2(a)所示,鱼类摄取这样的饲料,吸收到体内的氨基酸才能有效地进行生物化学反应,合成新的蛋白质。事实上任何一种饲料蛋白质的必需氨基酸达到这种理想的氨基酸平衡都是不可能的,总是某种必需氨基酸或多或少,如图 2-2(b)所示。生产实践证明,饲料无论缺乏哪一种必需氨基酸,都会影响饲料的营养价值,假如配合饲料中某一种必需氨基酸只能满足鱼类需要量的一半,那么,其他必需氨基酸的含量再高,也要按这个必需氨基酸的半量为基准,按比例地合成新的蛋白质。这一机理如同木桶盛水一样,其中一块桶板短缺,就不能使木桶装满水。我们把每一种必需氨基酸比作一块桶板,多余的必需氨基酸就像组成木桶的桶板长短不一、盛不住水一样,长的桶板白白浪费[图 2-2(c)]。多余的氨基酸经脱氨基作用,含氮的部分以氨、尿素和三甲胺形式等排出体外,不含氮的部分分解成水和二氧化碳,释放出能量,或形成脂肪积蓄。

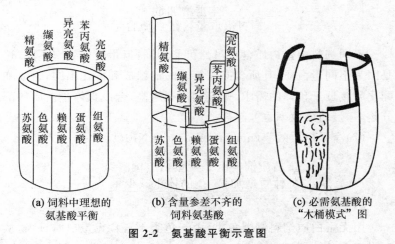

(a) 饲料中理想的
氨基酸平衡

(b) 含量参差不齐的
饲料氨基酸

(c) 必需氨基酸的
"木桶模式"图

图 2-2　氨基酸平衡示意图

(四)蛋白质的营养价值

鱼类对饲料蛋白质的利用程度反映了该饲料蛋白质的营养价

值,可用蛋白质利用率来进行评价。鱼类所消化吸收的蛋白质最终被机体所利用,利用率的高低不仅反映饲料蛋白质品质的好坏,最终还反映饲料的整体利用率。实际生产中,测定饲料蛋白质的利用率可以为合理配制鱼类的配合饲料提供依据。饲料蛋白质营养价值的评定方法有生物学评定法、化学评定法和生物化学评定法。

1. 生物学评定法

(1)蛋白质效率(protein efficiency ratio,PER):该法测定容易,实用性强,被普遍采用。用含有试验蛋白质的饲料,饲喂鱼一段时间,从鱼的体重增加量和蛋白质的摄取量,求得蛋白质效率。计算公式如下:

$$PER = \frac{体重增加量}{蛋白质摄取量} \times 100\%$$

$$= \frac{体重增加量}{饲料摄取量 \times 蛋白质含量} \times 100\%$$

不同饲料中蛋白质含量虽然可能相同,但蛋白质效率不同,这是因为不同蛋白质,其所含必需氨基酸的组成和配比不同,组成和配比越接近于鱼体的需求,则其利用率越高,合成鱼体蛋白质的部分越多,蛋白质效率也就越高。

(2)净蛋白质效率(net protein ratio,NPR):

$$NRP = \frac{\begin{array}{c}蛋白质饲料组\\的体重增加量\end{array} + \begin{array}{c}无蛋白质饲料组\\的体重减少量\end{array}}{蛋白质摄取量} \times 100\%$$

用无蛋白质饲料饲喂鱼类,由于鱼类不喜食无蛋白质日粮,从而影响实验的结果。因此这种评定方法一般不被采用。

(3)蛋白质净利用率(net protein utilization,NPU):蛋白质净利用率是以体内的保留氮占摄取氮量的百分比来评定蛋白质营养价值的方法,试验时必须用含有蛋白质和不含蛋白质的饲料同时进行饲喂,饲喂一段时间后,得出饲喂开始和结束时的体氮量之差,即氮的增加量(蛋白质饲料组)和减少量(无蛋白质饲料组),按下式计算蛋白质净利用率:

$$\text{NPU} = \frac{\begin{array}{c}\text{蛋白质饲料组}\\\text{的体氮增加量}\end{array} + \begin{array}{c}\text{无蛋白质饲料组}\\\text{的体氮减少量}\end{array}}{\text{摄取的氮量}} \times 100\%$$

(4)蛋白质生物价:

$$\text{BV} = \frac{\text{鱼体保留的氮量}}{\text{鱼体吸收的氮量}} \times 100\%$$

应用 PER、NPR、NPU 和 BV 等指标评定饲料蛋白质的营养价值时,以测得的值高者为好。但 PER、NPR、NPU 和 BV 与饲料蛋白质含量的高低有着密切的关系。无论哪一个指标,当饲料蛋白质含量低时,则相对地显示出较高值;而当饲料蛋白质含量高时,则相对地显示出较低值。就是说,当鱼类从饲料中摄取蛋白质量少时,在生长中蛋白质利用率高;当摄取蛋白质量多时,则在生长中蛋白质利用率低。所以应用这些指标评定蛋白质营养价值时,以在同一饲料蛋白质水平、同一试验条件下进行为宜。

2. 化学评定法　必需氨基酸指数(EAAI)的含义是试验饲料蛋白质中各个必需氨基酸量与标准蛋白质中相应的各种氨基酸含量之比的 n 次根:

$$\text{EAAI} = \sqrt[n]{\left(\frac{a}{A} \times 100\right)\left(\frac{b}{B} \times 100\right) \times \cdots \times \left(\frac{j}{J} \times 100\right)}$$

式中:n 为氨基酸数目;a、b、$\cdots$、j 为试验蛋白质中各必需氨基酸量;A、B、$\cdots$、J 为标准蛋白质必需氨基酸量,可以鱼蛋白质或鱼卵蛋白质必需氨基酸作为标准量。

用必需氨基酸指数评定蛋白质营养价值,方法简单,但也存在一定的缺点,即此评定法不能反映蛋白质的消化吸收率和氨基酸的利用率。此外,蛋白质经加工后,其营养价值有可能提高,也可能降低,用生物学评定方法能灵敏地反映这些现象,而化学评价法则不能,所以在使用 EAAI 评定蛋白质营养价值时,应注意这些问题。

3. 生物化学评定法　应用生物学评定法往往需要相当长时间的饲养试验,而采用生物化学评定法,即利用试验饲料喂鱼,在经过一定时间后采血,分析血中的游离氨基酸含量进行评定的方法,可缩短试验时间。生物化学评定法有以下两种方法:

(1)血浆的必需氨基酸平衡(balance of essential amino acid in plasma):用标准饲料和试验饲料喂养鱼,经一定时间后采血,分析氨基酸的含量,计算试验饲料和标准饲料必需氨基酸总量的百分比。

(2)血浆中游离氨基酸模式分析:用试验饲料喂养后,经一定时间后采血,分析血浆中游离氨基酸含量,计算必需氨基酸总量占氨基酸总量的百分比,必需氨基酸总量和非必需氨基酸总量之比值(TEAA/TNEAA),以及和饲养结果的相关系数,来比较评价饲料蛋白质的营养价值。

三、碳水化合物营养

碳水化合物又称糖类,广泛存在于动物、微生物体内,其含量可达干重的 80%。在植物体内,碳水化合物既是结构物质(如细胞壁),又是植物的储备物质(种子中的淀粉)。动物体内碳水化合物含量相对较少,但具有特殊的生理作用(如血糖、黏多糖、糖原等)。碳水化合物是鱼类重要的营养素,但是有关碳水化合物在鱼体内的营养代谢等问题一直困扰着鱼类营养学者和鱼类饲料生产者。

(一)碳水化合物的种类

碳水化合物主要由碳、氢、氧三大元素组成,由于碳水化合物,特别是常见的葡萄糖、果糖、淀粉、纤维素等都有一个结构共同点，含通式 $C_x(H_2O)_y$，因此将这类化合物称为碳水化合物，实际上，这类化合物并非由碳、水化合而成。有些化合物按其结构和性质应属糖类，但其化学组成并不符合上述通式，如脱氧核糖（$C_5H_{10}O_4$）；另有一些化合物，其化学组成符合上述通式，但其实质并非糖类，如乙酸（$C_2H_4O_2$）、甲醛（CH_2O）等。可见用碳水化合物这一名称表述糖类是不确切的，只因历史上沿用已久，故现仍用之。碳水化合物按其结构可分为三大类。

（1）单糖：单糖的化学成分是多羟基醛或多羟基酮，它们是构成低聚糖、多糖的基本单元，其本身不能水解为更小的分子。如葡萄糖、果糖（己糖）、核糖、木糖（戊糖）、赤藓糖（丁糖）、二羟基丙酮、甘油醛（丙糖）等。

（2）低聚糖：低聚糖是由 2～10 个单糖分子失水而形成的。按其水解后生成单糖的数目，低聚糖又可分为双糖、三糖、四糖等。其中以双糖最为重要，如蔗糖、麦芽糖，纤维二糖、乳糖等。

（3）多糖：多糖是由许多单糖聚合而成的高分子化合物，多不溶于水，经酶或酸水解后可生成许多中间产物，直至最后生成单糖。多糖按其单糖种类可分为同型聚糖和异型聚糖。同型聚糖按其单糖的碳原子数又可分为戊聚糖（木聚糖）和己聚糖（葡聚糖、果聚糖、半乳聚糖、甘露聚糖），其中以葡聚糖最为多见，如淀粉、纤维素都是葡聚糖。饲料中的异型聚糖主要有果胶、树胶、半纤维素、黏多糖等。

（二）碳水化合物的生理作用

有关碳水化合物的生理作用问题，在畜、禽等陆生动物特别是哺乳动物中研究得比较详细，但在鱼类或其他水产动物体内的作用研究还比较缺乏。而且由于水生动物生活在水中，使得这方面的研究比较困难，因此相关的研究报道较少。借用陆生动物相关的研究显示，碳水化合物在鱼体内的营养生理作用表现在以下几个方面。

(1)糖类及其衍生物是鱼、虾类体组织细胞的组成成分。如戊糖是细胞核酸的组成成分,半乳糖是构成神经组织的必需物质,糖蛋白则参与形成细胞膜。

(2)糖类可为鱼、虾类提供能量。吸收进入鱼体内的葡萄糖被氧化分解,并释放出能量,供机体利用。游泳时的肌肉运动、心脏跳动、血液循环、呼吸运动、胃肠道的蠕动以及营养物质的主动吸收、蛋白质的合成等均需要能量,而这些能量的来源,除蛋白质和脂肪外,糖类也是重要的一个。摄入的糖类在满足鱼类能量需要后,多余部分则被运送至某些器官、组织(主要是肝脏和肌肉组织)合成糖原,储存备用。

(3)糖类是合成体脂的重要原料。当肝脏和肌肉组织中储存足量的糖原后,继续进入体内的糖类则合成脂肪,储存于体内。

(4)糖类可为鱼类合成非必需氨基酸提供碳架。葡萄糖代谢的中间产物,如磷酸甘油酸、α-酮戊二酸、丙酮酸可用于合成一些非必需氨基酸。

(5)糖类可改善饲料蛋白质的利用。当饲料中含有适量的糖类时,可减少蛋白质的分解供能。同时 ATP 的大量合成有利于氨基酸的活化和蛋白质的合成,从而提高了饲料蛋白质的利用率。

(三)鱼类的糖代谢及对糖类的利用

摄入的糖类在鱼类消化道被淀粉酶、麦芽糖酶分解成单糖,然后被吸收。吸收后的单糖在肝脏及其他组织进一步氧化分解,并释放出能量,或被用于合成糖原、体脂、氨基酸,或参与合成其他生理活性物质。糖类在鱼体内的代谢包括分解、合成、转化和输送等环节。糖原是糖类在体内的贮存形式,葡萄糖氧化分解是供给鱼类能量的重要途径,血糖(葡萄糖)则是糖类在体内的主要运输形式。

在人类食物中,糖类供给的能量一般占全部能量的 50%～55%,在家畜、家禽饲料中糖类含量一般也都在 50% 以上。鱼类虽也和陆上动物一样,可以利用糖类作为其能量来源,但在利用能力方面差别极大。一般来说,鱼类利用糖类的能力较其他动物低,而鱼类利用糖类的能力又随鱼的食性、种类不同呈现出很大差异。

1. 鱼体内的胰岛素水平　　Phillips(1948)、佐藤(1967)、米康夫(1969)、早山(1972)及Ablett等(1983)对鱼类的糖代谢机能做了大量的研究,以探讨饲料糖类对鱼类血糖、肝脏脂质、糖原及肝组织学的影响。结果均表明鱼类的糖代谢能力低,吸收进入体内的糖类似乎不能有效地被利用。Furuichi和Yone(1981)对真鲷、鲤、鰤进行血糖耐糖量(glucose-tolerance)试验,以10%糊精饲料投喂鲤、真鲷、鰤30天后,由口腔投喂葡萄糖(每千克体重167毫升)。结果如图2-3所示。无论是哪一种鱼,其血糖高峰值(一般为170毫克/100毫升)都较正常人(约140毫克/100毫升)高;除鲤外,其他两种鱼的血糖高峰值出现时间都较正常人迟1～2小时。

在上述试验中,胰岛素变化情况如图2-4所示。可以看出,三种鱼胰岛素达到高峰值的时间均为投喂葡萄糖后2小时,较正常

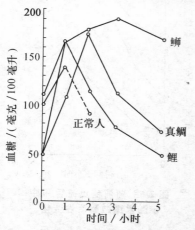

图 2-3　葡萄糖负荷后的血糖变化
(Furuichi 和 Yone,1981)

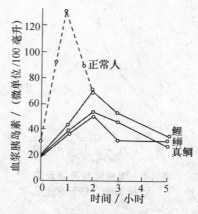

图 2-4　葡萄糖负荷后的血浆胰岛
素变化(Furuichi 和 Yone,1981)

人迟 1 小时,且胰岛素水平也远较常人低。

这表明,鱼类在投喂葡萄糖之后,无论是血糖还是胰岛素变化情形与糖尿病患者都极为相似,而鱼类的胰岛素量不足被认为是导致鱼类耐糖机能低下的主要原因。

2. 鱼类的糖代谢机能　鱼类的葡萄糖耐受力低下,除与胰岛素分泌不足有关外,鱼类的糖代谢机能低劣也被认为是原因之一,而与糖代谢机能直接相关的不是胰岛素而是酶。业已查明,患有糖尿病的哺乳动物,其肝脏中的糖分解酶活性较正常人低,注入胰岛素后可提高糖分解酶活性,抑制糖原合成酶活性。

Furuichi 和 Yone(1982)研究了投喂葡萄糖后鲤、真鲷、鲕三种鱼肝脏中糖分解酶(己糖激酶和磷酸果糖激酶)和糖原合成酶(葡萄糖-6-磷酸酶和果糖-1,6-二磷酸酶)的活性。结果如图 2-5至图 2-8 所示。

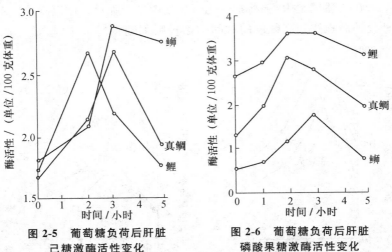

图 2-5　葡萄糖负荷后肝脏　　　图 2-6　葡萄糖负荷后肝脏
己糖激酶活性变化　　　　　　磷酸果糖激酶活性变化

由这些变化曲线可以看出,投喂葡萄糖后,酶活性呈上升趋势,一般在葡萄糖负荷后 2～3 小时达到最高值。如在给予葡萄糖

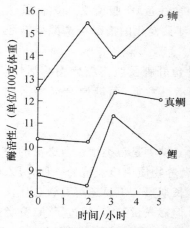

图 2-7　葡萄糖负荷后肝脏葡萄
糖-6-磷酸酶活性变化

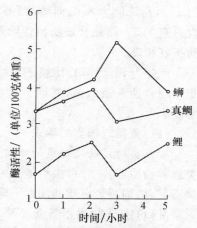

图 2-8　葡萄糖负荷后肝脏果
糖-1,6-二磷酸酶活性变化

后同时注射胰岛素,则糖类分解酶活性增加,而糖原合成酶活性下降。但是对于果糖-1,6-二磷酸酶则因鱼种类不同而异,对鲤鱼而言,注射胰岛素后其活性抑制,而鲕、真鲷的果糖-1,6-二磷酸酶活性被胰岛素所促进。

3. 糖类利用率与鱼种类的关系　由上所述不难看出,鱼类利用糖类的能力因鱼种类不同而呈现较大差异。一般认为肉食性愈强的鱼对糖类的利用能力愈低。由图 2-3 可以看出,鲤在葡萄糖摄入后 1 小时血糖值达最高(170 毫克/100 毫升),但随后迅速下降,5 小时后恢复至空腹值(50 毫克/100 毫升),而鲕(典型肉食性鱼)在葡萄糖摄入后 3 小时血糖值达最高(195 毫克/100 毫升),5 小时后血糖值(170 毫克/100 毫升)仍显著高于空腹值。此外,磷酸果糖激酶的活性(图 2-6)也可以说明肉食性愈强的鱼对糖类的利用能力愈低。如鲤(偏草食性的杂食性鱼)磷酸果糖激酶活性空腹值为 2.6,高峰值为 3.6;真鲷(偏肉食性的杂食性鱼)空腹值为1.4,高峰值为3.0;而鲕(典型肉食性鱼)空腹值仅0.5,高峰值也只有1.5。糖原合成酶活性随鱼种类变化的情况与磷酸果糖激酶正好相反。

此外,示野(1974)比较了10种鱼肝脏及肌肉糖代谢酶活性,指出肉食性愈强的鱼,其糖分解酶活性愈低,而糖原合成酶活性愈高。

(四)鱼类对糖类的需求

1.鱼类对可消化糖类的需要量　糖类是鱼类生长所必需的一类营养物质,是三种可供给能量的营养物质中最经济的一种,摄入量不足,则饲料蛋白质利用率下降,长期摄入不足还可导致鱼体代谢紊乱,鱼体消瘦,生长速度下降。但摄入量过多,超过了鱼、虾类对糖类的利用能力限度,多余部分则用于合成脂肪;长期摄入过量糖,会导致脂肪在肝脏和肠系膜大量沉积,产生脂肪肝,使肝脏功能削弱,肝解毒能力下降,鱼体呈病态型肥胖。前已述及,鱼类是天生的糖尿病体质,如果持续供给高糖饲料,会导致血糖增加,尿糖排泄增多。

与畜禽相比,鱼饲料的特点之一是蛋白质含量高,而糖类含量低,鱼类饲料中糖类适宜含量依鱼种类有较大差异,一般为20%～50%。对鲑、鳟类营养曾有详细研究的 Phillips(1969)报道,长期给鳟投喂高糖饲料,会导致生长速度下降,鳟表现为高血糖症,死亡率很高。所以他主张鲑、鳟类饲料中可消化糖类的含量以不超过12%为宜。但 Buhler(1961)报道,鳟能够利用相当数量的糖,饲料中糊精含量增加至20%,并没有引起饲料效率的显著下降,只是鱼体脂肪和血糖值稍高些。Edward 等人(1977)认为,给未成熟的虹鳟投喂含38%小麦粉的饲料,也不会对其生长产生有害影响,根据目前所积累的资料,认为鲑、鳟类饲料中适宜糖含量为20%～30%。

鱼饲料中糖类适宜含量与鱼的种类关系密切,草食性鱼和杂食性鱼饲料中糖类适宜含量一般高于肉食性鱼,此外,鱼的生长阶段、生长季节也会影响其对糖类的需要量。一般来说,幼鱼期对糖类需要量低于成鱼,水温高时对糖类的需求低于水温低时。测定鱼类对糖类的需要量还与评定指标有关。由于鱼类能有效地从蛋白质、脂肪中获取能量,因此如果仅仅以鱼的生长速度为评定指标,所测糖类适宜含量必然低于以蛋白质利用率作为评定指标时所测结果。考虑到糖类在植物性饲料中含量丰富,经济易得,在配合饲料中使用含糖类丰富的饲料原料,其目的主要在于降低饲料蛋白质的分解供能,节省蛋白质用量,因此以获取最大蛋白质利用率为指标所测糖类含量似乎对生产更具指导意义。

2. **鱼类对粗纤维的需要量** 虽然鱼类不具备纤维素分解酶,不能直接利用粗纤维,但饲料中含有适量的粗纤维对维持消化道正常功能是必需的。从配合饲料生产的角度讲,在饲料中适当配以纤维素饲料,有助于降低成本,拓宽饲料来源。但饲料中纤维素过高又会导致食糜通过消化道速度加快,消化时间缩短,蛋白质消化率下降,而且,饲料中过多的纤维素会使二价阳离子的矿物元素利用率下降。此外,鱼类采食过多纤维素饲料时排泄物增多,水质易污染。所有这些都将导致鱼类生长速度和饲料效率下降。鱼类饲料中粗纤维适宜含量为 5%~15%,因鱼种类及鱼的生长阶段而稍有差异。一般来说,草食性鱼能耐受较高的粗纤维水平,成鱼较鱼苗、鱼种能适应较多的粗纤维。根据我国饲料特点,纤维质饲料来源广,成本低,在以植物性饲料为主要饲料源的配合饲料中,一般不必顾虑粗纤维含量过低,主要应防止粗纤维含量过高。因此我国目前制定的鱼用配合饲料标准中,一般仅对粗纤维含量作了上限规定。

四、脂 类 营 养

脂类是在动、植物组织中广泛存在的一类脂溶性化合物的总称,在饲料分析时所测得的粗脂肪(乙醚浸出物,EE)是指饲料中的脂类物质。脂类物质按其结构可分为中性脂肪和类脂质两大类。中性脂肪俗称油脂,是三分子脂肪酸和甘油形成的酯类化合物,故又名甘油三酯。类脂质种类很多,其结构也多种多样,有的成酯,有的则不成酯,常见的类脂质有蜡、磷脂、糖脂和固醇等。

(一)脂类的生理作用

脂类在鱼类生命代谢过程中具有多种生理作用,是鱼类所必需的营养物质。

(1)脂类是鱼类组织细胞的组成成分。磷脂、糖脂和蛋白质参与构成细胞膜。蛋白质与类脂质的不同排列与结合构成功能各异的各种生物膜。鱼体各组织器官都含有脂肪,鱼类组织的修补和新的组织的生长都要求经常从饲料中摄取一定量的脂质。

(2)脂类可为鱼类提供能量。脂肪是饲料中的高热量物质,其产热量高于糖类和蛋白质,每克脂肪在体内氧化可释放出 37.656 千焦的能量。积存的体脂是机体的"燃料仓库",在机体需要时即可分解供能。脂肪组织含水量低,体积小,所以贮备脂肪是鱼类贮存能量以备越冬利用的最好形式。

(3)脂类物质有助于脂溶性维生素的吸收和在体内的运输。维生素 A、维生素 D、维生素 E、维生素 K 等脂溶性维生素只有当脂类存在时方可被吸收。脂类不足或缺乏,则影响这类维生素的吸收和利用。饲喂脂类缺乏的饲料,鱼类一般都会并发脂溶性维生素缺乏症。

(4)提供鱼类生长的必需脂肪酸。某些高度不饱和脂肪酸为鱼类生长所必需,但鱼体本身不能合成,所以必须依赖于由饲料直接提供。

(5)脂类可作为某些激素和维生素的合成原料,如麦角固醇可转化为维生素 D_2,而胆固醇则是合成性激素的重要原料。

(6)节省蛋白质,提高饲料蛋白质利用率。鱼类对脂肪有较强的利用能力,其用于鱼体增重和分解供能的总利用率达 90% 以上(Hastings,1976)。因此当饲料中含有适量脂肪时,可减少蛋白质的分解供能,节约饲料蛋白质用量,这一作用称为脂肪对蛋白质的节约作用。

(二)鱼类对脂类的代谢及利用

北御门、立野(1960)的研究表明,脂肪酶最适 pH 值偏碱性(pH 值为 7.5),故在酸性环境的胃中脂肪几乎不被消化,幽门垂虽能检出脂肪酶,但活性较低,所以也不是脂肪消化的主要部位。脂肪消化吸收的主要部位在肠道前部(胆管开口附近)。但肠道内的脂肪酶大多数并非由肠黏膜本身分泌,而是来自肝胰脏(由胆管、胰管导入)。饲料中的中性脂肪在脂肪酶的作用下分解为甘油和脂肪酸而被吸收。但近年来的研究表明,在肠道内并非所有的中性脂肪都要在完全水解后才能被吸收,一部分甘油一酯、甘油二酯及未水解但已乳化的甘油三酯也可被肠道直接吸收。

脂肪本身及其主要水解产物游离脂肪酸都不溶于水,但可被胆汁酸盐乳化成水溶性微粒,当其到达肠道的主要吸收地点时,此种微粒便被破坏,胆汁酸盐滞留于肠道中,脂肪酸则透过细胞膜而被吸收,并在黏膜上皮细胞内重新合成甘油三酯。在黏膜上皮细胞内合成的甘油三酯与磷脂、胆固醇和蛋白质结合,形成直径为 0.1～0.6 微米的乳糜微粒和极低密度脂蛋白,并通过淋巴系统进入血液循环,也有少量直接经门静脉进入肝脏,再入血液以脂蛋白的形式运至全身各组织,用于氧化供能或再次合成脂肪贮存于脂肪组织中。

当机体需要能量时,贮存于脂肪组织中的脂肪即被水解,所产生的游离脂肪酸在血液中与血清白蛋白结合,并输送至相应组织氧化分解,释放能量,供组织利用。当血液中游离脂肪酸超过机体需要时,多余部分又重新进入肝脏,并合成甘油三酯,甘油三酯再通过血液循环回到脂肪组织中贮存备用。

一般来说,鱼类能有效地利用脂肪并从中获取能量。鱼类对脂肪的吸收利用受许多因素的影响,其中以脂肪的种类对脂肪消化率影响最大。鱼类对熔点较低的脂肪消化吸收率很高,但对熔点较高的脂肪消化吸收率较低。此外,饲料中其他营养物质的含量对脂肪的消化代谢也会产生影响。饲料中钙含量过高,多余的钙可与脂肪发生螯合,从而使脂肪消化率下降。饲料含有充足的磷、锌等矿物元素,可促进脂肪的氧化,避免脂肪在体内大量沉积。维生素 E 与脂类代谢的关系极为密切,它能防止并破坏脂肪代谢过程中产生的过氧化物。胆碱是合成磷脂的重要原料,胆碱不足,脂肪在体内的转运和氧化受阻,结果导致脂肪在肝脏内大量沉积,发生脂肪肝。

(三)鱼类对脂肪的需求

脂肪是鱼类生长所必需的一类营养物质。饲料中脂肪含量不足或缺乏,可导致鱼类代谢紊乱,饲料蛋白质利用率下降,同时还可并发脂溶性维生素和必需脂肪酸缺乏症。但饲料中脂肪含量过高,又会导致鱼体脂肪沉积过多,鱼体抗病力下降,同时也不利于饲料的贮藏和成型加工。因此饲料中脂肪含量须适宜。

鱼类对脂肪的需要量受鱼的种类、食性、生长阶段、饲料中糖类和蛋白质含量及环境温度的影响,一般来说,淡水鱼较海水鱼对饲料脂肪的需要量低,但在淡水鱼中,其脂肪需要量又因鱼种类而异。虹鳟利用糖类的能力较差,但可有效地利用脂肪并从中获取其生长所需的绝大部分能量。竹内(1978)对虹鳟的研究表明,当饲料中粗蛋白为35%时,其最适消化能蛋白比为130左右;如果必需脂肪酸满足需要,虹鳟可有效利用高达18%的脂肪。国外商品化鳟鱼饲料中一般含脂肪6%～10%,鱼苗偏高而养成鱼偏低。

鱼类对脂肪的需要量除与鱼的种类和生长阶段有关外,还与饲料中其他营养物质的含量有关。对草食性、杂食性鱼而言,若饲料中含有较多的可消化糖类,则可减少对脂肪的需要量;而对肉食性鱼来说,饲料中粗蛋白愈高,则对脂肪的需要量愈低。这是因为饲料中绝大多数脂肪是以氧化供能的形式发挥其生理作用,若饲料中有其他能源可供利用,就可减少对脂肪的依赖。

五、维生素营养

维生素(vitamin)是维持动物健康、促进动物生长发育所必需的一类低分子有机化合物。这类物质在体内不能由其他物质合成或合成很少,必须经常由食物提供。但动物体对其需要量很少,每日所需量仅以毫克或微克计算。维生素虽不是构成动物体的主要成分,也不能提供能量,但它们对维持动物体的代谢过程和生理机能,有着极其重要的且不能为其他营养物质所替代的作用。许多维生素是构成酶的辅酶的重要成分,有的则直接参与动物体的生长和生殖活动。如果长期摄入不足或由于其他原因不能满足生理需要,就会导致鱼类物质代谢障碍、生长迟缓和对疾病的抵抗力下降。

维生素种类很多,化学组成、性质各异,一般按其溶解性分为脂溶性维生素和水溶性维生素两大类。脂溶性维生素包括维生素A(视黄醇,抗干眼症因子)、维生素 D(钙化醇,抗佝偻病维生素)、维生素 E(生育酚)、维生素 K(凝血维生素)。水溶性维生素包括维生素 B_1(硫胺素)、维生素 B_2(核黄素)、维生素 B_3、维生素 B_5(泛酸)、维生素 B_6(吡哆素)、生物素(维生素 H、维生素 B_7)、叶酸、维生素 B_{12}(氰钴素)和维生素C(抗坏血酸)等。根据目前的研究,认为至少有 15 种维生素为鱼类所必需,但这不意味着所有的鱼都必须直接从饲料中获得这些维生素,其中少数几种维生素鱼体本身或消化道微生物可以合成,因而就不必依赖于饲料的直接供给。从鱼类生理代谢的角度讲,鱼类需要获得一定量的这些维生素才能维持正常的生理活动和生长。在饲料生产中,人们更关心的往往是饲料中维生素的添加量或饲料中维生素的适宜含量。添加量的确定固然必须以需要量为依据,但两者并非等同。添加量的确定受很多因素的影响,如鱼的生长阶段、生理状态、放养密度、食物来源及饲料加工情况等,现将影响添加量的因素阐述如下。

(1)鱼的种类、生长阶段:因为大多维生素主要通过相应的酶对动物生理活动和生长性能发挥影响,而不同种类的鱼对营养物质的利用能力、代谢途径都或多或少地存在一定差异,因而对维生素的需要量也略有不同。鱼的生长阶段不同,对维生素的需要量也不同。幼鱼期由于代谢强度大,生长快,因而对维生素的需要量高于成鱼。

(2)鱼的生理状况:在渔业生产中,尤其是在集约化高密度养殖过程中,往往对鱼类采取一些强化生长措施,鱼类在逆境条件下生长。在这种情况下,鱼类对维生素的需要量往往是增加的。此外当环境条件恶化(如溶氧量低、水质污染、水温剧变等),或饲料急剧更换,或人为的操作(如放养、称重、转塘等)对鱼类造成损伤和刺激,或鱼体生病需要用药时,鱼类对维生素的需要量一般也是增加的,以增强鱼类对环境的适应力和对疾病的抵抗力。

(3)饲料中维生素的利用率:用精制饲料测定的鱼类对维生素的需要量一般是在饲料中不含有其他来源的维生素的情况下测得的。但在配制实用饲料时,由于各种动、植物原料中都已含有一定数量的各种维生素,而且其中有些维生素含量已足以满足鱼类生长发育需要,因此在确定这些维生素的添加量时可减少或减免添加量,以免造成不必要的浪费或因含量过多对鱼类带来不利影响。但这里需要强调一点,有些维生素在饲料原料中含量虽很高,但由于以下一些原因未能被鱼类真正摄入和利用:①维生素在饲料中以某种不能被鱼类利用的结合态存在,如谷物糠麸中的泛酸、烟酸含量虽很高,但由于它们以某种结合态存在,因而利用率较低。②维生素吸收障碍。饲料中含有适量的脂肪可促进脂溶性维生素的吸收,而维生素 B_{12} 的吸收则有赖于胃肠壁产生的一种小分子黏蛋白(内因子)的存在,如果这些与维生素吸收有关的物质缺乏或不足,则会显著降低维生素的吸收率。③饲料中存在维生素的拮抗物质(抗维生素),从而削弱甚至抵销了维生素的生理作用,导致维生素缺乏症。④由于绝大多数维生素性质极不稳定,在饲料贮藏加工过程中往往会遭到不同程度的破坏,有时这种破坏是十分严重的。

(4)鱼类的饲料来源及养殖业的集约化程度:在集约化程度较低的半精养、粗养养殖方式中,由于鱼的食物来源较杂,其生长所需维生素除来自人工投喂的配合饲料外,还有相当一部分来自于其他食物(如天然饵料生物、青饲料),因而对配合饲料中维生素的依赖性相对减少。同时由于鱼类放养密度较低,生长速度较慢,鱼类对维生素的需要量也相对较低。但在集约化养殖条件下(如网箱养鱼、流水养鱼),鱼类放养密度高.生长多处于逆境,而其生长所需维生素几乎全部来自配合饲料,因此要适当提高维生素添加量。

(5)维生素之间的相互影响:由于维生素之间存在错综复杂的相互关系,因此某一种维生素的需要量显著受饲料中其他维生素含量的影响。如鱼类对维生素 A 的需要量显著受饲料中维生素 E 含量的影响,因为后者具有保护维生素 A 免受氧化、提高维生素 A 的稳定性的作用。青江等人(1971)按以往报道的鲤鱼维生素需要量最低值为标准,将各种维生素制成维生素混合物,添加到4.6克的稚鲤饲料中进行养殖试验,结果发现,鲤自第 4 周起,出现生长差、皮肤损伤、瘀血等症状,第 5 周增加维生素 B_1 后,瘀血基本消失,但其他症状依旧,经再次修改维生素比例,增加维生素 B_1、维生素 B_2 和烟酸后,结果在第 16 周,试验鱼症状全部消除,生长也恢复正常。

(6)饲料中其他成分:有关的试验结果表明,饲料中其他营养物质对维生素的需要量有一定影响。Phillips(1960)以高蛋白饲料饲养大麻哈鱼,观察到对维生素 B_6 缺乏的敏感性增加。青江等人(1970)采用 Halver 的试验饲料养鲤,在 16 周的试验过程中并未观察到任何维生素缺乏症,但使用高糖饲料后(维生素用量不变),第 7 周便出现明显的维生素 B_1 缺乏症。虹鳟对维生素 A 的需要量与饲料中的蛋氨酸含量有关(Eckhert 等,1974)。由于烟酸在鱼体内的功能可部分由转化的色氨酸代替(色氨酸可转化为 NAD),因而当色氨酸含量较高时,鱼类对烟酸的需要量下降。

(7)消化道内微生物可合成一定量的某些维生素:在鱼类,某些维生素如生物素、维生素 B_{12}、维生素 C、烟酸、泛酸、叶酸等可由肠道微生物合成,但考虑到鱼类消化道较短,食糜通过消化道的速度也较快(典型肉食性鱼尤其如此),因而一般认为鱼类肠道中的微生物在提供维生素方面的作用有限(少数维生素例外,如维生素 B_{12}),绝大多数维生素还要依赖饲料的供给。

总之,确定鱼饲料中的维生素含量是一项十分复杂的工作,很多方面还有待进一步研究。在生产当中是否需要添加维生素,添加什么,添加多少,应根据具体情况,具体分析。在有关理论问题尚未进一步阐明的情况下,一般是采用适当提高添加量的方法,以确保饲料中各种维生素均能满足需要。

六、矿物质营养

矿物质在鱼类有机体中到处存在,特别是骨骼中含量最多。矿物质在鱼体内含量一般为 $3\%\sim5\%$,其中含量在 0.01% 以上者为常量元素,含量在 0.01% 以下者为微量元素。鱼体内的常量元素主要有钙、磷、钾、钠、硫和氯,在营养生理上作用明显的主要微量元素有铜、铁、硒、碘、锰、钴和钼。

鱼、虾很容易从水环境中吸收矿物质,淡水鱼主要从鳃和体表吸收,而海水鱼则从肠和体表吸收。鱼、虾类有控制异常矿物质浓度的能力,但随种类不同而异。鳃、消化道是调控和排出过剩矿物质的场所。矿物元素对鱼、虾的营养很重要，但在饲料中添加过多会引起鱼、虾慢性中毒，矿物元素过量可抑制酶的生理活性，取代酶的必需金属离子，改变生物大分子的活性，从而引起鱼、虾在形态、生理和行为上的变化，对鱼、虾的生长不利，而且通过富集作用，作为人的食品，则对人体健康产生危害。

1.矿物质的吸收与水环境的关系　鱼类和陆上动物对矿物质的需求不同，鱼类不仅由消化道吸收饲料中的矿物质，而且还可以直接经由鳃及皮肤吸收矿物元素，鱼类的矿物质营养及代谢受环境的影响很大。淡水与海水、软水与硬水所含矿物质的种类和浓度相差很大，所以，鱼饲料的矿物质的种类和数量不但与畜禽饲料不同，而且淡水鱼和海水鱼之间也有不同。从理论上说，即使同一种鱼所用饲料，也应根据其所饲养环境水的矿物质组成及饲料原料的不同，来调整其饲料中矿物质的种类与含量。

养殖水体中的矿物质组成、含量可直接影响鱼类对饲料中无机盐的需求量。水中无机钙可以补偿饲料中钙的不足，而磷不能。因此，在饲料中需添加磷，而钙在饲料中是否需要添加则随鱼的种类而不同。如鲑、鳟、鳗须在饲料中添加少量的钙，而鲤、对虾则无须在饲料中添加钙。

2.影响矿物质吸收利用的因素　动物对于矿物质的定量需求，较蛋白质、脂肪、维生素等有机营养成分更难确定，这是因为有许多因素可以影响矿物质的吸收和利用。

(1)鱼类品种：鱼类因其基因品系不同，对矿物质的吸收和利用率也不同。如虹鳟对于磷酸三钙、鱼粉及米糠的磷净保留率分别为51%、60%及19%，而鲤鱼为3%、26%和25%。

(2)生理状态：包括年龄、发育阶段、有无疾病以及是否处于应激状态。鱼类处于应激状态时，则矿物质需要量增加，吸收率也增加。

(3)鱼体内对矿物质的贮存状态：当体组织对某矿物质贮存量

已很充足时,则对饲料中该矿物质的利用率就差,如缺铁的鱼通常会比含充足铁的鱼,更能有效地吸收铁。

(4)矿物质的化学结合形态:如氧化铁(Fe_2O_3)无法为动物利用,而硫酸亚铁($FeSO_4$)则很容易被利用;又如虹鳟对磷酸二氢钙的利用率为94%,而对植酸钙的利用率只有19%。氨基酸微量元素螯合物的利用率优于相应的无机微量元素。

(5)饲料营养成分:饲料中的有机成分可导致矿物质利用率的增减,如日粮中能量、蛋白质水平决定了体内的代谢水平,矿物质的水平也需与之相适应。抗坏血酸可增强铁的吸收率,而植酸和单宁酸则降低铁的吸收。饲料中所含的矿物质对吸收利用率也有影响,例如,饲料中含有较需要量为高的钙,则动物对其吸收率就会降低;此外,矿物元素之间的协同与拮抗作用对利用率影响也大。如饲料中钙的利用率受磷的影响,当饲料磷含量不足时(0.1%),钙含量由0提高到0.3%并未能改善河鲶的生长,而当饲料磷含量较充足时(0.4%),钙含量由0提高至0.3%可明显改善河鲶的生长;又如铁和铜在促进红细胞形成方面具有协同作用,缺铁而不缺铜,也能影响铜的生物效价,使之降低,仍然会产生贫血症,反之亦然。饲料中某些矿物质,如镁、锶、钡、铜、锌等可能会抑制鱼类对钙的吸收。

(6)其他:如饲料的不同加工工艺、粒度、水质状况等都会影响到矿物质的利用率。

3. 饲料中钙、磷的利用率 鱼类对饲料中钙的利用率,除了受水中钙离子含量的影响外,还受饲料中钙的来源、含量、饲料组成及鱼的消化系统即有胃无胃的影响。动物来源饲料含钙、磷都很丰富,而植物来源饲料含磷较多,但往往缺钙。所含磷以植酸钙、镁盐形式存在,其利用率很低。鱼粉为饲料中主要动物蛋白源,磷含量虽高,但其成分主要为磷酸三钙,故利用率很低。在虹鳟、鲶鱼等有胃鱼,鱼粉在胃中被胃酸分解,鱼粉中的部分磷变成可利用磷,利用率高些。但在无胃鱼如鲤鱼,则几乎无法分解吸收,从而磷的利用率很低。所以鱼粉对鲤鱼来说,仍属缺磷饲料,还需添加磷酸二氢钙才能促进其生长。

第二节　鱼类对饲料的消化吸收

一、鱼类的摄食和消化

摄食和消化吸收是动物营养过程的始点。鱼类对摄入的食物在体内消化系统进行消化吸收。经过机械处理和消化酶的分解作用,逐步达到可吸收状态而被消化道上皮吸收。把大分子的营养物质分解为可吸收的小分子物质,在消化道内产生大量的低聚糖、低聚肽、甘油酯、脂肪酸和氨基酸等的混合物。

二、影响饲料消化速度的因素

了解影响鱼类消化速度的因素,对养殖中投饲方法的确定具有指导意义。影响消化速度的因素很多且较复杂,主要有以下方面:

(1)鱼类的食性:一般来说,肉食性鱼类的总消化时间较长,消化吸收率高,而草食性鱼类则相反。草食性鱼类的食物营养物质含量相对低,且较难消化,草食性鱼类的消化道比肉食性鱼类长得多,这可扩大吸收面积,延长食物在消化道的停留时间,有利于微生物的帮助消化。大多数肉食性鱼类的营养物质总消化率在70%~90%,而草食性鱼类仅40%~50%。

(2)水温:鱼类是变温动物。鱼类在适温范围内水温升高会加快食物在消化道的移动,缩短食物在消化道的停留时间,从而可能降低消化率,但另一方面,水温升高,酶活力增加,会使消化速度加快,所以水温的影响较为复杂。一般地说,多数鱼、虾在正常的自然水温变化过程中,能平衡食物移动速度和酶活性之间的关系。因此水温的自然变化不会引起消化率的显著变化。低温时,除了食物移动速度慢,增加消化时间外,有的种类还可以增加酶的分泌量以弥补酶活性的不足。

(3)投饲频率:投饲频率增加使食物在消化道移动反射性加快,未被完全消化吸收的粪便会排掉,因而使消化率下降。但有些实验显示在低摄食率时表观消化率反而下降,这是由于低摄食率时代谢性产物在粪便中所占比例增大的缘故,而其消化率仍是高的。

(4)生长阶段与消化率:动物在不同生长阶段,其食性、酶的活性、运动习性、营养要求等等都会有变化。其对营养物质的消化率也可能有相应的变化。虹鳟在体重6克以下时,对饲料蛋白质的消化率显示明显的低值,而体重在10~100克范围内消化率没有明显差异。这和它的消化酶活性的变化十分吻合。

(5)营养物质的含量及营养物质间的相互作用:许多研究报告指出,消化率受营养素含量的影响,含量越高,消化率就越高。其实,真消化率并不受营养素含量的影响,受影响的是表观消化率。因为表观消化率没有扣除粪便中的内源性成分,当被测营养物质含量越低时,粪中的内源性成分比例就越大,影响就越明显。因此,测量含量较低(相对于内源性含量)的营养物质的表观消化率时,应注意由于内源性成分所引起的误差。

(6)饲料加工工艺:配合饲料要经过复杂的加工过程,各种工艺都对营养成分的物理、化学特性产生不同程度的影响,从而可能影响其消化率。因此,研究加工工艺对消化率的影响,对选择合理的加工工艺、提高饲料的质量具有重要的意义。原料的粉碎是饲料加工中的一个重要环节,粉碎程度不仅影响饲料的消化率,而且影响饲料颗粒的水中稳定性。不难想象,在一定范围内粉碎得越细,消化率就越高。例如,过 10~30 目筛的白鱼粉,虹鳟对它的消化率仅 11%;过 30~50 目筛时,消化率为 51%;过 50 目以上筛时,消化率为 73%;过 120 目以上筛时,消化率便没有什么差异了(尾崎久雄,1985)。

第三节　鱼的天然饵料

　　水体中饵料生物的种类繁多,其分类、地位、体型、大小以及生态习性都有很大的差异。其中有些种类直接为养殖鱼类所摄食,有些虽不能被鱼类直接利用,但可成为鱼类饵料生物的摄食对象,对水体天然鱼产量有间接影响。因此,在养鱼过程中,不仅要考虑对鱼类有直接食用价值的种类,同时还应了解那些在鱼类食物链上起作用的种类。

　　水体中的饵料生物,按其在水体生态系统中的作用来分,可分为生产者、消费者、分解者三大类。生产者主要包括水生高等植物和藻类,它们有色素体,能利用光能,通过光合作用将无机物转化为有机物,因而是水体中有机物质的生产者,这类生物本身既是鱼类的饵料,又是其他饵料生物的营养来源,其饵料价值最大。因此,在实际工作中,常常通过测定其生产量特别是浮游藻类的生产量来估计水体渔产潜力的大小。消费者是指各类动物,它们大多数都是鱼类的优良饵料,但其消长依赖于生产者的多寡。分解者主要包括水体中的各类微生物,其主要作用是将水体中的生物残骸、碎屑分解还原为无机物供生产者利用,其本身则是一些浮游生物和底栖生物的饵料,对于以碎屑为主食的鱼类则有直接饵料价值。按其生活习性及在水体中的分布特点,水体中的饵料生物可划分为浮游生物和底栖生物两大类型。

一、浮 游 生 物

浮游生物主要有浮游植物和浮游动物。

悬浮在水中的生物是存在于水环境中的一个特殊的生态类群,大多数浮游生物的个体都非常微小,必须用显微镜才能观察清楚其形态构造。虽然它们当中有些种类是可以运动的,但运动能力很弱,不足以胜过水流,而大多数生物是完全没有运动能力的。所以,严格地说,浮游生物受水的运动影响很大,只能随波逐流。为了适应浮游生活,它们的身体常常具有突起、毛、刺等构造以增大体表面积,或体内具有油滴等以降低自身的比重,身体相对较大的动物则具有触角等运动器官以克服身体下沉。浮游生物按其营养方式可分为浮游植物和浮游动物两类,它们都有相当丰富的种类和数量,是鱼类、贝类和虾类等经济动物的主要食物基础,有着重要的经济意义。

(一)浮游植物

主要包括绿藻、金藻、黄藻、甲藻、隐藻、硅藻、裸藻和蓝藻等几个门的植物,以及各种浮游细菌。浮游植物尽管身体微小,但生产力大,在环境适宜时可在短时期内大量增殖,形成"水华"。浮游植物是养鱼池重要的原始生产者,对池水中氧气的供给起着极为重要的作用,是水体中物质循环不可缺少的组成部分。养鱼池中浮游植物的种类和数量直接影响到鱼的产量。常见的浮游植物有小球藻、栅列藻、盘星藻、四角藻、衣藻、绿梭藻、空球藻、实球藻、微囊藻、鱼腥藻等。藻类植物作为鱼类食物的价值,一方面看它被消化的情况,另一方面还要考虑到作为食物本身的营养价值如何以及在渔业水体中的生物量多寡。如硅藻类含氮量只占细胞干重的 $1.5\%\sim3\%$,而单细胞绿藻的含氮量则占 $2.5\%\sim8.5\%$,蓝藻的比绿藻更高,同样是 1 克,硅藻、绿藻和蓝藻的营养价值相差很大。还应考虑食物在水体中的密度和生物量,所以,蓝藻类(当易消化时)的作用是值得注意的,因为只有蓝藻大量繁殖时生物量才特别高。如螺旋鱼腥藻多时,白鲢鱼生长特别快,与螺旋鱼腥藻营养丰富和生物量高有着密切的关系。

(二)浮游动物

主要包括原生动物、轮虫、枝角类、桡足类四大类。浮游动物是鳙鱼的主要饵料,鲢鱼、鲤鱼、鲫鱼也吃。另外,所有鱼类幼鱼阶段都以浮游动物为主要食物,轮虫类是刚下塘鱼苗的最佳开口饵料,因此,浮游动物在渔业水体中起着重要作用。

二、底 栖 生 物

(一)底栖动物

底栖动物是分布于水体底部的许多无脊椎动物的总称。它们或附着于水底,或固着(临时或永久)于水中的石块、树枝等基质上,或在底泥中营穴居生活,不论生活方式如何,其共同特点都是长期栖息于水底。在这类动物中具有较高饵料价值的主要包括水栖寡毛类、线虫类、软体动物和水生昆虫的幼虫。据国外报道,在一些肥水湖泊中这类小型底栖动物的生产量可达全部底栖动物的50%,故在考虑鱼类饵料资源时亦应给予注意。底栖动物多数都是杂食性鱼类的优良饵料,螺、蚬则是青鱼的基本饵料。

(二)大型水生植物

大型水生植物主要由根系或地下茎生长于底泥中的维管束植物所组成。根据生态特点,大型植物又可再分为挺水植物、浮叶植物和沉水植物 3 类。挺水植物是指分布于自水面至 1.5 米左右深度的、茎叶突出于水面的植物群,常见的有芦苇、茭白(菰)、蒲草、藕、慈姑等;浮叶植物是指叶片浮于水面的种类,如菱、杏菜、芡实、睡莲等,其分布下限一般可达水下 3 米左右;沉水植物则是植物全部淹没于水内的种类,以眼子菜属和茨藻属的种类最为普遍,此外如聚草、苦草、轮叶黑藻和金鱼藻等也极常见,沉水植物的分布下限视水的透明度而有所不同,在天然湖泊中一般可达 6 米左右。就饵料价值而言,挺水植物和浮叶植物价值较低,而沉水植物则是鱼类的重要天然饵料,主要供草食性鱼类如草鱼、团头鲂等摄食。

(三)周丛生物

周丛生物包括那些在水底突出物或在水草上爬行或营相对固着生活的生物,一般都属小型种类。这类生物的植物成员是各类固着藻类,而动物则是营固着生活的原生动物和轮虫等,这类生物主要供刮食性鱼类(如黄尾鲴)所利用。

除了上述各类饵料外,还必须指出,水中或底部的有机碎屑也是一项鱼类饵料资源。有机碎屑组分是水体中动、植物尸体的碎片残渣和大量的细菌絮团,有一定营养价值。一些研究表明,鱼类很难只靠有机碎屑维持正常生活,但可将其作为一项补充饵料。

第四节　水 体 施 肥

水体施肥就是向水中投放各种肥料,以增加水中各类营养物质的含量,从而促进水中天然饵料生物的大量繁殖,为放养鱼类提供丰富的饵料,使鱼类得以正常生长,达到渔业增产的目的。

一、肥料的种类和成分

水体施肥所用的肥料种类很多,按其性质可分两大类,即有机肥料和无机肥料。一般地说,有机肥料施用后肥效慢,所以又叫迟效肥料;无机肥料肥效快,又叫速效肥料。

(一)有机肥料

有机肥料包括绿肥、粪肥和生活污水等。

(1)绿肥:作为渔用的绿肥包括野生的陆生植物和水生植物,以及人工种植的各种绿肥植物。

　（2）粪肥：粪肥包括人粪尿、牲畜粪尿和家禽粪尿。

　（3）生活污水：城市生活污水和各种食品加工厂排放的有机性废水，均含有大量的有机物质和无机营养物质。

（二）无机肥料

　无机肥料也称化学肥料，按其所含成分，可分为氮肥、磷肥（表2-1和表2-2）、钾肥和钙肥等；根据化学反应和生理反应，可以分为酸性肥料、碱性肥料和中性肥料。

表 2-1　氮肥的种类和成分

肥料类型	肥料名称	氮含量/%	化学性质
酰胺态氮肥	尿素	42～46	中性
铵态氮肥	硫酸铵	20～21	弱酸性
	氯化铵	24～25	弱酸性
	碳酸氢铵	17	弱酸性
	氨水	15～17	碱性
	硝酸铵	34～35	弱酸性
硝态氮肥	硝酸铵钙	20	弱酸性
	硫硝酸铵	26～27	弱酸性
氰氨态氮肥	石灰氮	18～20	碱性

表 2-2　磷肥的种类和成分

肥料类型	肥料名称	磷含量/%	化学性质
水溶性磷肥	过磷酸钙	16～18	酸性
	氨化过磷酸钙	16～18	中性
	重过磷酸钙	40～45	酸性
弱酸溶性磷肥	钙镁磷肥	14～18	带碱性
	钢渣磷	15	碱性
难溶性磷肥	磷矿粉	14～25	带碱性

二、施 肥 方 法

鲢鱼、鳙鱼是我国主要水产养殖对象，是典型的肥水性鱼类，以浮游生物为饵料。浮游生物的大量繁殖和生长，需要大量的肥料供给，因此必须掌握施肥的方法。

(一)有机肥的施肥方法

1. **绿肥**　可用作基肥，也可用作追肥。绿肥的施用方法有3种：一是堆肥，即把各种植物(甚至添加粪肥和石灰)堆放在养鱼水体的一角，并把它压入水中，让其腐烂分解，释放出无机营养元素作为培养浮游生物的营养来源。在植物腐烂过程中形成许多腐屑(即有机碎屑)，这些腐屑具有一定的营养价值，同样可作为许多鱼类的补充饵料。二是淹青，即待养鱼池中种植的绿肥植物生长到一定高度后灌水入池，将植物淹没水中，使植物腐烂分解。三是打浆，即将绿肥植物如水花生、聚合草等经高速粉碎机碾磨后，加工成具有一定细度的浆状物质加入水中，作为肥料或饲料。在利用绿色植物堆肥或淹青的过程中，由于细菌的分解作用，需要消耗水中的大量氧气，容易造成水体严重缺氧，引起鱼类泛塘死亡。因此，必须掌握适当的施肥量和合理的施肥方法。若施肥不当发生缺氧泛塘现象，应及时采取增氧措施。

2. **粪肥**　是氮、磷、钾含量较高的肥料。其小部分可为鱼类直接利用，大部分必须经细菌分解，被浮游植物利用后，再为鱼类所利用。在我国利用粪肥施肥的范围越来越广泛。人粪尿中常常带有各种病菌、寄生虫及虫卵，在施肥前最好经过腐熟，以杀灭病菌、寄生虫卵等，如来不及腐熟，施用时也可加入石灰1%～2%。畜禽类粪尿可用作基肥，也可作追肥，但使用前都应发酵腐熟，尽量避免直接使用鲜粪。虽然各种粪肥的营养成分有所不同，其养鱼的肥料消耗比也不一样，但根据生产实践，每生产1千克肥水鱼需消耗 40～50 千克人畜粪尿肥。因此,在整个养鱼季节粪肥的总用量可以用计划净产量乘以肥料消耗比作为参考数据,然后根据水质肥瘦和鱼类生长情况分多次施用。

3. **生活污水**　　通常分为 3 类,即生活污水、工业废水和地面水。城市生活污水中含有极为丰富的营养物质,可以用来培肥水质,是鱼类的天然饵料。利用污水养鱼必须测定其水质,凡不符合国家规定的渔业水质标准的污水,切不可注入鱼池。许多城市常常是生活污水和工业废水混合在一起排放,而工业废水中往往含有对生物有害的物质。因此,在利用污水养鱼时,一定要将工业废水与生活污水分开,经过沉淀、净化处理,把污水变成渔业用水再利用,以避免有毒物质在鱼肉中积累,造成食物中毒。

(二)无机肥的施肥方法

1. **氮肥**　　氮是浮游植物生长繁殖的基本营养元素,浮游植物只能利用水体中的无机氮。水体中无机氮的浓度保持在 0.3 毫克/升以上,有利于浮游植物的大量繁殖,若低于此值,则应及时补充氮素,如施以尿素、硫酸铵或碳酸氢铵等氮肥。由于这些氮肥是速效肥料,施肥几天后浮游植物就大量繁殖起来,水色很快转呈浓绿色,水的透明度下降。科学研究和生产实践均表明,当施肥后透明度下降到 30 厘米左右时,说明浮游生物已相当丰富,施肥适当。

2. **磷肥**　　磷是浮游生物生长繁殖的必需营养元素,是细胞核的重要组成部分,但在天然水体中磷的含量往往是很低的,处在浮游生物所需量的下限,成为植物生长的限制因素,因此,在水体中增施磷肥有助于浮游植物的大量繁殖。磷肥还能加强水生固氮蓝藻、固氮细菌和硝化细菌的繁殖,促进氮素循环。在施用磷肥时,以少量多次为好。一般认为,水中有效磷的浓度维持在 0.04～

0.05 毫克/升对浮游生物繁殖才有利。另外,施用磷肥还应注意各类磷肥的不同特点,灵活使用。一些弱酸性磷肥宜作基肥,这些磷肥需要池塘底质所含的有机质较多,呈酸性,施放后能增加底质中的总磷含量,然后逐渐向水中释放出有效磷,培肥水质。过磷酸钙等可溶性磷肥肥效较快,可用作追肥,但这些磷肥发生作用的时间较短,磷酸很快会受到化学固定和吸附固定而沉积池底,因而使施入磷肥的实际量减小。为了减少和避免这种损失,应使水质接近中性,以 pH 值在 6.5～7.5 为好,特别是在施用石灰后,池水的 pH 值很高,故至少应间隔 10 天才可施用磷肥。当池水过于混浊时,水中黏土矿粒等过多,也不宜施用磷肥。

3. 钙肥 在水体中施用钙肥除作为水生生物的营养物质外,还有改善淤泥性状和水质酸碱度的作用。钙肥的主要种类有生石灰(CaO)、消石灰$[Ca(OH)_2]$、碳酸钙($CaCO_3$)等。钙一般是和有机肥料、无机肥料一同施入。在用混合堆肥施肥时,一般是加入肥料重量的 1% 的生石灰,其作用是调整 pH 值,达到更好发酵的效果。在清塘时,淤泥厚的池塘,每 667 米^2 施 60～75 千克生石灰,淤泥少的施 50～60 千克,这样既达到了清塘的目的,又可提高养鱼水体的肥力。

4. 钾肥 钾是一般水生生物的主要营养物质之一,但水体中往往都有较充足的钾肥。因此,在养鱼水体中施钾肥并不很重要。但对缺钾的水体,如沼泽地泥炭土的水体,施钾肥是有效的。主要种类有硫酸钾(K_2SO_4)、氯化钾(KCl)等。

5. 硅肥 硅是浮游植物中硅藻的主要营养物质。硅在水体中有一定的含量,但硅藻仅利用溶解性的活性硅酸盐,当二氧化硅(SiO_2)的浓度很低时,会抑制硅藻的生长繁殖。不同的无机肥中也含有少量的 SiO_2,如碳酸氢铵含 SiO_2 为 125 毫克/千克,尿素为 110 毫克/千克,钙镁磷肥和过磷酸钙均为 62.5 毫克/千克。当

它们互相混合时 SiO_2 的含量会有不同的变化,其中钙镁磷肥与碳酸氢铵混合使用时 SiO_2 的含量最高,为两者之和,有效硅为 195 毫克/千克,其他肥料混合使用时均表现为一种肥料的 SiO_2 量。因此,合理施用无机肥,寻找更有效的硅酸盐肥料,作为施用磷肥的补充,提高水体 SiO_2 的有效水平,促进硅藻大量繁殖,是很重要的。

(三)有机肥料与无机肥料配合使用

有机肥料是慢性肥料,各种营养成分较全。无机肥料是速效肥料,多为单一营养成分。它们各有优缺点。单一使用有机肥料或无机肥料均能收到生产效果,但如将它们同时使用或交替使用,既可充分发挥两类肥料的优点,又相应弥补了缺点,可以获得更好的施肥效果。

三、施肥注意事项

鱼池施肥,目的是培养水生生物,从而改善鱼类天然饵料的数量和质量。鱼池中天然饵料生物的多寡,受物理、化学和生物因子如温度、光照、土质、营养物质、滤食或掠食生物的数量等的影响,施肥不过是其中的一个因子而已。要想达到施肥的预期效果,必须全面地考虑这些因子的作用和可能的变化,根据具体情况,综合加以运用。施肥时要注意以下几个问题。

1. 肥料种类和特性　肥料的种类很多,其性质、肥力各异,同一种肥料,亦由于来源不同、时间不同、贮藏方法不同,会有一定的差别。因此,在使用肥料前,须了解肥料的有效成分的含量和使用方法。在混合使用肥料时,要注意有些肥料是不能混合使用的,否则会降低肥效。

2. 环境因素对施肥的影响　要达到预期的施肥效果,除了考虑肥料本身的性状特点之外,还必须充分注意环境因素对施肥的影响。

（1）水温：水温的高低直接影响水生生物的新陈代谢强度,因而影响到它们对肥料的吸收和利用。一般来说,水温较高时,细菌对有机肥料的分解作用旺盛,肥料发挥较快。水温低时则相反。施肥后,达到肥水标准的时间随水温和天气情况而不相同。如晴天水温在 22℃ 左右时适量施肥,4～5 天后水色可达到肥水标准。如施肥后遇阴雨天气,温度降低,光照不足,4～5 天水质可能还未转肥,此时不能盲目追肥,以免肥料在池中堆积,以致天晴后水温回升,肥料分解加快,造成鱼池缺氧。

（2）水的 pH 值：施肥效果与水的酸碱度密切相关。池水呈微碱或中性时施肥效果最好,浮游生物生长最旺盛。如池底淤泥过厚,土壤和池水呈酸性反应,微生物的活动环境恶化,有机肥的分解过程就会大大减慢,从而无法达到预定的施肥效果。因此,施肥前,尽量测定池水的 pH 值,努力使其保持在 7.5 左右。

（3）氧气状况：施肥与养鱼水体的含氧量是一对矛盾。若施肥不足,水质清瘦,鱼类天然饲料不足,但含氧量较高;若施肥过多,水质污染严重,有机质分解耗氧增多,会造成水体缺氧,也会影响鱼类生长、生存。要解决好这一矛盾,关键在于掌握适当的施肥量,既要使水质较肥,天然饲料丰富,又要使水中的含氧量不致过低而影响鱼类的生存与生长;同时,若水体氧气充足,也为固氮细菌、纤维素分解细菌和硝化细菌等有益的好气性细菌创造了良好的发育条件,施肥的效果因而会大大增加。

（4）土壤和底质：土壤和底质因其结构和性质不一,对肥料的吸收能力也有所不同。在决定施肥种类和数量时,需将这些因素考虑在内。如沙质土壤由于土壤颗粒大,对肥料的吸收能力很弱,并易渗透,最好采用有机肥料,有利于底泥的形成。在泥炭土或黑钙土底的水体中重施磷肥,增产效果明显。

第五节　人工配合饲料

人工配合饲料是根据鱼类的营养需要,将多种饲料原料按比例配合成的一种营养完善的混合饲料。能量、蛋白质、必需氨基酸、必需脂肪酸以及各种矿物质和维生素均能完全满足鱼类营养需要的配合饲料,称为全价配合饲料,或平衡配合饲料,它对科学养殖,促进工厂化养鱼生产的发展有重大作用。

一、鱼饲料原料及其营养价值

鱼用配合饲料是根据鱼类对主要营养素——蛋白质(包括必需氨基酸)、糖、脂肪(包括必需脂肪酸)、维生素、矿物质元素及能量的需求,和所有饲料原料所含的营养成分及其消化利用率,调配出的满足各种鱼类不同生长阶段营养需要和平衡的饲料。

各种饲料原料都有各自的特性,要求一种原料完全满足鱼类营养的需求是不可能的,必须利用各种饲料原料的营养价值,取长补短。因此,了解各种饲料原料的营养价值是配好鱼类配合饲料的重要环节之一。

饲料原料种类繁多,分布广泛。为便于学习和掌握饲料原料的营养特点及合理利用,有必要将其进行归纳分类。在渔业上,常按饲料的来源将饲料原料分为植物性饲料、动物性饲料、矿物质饲料和饲料添加剂四大类。

(一)植物性饲料

植物性饲料原料的种类较多,包括籽实类及其加工副产品、农作物的秸秆、荚壳、块根、块茎及糠麸、油饼、糟粕等,资源丰富,价格低廉,是我国目前主要的鱼饲料原料,但其蛋白质氨基酸组成不够平衡。籽实类含可消化物质较多,一般包括以下几种。

1.禾谷类籽实　　主要有玉米、高粱、大麦、小麦和稻谷。

玉米:含水分 8.2%～13.6%,无氮浸出物约 70%,主要为淀粉,粗纤维含量极低,易于消化,是良好的热能来源;粗蛋白质含量低,为 4%～8%,且生物学价值低,因为缺乏赖氨酸和色氨酸;矿物质元素中磷多钙少(钙 0.04%,磷 0.28%);胚芽中含1.1%～5.2%脂肪。含有丰富的维生素 E(0.1%)和胡萝卜素(黄玉米5～8 毫克/千克)。

高粱:含水分 7%～14%,蛋白质 6.3%～10.8%。去壳高粱的蛋白质中蛋氨酸、色氨酸、赖氨酸比玉米高很多,因此,与玉米配合使用可互补氨基酸;含无氮浸出物 65.8%～76.6%。粗纤维和粗脂肪含量低于玉米,钙、磷含量与玉米相似。另外,高粱中含有单宁(鞣酸 0.3%～2%),略有涩味,适口性差;高粱在配料中不宜过多。

大麦:含水分 6.5%～13.3%;蛋白质含量略高于玉米,约为12%;赖氨酸含量较高,达 0.52%;脂肪含量低;无氮浸出物含量为 59.5%～71.6%。总的营养价值较玉米低。

小麦:含水分 7.9%～12.7%,蛋白质 9.5%～13.4%,蛋白质中赖氨酸、色氨酸和苏氨酸都较低,尤其是赖氨酸;无氮浸出物为67.1%～74%,主要是淀粉;含脂肪 0.8%～3.1%,胚芽中含有丰富的卵磷脂;含钙低而磷高;纤维含量 0.8%～2.9%,故易于消化,还可起黏合剂作用。但由于小麦是我国主要粮食作物,因此,较少使用全麦粉作为鱼类配合饲料的原料,主要使用其各种加工副产品。

稻谷:主产于南方,有籼稻、粳稻、糯稻之分。含水分 5.4%～13.2%,蛋白质 6.8%～9.4%。无氮浸出物 61.2%～70.0%,以淀粉为主;粳米淀粉中直链淀粉 20% 左右,而糯米中几乎全是支链淀粉,所以不易消化。稻谷有粗硬的种子外壳,粗纤维含量高达9.9%。一般情况下,稻谷不作为配合饲料的原料,仅用其加工副产品碎米、糠麸、糠饼。

2.豆料籽实　主要有大豆、蚕豆、豌豆等。

　　大豆：富含蛋白质，约为36.2％，脂肪16％，无氮浸出物也较多，故能量也较高；但大豆蛋白质中硫氨基酸（蛋氨酸及胱氨酸）的含量较少，因此，应与其他蛋白质饲料配合应用，才能收到好的效果。

　　蚕豆：蚕豆盛产于我国南方及长江流域，经常用作鱼饲料。蚕豆含蛋白质25％，无氮浸出物53％，脂肪含量较低。由于蚕豆具有一层很厚的种皮，粗纤维含量较高。蚕豆是草鱼的良好饲料，试验证明蚕豆具有改变鱼肉质的作用，可提高商品价值。

　　豌豆：含粗蛋白质23％左右，无氮浸出物48.4％～59.6％，含脂肪较少。我国西南、西北、内蒙古等地区常用作鱼饲料。

　　另外，豆科籽实中还有绿豆、红豆、巴豆等，均是较好的植物性蛋白饲料，用于养鱼均能收到较好的饲养效果。

　　同时，利用豆科籽实作为饲料蛋白时还须注意，黄豆等豆科籽实中含有胰蛋白酶抑制素，能抑制蛋白质饲料的消化吸收，因此，为提高黄豆蛋白质的消化利用率，应经高温处理（110℃加热40～50分钟），以破坏黄豆中存在的胰蛋白酶抑制素。

　　3. 油饼类　　油饼类是榨油工业的副产品，以压榨法榨油得到的是饼，以浸提法得到的是粕，都是重要的蛋白质饲料。油饼类饲料常用的有大豆饼、棉籽饼、菜籽饼、芝麻饼、花生饼以及亚麻仁饼等。我国南方还有椰子饼与棕榈饼，也属此类饲料（表2-3）。

表2-3　几种油饼类饲料的维生素含量　　毫克/千克

饲料品种	胡萝卜素	硫胺素	核黄素	烟酸	吡哆醇
大豆饼	0.22	9.7	3.3	22	148.0
棉籽饼	0.22	12.7	3.3	44	11.0
亚麻仁饼	0.22	13.0	3.3	53	7.2
芝麻饼	0.44	2.9	3.7	—	6.0
花生饼	0.22	6.6	0.4	165	5.3
菜籽饼	—	—	3.3	291	—

大豆饼:大豆饼是饼类饲料数量最多、最重要的一种饲料原料,主要产于东北。粗蛋白含量40%以上,必需氨基酸的含量比其他植物性饲料为高,赖氨酸含量为玉米的10倍,故其蛋白质的生物学价值较高;含钙0.49%、磷0.78%,缺乏核黄素、维生素B_{12}等维生素。好的大豆饼为淡黄色,具有油香味,粉碎成粉后或磨成粉后,是鱼苗、种鱼的良好蛋白质饲料。但大豆饼缺乏蛋氨酸,在使用时最好与其他饲料混合使用。另外,大豆饼中含有胰蛋白酶抑制素、脲酶、抗血凝素等有害物质,尤其是胰蛋白酶抑制素,影响蛋白质的消化率,所以,一般在110℃中加热3分钟的处理,能抑制(钝化)抗消化物质的活性,从而提高其消化利用率。

花生饼:花生饼带有甜味,适口性好,是鱼类的重要蛋白饲料。花生饼蛋白质含量高,蛋白质中蛋氨酸、赖氨酸低于大豆饼,但精氨酸、组氨酸含量较高;含无氮浸出物21.4%～42.7%;含维生素B_1较多,而维生素A、维生素D、维生素B_2含量较少。花生饼因加工方法和带壳与否,其营养价值有异,脱壳花生饼粗蛋白质含量高,营养价值与豆饼相似;带壳的花生饼粗蛋白质含量较低,而粗纤维含量大约在15%以上,故可消化的总养分含量较低。加工生产过程中的加热程度,决定花生饼的饲用价值。加热120℃左右,能破坏胰蛋白酶抑制素,利于消化吸收;但如果加热温度太高,会造成一些氨基酸被破坏(如在200℃以上加热30分钟,则使赖氨酸及其他氨基酸遭受破坏),使蛋白质的营养价值降低。

需要注意的是,花生饼在潮湿的空气中易感染黄曲霉菌,产生黄曲霉毒素,对鱼类产生危害,故保存中应予注意。

菜籽饼(粕):菜籽在我国四大油料作物中居第二位,主要产地集中在华东、华中、华南,种植面积大,产量高。菜籽饼含蛋白质31%～37%,粗脂肪1.5%,无氮浸出物30.48%,粗纤维8.2%～11.7%,灰分7.8%,磷0.98%,钙0.71%,除脂肪含量较低外,其他成分基本上能满足鱼类的营养需要。

由于菜籽饼营养全面,蛋白质品质较好,故用以养鱼可收到良好效果。但由于菜籽饼中含有葡萄糖硫苷(芥子苷),芥子苷在芥子水解酶的作用下,产生异硫氰酸盐和噁唑烷硫酮毒素,会导致家畜中毒,发生甲状腺肥大,损害肝脏等,所以,菜籽饼最好脱毒后使用。脱毒可以采用蒸、煮、水泡发酵、堆放发酵、接种发酵和坑埋等方法。通常采用坑埋脱毒法,具体方法是:选择向阳、干燥、地势较高的地方,挖一个宽 0.8 米、深 0.7~1.0 米的坑,长度按菜籽饼量而定;将 1:1 加水拌湿粉碎的菜籽饼,埋入坑内。装埋时,顶部和底部都盖一层麦草或稻草,盖土 20 厘米,经 60 天即可脱毒取喂。据测定,处理后有毒物质异硫氰酸盐的脱毒率平均为 84%,噁唑烷硫酮的脱毒率达 99%以上。

棉籽饼:棉籽饼的蛋白质含量受加工时脱壳与否的影响,脱壳的棉籽饼含蛋白质 35%左右,未脱壳的则为 17%左右;赖氨酸含量较低,而蛋氨酸和色氨酸稍高于豆饼;磷含量与豆饼相似,缺乏钙和维生素 A、维生素 D。因此,其营养价值略低于豆饼,但高于禾本科籽实,仍是鱼类一种重要蛋白饲料。棉籽饼适口性较豆饼差,且含有毒素——棉酚,必须进行去毒处理后方能安全使用。去毒方法很多,其中以硫酸亚铁去毒效果较好。具体方法:将 2 千克工业用的硫酸亚铁溶于 100 千克水中,然后与 100 千克粉碎的棉籽饼拌匀,脱毒处理 24 小时后,在水泥地上摊晾一段时间即可饲喂。

芝麻饼:含蛋白质 33.25%,脂肪 13.25%,无氮浸出物 15.14%,纤维素 5.09%。它与豆饼、花生饼一样,蛋白质生物学价值高,是鱼类良好的蛋白质补充饲料。

4. 其他加工副产品 主要有米糠、小麦麸和糟渣类副产品。

米糠:因加工不同,有清糠、统糠之分。清糠主要由种皮、淀粉层、胚芽以及少量碎米组成;统糠则除了清糠所含的组成外,主要还有谷壳,所以,营养价值远比清糠低。米糠含蛋白质 10.5%~14.3%,无氮浸出物 39.12%~55.3%。米糠脂肪含量高,易发生脂肪的氧化酸败。

小麦麸:一般含赖氨酸多,蛋氨酸少,无氮浸出物 51.4％～60.7％;维生素含量较高,B 族维生素丰富;含有轻泻作用的植酸磷和镁盐。小麦麸是鱼类配合饲料常用的一种饲料,但纤维素含量较高,所以利用率较差。在配合饲料中配入过多的小麦麸,会影响配合饲料的黏结性能。

糟渣类:糟渣类是酿造业、制糖业和食品业的副产品,种类繁多,资源丰富。这类产品的鲜品含水分高达 70％～90％,不宜贮存,需制成干品粉碎后作为配合饲料原料。

常用糟渣类蛋白质饲料的营养成分见表 2-4,几种酒糟的 B 族维生素含量见表 2-5。

表 2-4　常用糟渣类蛋白质饲料的营养成分(按干物质计)　　　％

营养成分	玉米酒糟	大麦酒糟	高粱酒糟	啤酒糟	酒精糟	玉米面筋	豆腐渣
干物质	6.5	26.6	—	—	—	—	11.4
灰分	4.9	3.1	5.0				5.3
粗纤维	7.4	13.8	14.8	19.9	11.0	5.1	21.9
粗脂肪	8.8	11.5	7.9	6.3	12.6	2.6	8.8
无氮浸出物	49.3	39.6	42.6	47.9	44.3	45.9	34.2
粗蛋白质	29.6	31.9	29.8	22.0	30.1	42.9	29.8
钙	0.41	—	—	—	—	0.16	0.97
磷	0.81					0.51	0.40
维生素 B_2/(毫克/千克)	3.2					1.7	1.5
维生素 B_1/(毫克/千克)	1.9					2.2	6.2
赖氨酸	0.91					0.82	—
蛋氨酸	0.48					1.10	—

本表选自东北农学院主编《家畜饲养学》,农业出版社,1989:171。

表 2-5　几种酒糟的 B 族维生素含量（干物质）　毫克/千克

饲料	硫胺素	核黄素	烟酸	泛酸	维生素 B_{12}
高粱酒糟	4.6	15.0	141.0	26.4	0.029
玉米酒糟	6.8	16.9	115.0	20.9	0.029
稞麦酒糟	3.1	12.7	66.0	28.6	——

（二）动物性蛋白质饲料

动物性蛋白质饲料主要指动物的直接产品或其副产品。主要特点是蛋白质含量高，品质优良，必需氨基酸齐全，故生物学价值高，含有丰富的赖氨酸、蛋氨酸、色氨酸等；含无氮浸出物极少，几乎不含纤维素，因而消化利用率高；钙、磷含量丰富且比例适当；富含 B 族维生素，尤其是维生素 B_2、维生素 B_{12}、维生素 D 及维生素 A。

1. 鱼粉　各种鱼类的整个鱼体或鱼体的一部分经干燥加工制成的粉末，叫普通鱼粉。干燥时把鱼浆还原干燥制成的鱼粉，称为全鱼粉。鱼粉还可以分为白色鱼粉和红鱼粉两种。目前饲料工业应用较多的北洋鱼粉就是以鲽、鳕、狭鳕等白色肌纤维鱼为原料制成的，属白鱼粉。红鱼粉以沙丁鱼、竹刀鱼及太平洋鲱鱼等肌肉为红褐色的鱼作为原料制成。白鱼粉的蛋白质含量在 $60\% \sim 70\%$，含有大量赖氨酸、蛋氨酸等必需氨基酸。红鱼粉的品质一般较白鱼粉差。

鱼粉含蛋白质高。国产鱼粉蛋白质含量 $45\% \sim 65\%$，进口鱼粉一般在 60% 以上，日本的北洋鱼粉可达 70% 以上；含脂肪 $1.3\% \sim 15.5\%$，灰分 $14.5\% \sim 45.0\%$，钙 $0.8\% \sim 10.66\%$，磷 $1.16\% \sim 3.29\%$。鱼粉中富含烟酸、维生素 B_2 和维生素 B_{12}，真空低温干燥制成的鱼粉还含有维生素 A 和维生素 D，是鱼类最好的蛋白质饲料。鱼粉质量的优劣，除蛋白质的含量外，还应注意蛋白质的可消化性。良好的鱼粉，用胃蛋白酶测定，消化率应在 93% 以上。鱼粉以脂肪含量低为优。油脂酸价不得超过 20%，过氧化物价应低于 10,最好为 5。

表 2-6 为国产鱼粉国家行业标准。

表 2-6 国产鱼粉的国家行业标准

(中华人民共和国水产行业标准 SC/T 3501—1996)

项 目	特级品	一级品	二级品	三级品
色泽	黄棕色、黄褐色等鱼粉正常颜色			
组织	膨松,纤维状组织明显,无结块,无霉变	膨松,纤维状组织明显,无结块,无霉变	膨松,纤维状组织明显,无结块,无霉变	松软粉状物,无结块,无霉变
气味	有鱼香味,无焦灼味和油脂酸败味	有鱼香味,无焦灼味和油脂酸败味	有鱼粉正常气味,无异味,无焦灼味	有鱼粉正常气味,无异味,无焦灼味
粉碎粒度	至少 98% 能通过筛孔为 2.80 毫米的标准筛			
粗蛋白质(%)	$\geqslant 60$	$\geqslant 55$	$\geqslant 50$	$\geqslant 45$
粗脂肪(%)	$\leqslant 10$	$\leqslant 10$	$\leqslant 12$	$\leqslant 12$
水分(%)	$\leqslant 10$	$\leqslant 10$	$\leqslant 10$	$\leqslant 12$
盐分(%)	$\leqslant 2$	$\leqslant 3$	$\leqslant 3$	$\leqslant 4$
灰分(%)	$\leqslant 15$	$\leqslant 20$	$\leqslant 25$	$\leqslant 25$
砂分(%)	$\leqslant 2$	$\leqslant 3$	$\leqslant 3$	$\leqslant 4$

2. **骨肉粉** 骨肉粉为屠宰场的副产品,用不能食用的病畜,经高温、高压消毒,彻底煮烂,除去浮在水面的脂肪,剩余之骨肉经干燥、磨碎制成。骨肉粉一般含蛋白质 40%～60%,脂肪 8%～10%,矿物质 10%～25%,且富含维生素 B_{12};但其蛋白质的消化率较低,平均可消化蛋白质为 38% 左右。

3. **肉粉** 肉粉是利用动物的内脏以及不能食用的肉类残渣,经高温、高压干燥处理后磨制而成的。肉粉蛋白质含量高,为 54%～64%,生理价值较高,富含各种必需氨基酸。灰分中钙、磷较多,B 族维生素丰富。

4.血粉　血粉是由屠宰场屠宰牲畜时所得的血液干制而成的,也称之为干血。血粉蛋白质含量很高,为 $80.2\% \sim 88.4\%$,且富含赖氨酸、蛋氨酸和精氨酸,是良好的蛋白质补充饲料,但氨基酸组成不平衡,不易消化,适口性差。发酵血粉消化率高,用稚鲤试验,其体内消化率为 94.7%。另外,血粉中富含维生素 B_2 和维生素 B_{12},但缺乏维生素 A 和维生素 D。

5.肝粉　由动物肝脏经过干燥加工而成。肝粉中富含优质蛋白质,赖氨酸、蛋氨酸、色氨酸含量也高。肝粉中还含有大量的维生素 A,大量的鱼类生长促进剂,以及养殖鱼类的引诱物质,故饲料中添加肝粉可提高摄食量,促进鱼类生长。

6.羽毛粉　用家禽的羽毛经过高压水解、干燥而成。羽毛粉含蛋白质高达 80% 以上,但氨基酸组成不平衡,亮氨酸、胱氨酸含量较多,而赖氨酸、蛋氨酸、组氨酸不足,故蛋白质质量差。

7.蚕蛹　蚕蛹为缫丝工业的副产品。新蚕蛹水分含量高,且脂肪含量高,极易腐败变质,不宜存放,常制作干蚕蛹贮存。蚕蛹的营养成分因加工不同而有很大差异。一般含蛋白质 $48.4\% \sim 68.5\%$,脂肪 $0.3\% \sim 25.5\%$,灰分 $2.5\% \sim 5.7\%$,钙 $0.02\% \sim 0.25\%$,磷 $0.5\% \sim 0.81\%$。蚕蛹主要用于鲤鱼配合饲料,在配合饲料中可占 20% 左右。蚕蛹用于喂养鲤鱼可收到较好的效果,但用于饲养虹鳟,会影响鱼肉的气味,使鱼肉带臭气,降低鱼肉品质,故不宜使用。另外,由于蚕蛹含脂肪较高,易于变质,大量投喂变质蚕蛹,虹鳟会发生贫血等疾病,鲤鱼会发生瘦背病。所以,对质量差的干蚕蛹应控制使用。

(三)矿物质饲料

矿物质饲料在鱼类营养方面也起着很重要的作用,可以提高鱼类对碳水化合物的利用,因此,在配制饲料时应注意矿物质的含量,特别是钙、磷、氯和钠的含量。饲料中添加食盐、石粉、麦饭石、沸石粉等,可以促进鱼体骨骼、肌肉组织的生长,提高食欲,加速鱼体的生长。

(1)食盐:食盐主要含有氯和钠两种元素。氯和钠是鱼类营养所需要的无机物,而鱼类的植物性饲料中大都缺乏氯和钠,所以需要从饲料中适当补充。补充食盐不仅满足鱼类对氯和钠的需要,而且能增进鱼的食欲,帮助消化。

(2)钙源饲料:仅含矿物质元素钙的饲料主要包括石粉、贝壳粉和蛋壳粉。石粉主要是指石灰石粉,为天然碳酸钙,一般含碳酸钙 90% 以上,含钙 35% 以上,是补充钙的最便宜、最方便的矿物质原料。贝壳粉包括蚌壳粉、牡蛎壳粉、蛤蜊壳粉、螺蛳壳粉等,其主要成分是碳酸钙,一般含钙 30% 以上,是良好的钙源。蛋壳粉也是一种较好的钙源。鱼虾通常可从所处的水体中摄取足够的钙满足其需求。

(3)磷源饲料:目前生产常用的磷源饲料主要有骨粉、磷酸钙盐,提供磷源的同时也提供部分钙。磷酸钙盐是化工产品,常用的是磷酸氢钙、磷酸二氢钙、磷酸三钙等,但是鱼虾对不同磷酸盐的磷利用率不同,研究证明,磷酸二氢钙的磷利用率高于磷酸氢钙。

在使用矿物质饲料时,应该注意以下几个问题:①矿物质元素的含量;②不同来源、不同化学形态的同一元素有不同的利用率;③加工处理方法影响利用率;④是否含有有害物质,如重金属铅、汞、砷、氟等。

(四)饲料添加剂

饲料添加剂指配合饲料中加入的各种微量成分,它是预混合饲料的主要成分,与蛋白饲料、能量饲料一起组成配合饲料。其主要用途是完善配合饲料的营养成分,提高饲料的利用率,促进鱼的生长发育,预防和治疗各种鱼病,减少贮存期间饲料营养成分的变质损失,改进饲料的适口性以及鱼的品质。各种饲料添加剂,按其功能和作用可分为营养性添加剂、保健助长添加剂、饲料保藏添加剂、增进食欲和改良品质添加剂。

在鱼饲料中使用的添加剂,在鱼肉中的残留量必须不超过法定标准,不能影响鱼肉的质量和人体健康。

各种添加剂的选用要符合安全性、经济性和使用方便的要求,使用前应注意添加剂的效价(质量)、有效期、限用、禁用、用量、用法、配合禁忌等规定。不能用畜用、禽用添加剂代替鱼用添加剂。

1. 营养性添加剂　用于平衡鱼饲料的营养。添加的种类和数量取决于鱼类的营养需要量、基础日粮的营养物质含量,并考虑水质状态,做到缺什么补什么,缺多少补多少。通常根据鱼类不同生长阶段,按营养标准确定添加剂的种类和数量。常用的营养物质添加剂主要有氨基酸、矿物质和维生素添加剂。

(1)氨基酸添加剂:氨基酸添加剂主要是指鱼类机体不能合成的限制性必需氨基酸,即赖氨酸、蛋氨酸等。我国鱼类饲料原料主要是植物性蛋白质饲料,而大多数植物性蛋白质饲料的蛋白质中主要缺乏赖氨酸和蛋氨酸。如果在缺乏赖氨酸、蛋氨酸的配合饲料中,用人工生产的赖氨酸、蛋氨酸补充到鱼类需要量的水平,就能强化饲料蛋白质的营养价值,大大提高养鱼效果。

(2)矿物质添加剂:在鱼饲料中添加矿物质,能显著提高饲料效果。鱼类至少需要钙、磷、钾、钠、氯、硫、镁 7 种常量元素和铁、锰、锌、铜、碘、钴、氟、硒、镍、钼、铬、硅、钒、砷 14 种微量元素。

(3)维生素添加剂:作为添加剂的维生素,在鱼类饲料中目前已列入的有维生素 A、维生素 D_3、维生素 E、维生素 K_3、维生素 B_1、维生素 B_2、维生素 B_3、维生素 B_5、维生素 B_6、叶酸、维生素 B_{12}、氯化胆碱、维生素 C、维生素 H(生物素)、肌醇等 15 种。维生素添加剂国内外已作为商品生产。由于生产工艺上的原因,某些维生素很不稳定,受热、氧、光、酸、碱等的影响,几乎所有维生素添加剂都经过特殊加工和包装。例如,制成微胶囊或制成稳定的化合物等。为了使用方便,维生素添加剂常根据不同鱼类的需求,配制成复合型使用。维生素的添加量,除根据鱼类营养需要的规定外,还要考虑饲料组成、环境条件(如水质、水温等)、维生素的利用率、鱼类机体维生素的消耗、维生素之间的相关性、饲料新鲜度等因素,因而比平常的需要量高些。

2. 生长促进剂　生长促进剂属于非营养性添加剂,其主要作用是刺激鱼类生长,提高饲料利用率,以及改善鱼类营养状况,它包括抗生素、抗菌药物、激素、酶制剂以及其他促生长物质。

为了人类的健康,在鱼类配合饲料中禁止添加激素。其他生长促进剂如沸石粉、复方腐殖酸钠、褐藻酸钠、巴豆内酯等有不同的促生长效果。沸石是一种含碱金属和碱土金属的铝硅酸盐,沸石粉是矿物质元素添加剂的良好载体。试验证明,添加 5%～10% 的沸石粉能使鱼增重 7.5%～8.0%,饲料消耗降低 6.5%～8.1%,对鱼类肉质无任何不良影响。复方腐殖酸钠的主要成分为腐殖酸、α-氨基酸和磷酸钙。据报道,在尼罗罗非鱼的饲料中加入 2.3% 的复方腐殖酸钠,可增重 15% 左右。投喂方法是将每次需投喂的腐殖酸钠加水溶解后拌入饲料,混合均匀投喂。褐藻酸钠是从褐藻类植物——海带中加碱提取,经加工精制而成的一种多糖类碳水化合物,具有增强黏稠性、胶化性、稳定性、组织改良性,常用作鱼虾类饵料的黏合剂,延长饲料在水中的分解时间,提高饲料的利用率,并防止水质污染。

3. 诱食剂　在人工配合饲料中添加诱食剂,以引诱鱼群摄食,从而提高饲料利用率,减少饲料损失。研究表明,蚕蛹、蚯蚓、牛肝、浮游生物、鱼油等物质都具有较好的诱食效果。如蚕蛹、蚯蚓或蚯蚓粪可作为鲤鱼饲料的诱食剂,且有促生长作用。葡萄糖、蔗糖、糊精常用作鱼苗开口饲料的诱食剂。

4. 抗氧化剂　配合饲料的一些成分,如油脂及脂溶性维生素等,在贮藏过程中与空气接触易氧化变质,结果不仅影响饲料的适口性,降低摄食量,同时,氧化脂肪摄入体内,还会影响鱼体健康,所以,配合饲料需添加一定量的抗氧化剂防止氧化作用的发生,从而保证配合饲料的质量。常用的有二丁基羟甲苯(BHT)和乙氧基喹啉(又称乙氧喹、山道喹),用量为前者少于 0.02%,后者少于 0.015%。此外,柠檬酸、磷酸、维生素 E(生育酚)等也常用作抗氧化剂,用量没有严格规定。一般每吨配合饲料中抗氧化剂的添加量为 0.01%~0.05%。当配合饲料中脂肪超过 6%或维生素 E 不足时,应增加添加量。

5. **防霉剂** 含水量高的饲料或贮藏于高温、高湿条件下的饲料,在贮藏过程中易诱发微生物的大量生长繁殖,产生毒素,从而引起饲料的霉变。用霉变的饲料喂鱼,不仅适口性较差,饲料的营养价值降低,而且还会引起鱼类生病。防止饲料霉变的根本措施是保证原料干燥,控制贮藏条件,尽量缩短贮存时间,加速饲料的周转等。另外就是在饲料中加入一定量的防霉剂,防止饲料霉变。常用的防霉剂有苯甲酸及其钠盐、山梨酸及其钾盐、丙酸钙、丙酸钠、丙酸铵等。苯甲酸在水中的溶解度较低,故多用其钠盐。苯甲酸是酸性防腐剂,受 pH 值影响较大,在 pH 值为 4.5~5 范围内,对一般微生物完全抑制的最低浓度为 0.05%~0.1%。山梨酸在水中的溶解度也较低,所以也多用其钾盐,用量为每千克饲料 0.2~1 克。丙酸钙、丙酸钠、丙酸铵用量为 0.3%。丙酸钙和丙酸钠均为白色粉末,易溶于水。使用时,可将上述防霉剂加入饲料,拌匀后即能达到防霉效果。

6. **着色剂** 水生观赏动物(如金鱼、锦鲤、热带鱼)及具有较高经济价值的鲤鱼、鳟鱼、红尼罗罗非鱼、对虾等,其体色是衡量商品价值的一个重要标志,尤其在使用人工饲料,采用高密度、集约化养殖的情况下,产品色泽问题显得十分重要。因此,在这些水生动物的配合饲料中添加一定量的着色剂是很必要的。常用着色剂的使用对象及添加量见表 2-7。

表 2-7　着色剂的使用对象及添加量

着色对象	体色主要成分	着色剂与每 100 克饲料中的使用量（毫克）	色素源	着色部位
真鲷	虾青素,胡萝卜二醇	虾青素,2～10	糠虾、磷虾合成虾青素	体表变红
鲕鱼	胡萝卜二醇	虾青素,2 以上；黄体素,3	南极磷虾	体色鲜艳,出现黄色带
虹鳟	虾青素	虾青素,3～5；角黄素,5	合成虾青素、合成角黄素、糠虾、磷虾	体表、肌肉、卵变红
香鱼	玉米黄质	玉米黄质,2～4；黄体素,4	螺旋藻、小球藻、黄体素油	体表变黄
罗非鱼	玉米黄质,黄体素,紫杉紫素	玉米黄质,5；虾青素	螺旋藻、旋壳乌贼、金盏花粉、虾	体色鲜艳
对虾	虾青素	玉米黄质；β-萝卜素,3～5；虾青素	螺旋藻、虾类、糠虾	体表变红
金鱼	黄体素	β-胡萝卜素	聚合草、糠虾	
锦鲤	虾青素,玉米黄素	虾青素,3～5；玉米黄质	菌蓿、螺旋藻	体表变红

　　7. 黏合剂　　配合饲料撒在水中才能被鱼虾类摄食,为防止鱼饲料营养成分的流失,提高饲料利用率,减少饲料对水质的污染,要求饲料在水中能维持一定的时间不散失。因此,鱼虾类的配合饲料须添加一定量的黏合剂。常用的黏合剂分为两大类:天然物质和化学合成物质。鱼浆、动植物胶、海藻酸钠、α-淀粉、酪蛋白钠、木质素磺酸钠、膨润土等属于天然物质。化学合成物质有聚丙烯酸钠、羧甲基纤维素等。黏合剂的选用要考虑到它们的黏合力、营养价值、安全性、来源、成本和储藏等因素,以及鱼类的种类、摄食习性,饲料加工工艺、饲料形态,因地制宜来选择添加剂的品种及其添加量。例如,用于鳗鲡的面团状饲料,配合饲料中需加入有

较强黏合力的活性淀粉,一般在 20% 以上,它不仅用作黏合剂,同时又是重要的能量来源。在糜状饲料中添加 0.5%～2.5% 的木质素磺酸钠、钙或铵盐即可有较好的黏合效果。

8.饲用酶制剂　饲用酶制剂是随着饲料工业和酶制剂工业的不断发展而出现的一种新型饲料添加剂,可分为消化酶和非消化酶两种。消化酶有蛋白酶、淀粉酶和脂肪酶等。非消化酶通常不能合成,大多是由微生物发酵而产生,用于消化畜禽自身不能消化的物质和消除饲料中的抗营养因子,如纤维素酶、半纤维素酶、植酸酶、果胶酶等。目前在养殖业中大多是利用复合酶,根据不同动物的生理消化特点以及饲粮特点,将不同的单一酶按比例复配而成,因复合酶功能齐全,因而能够最大限度地提高畜禽的饲料利用率。

酶的本质是蛋白质,是生物体内复杂化学反应(称之为"代谢")的催化剂。酶制剂作为饲料添加剂具有以下特点:①可以提供动物体内缺乏的酶种,如纤维素酶、半纤维素酶等,破坏植物细胞壁,降解饲料中的抗营养因子,释放被包埋的营养物质,最大限度地扩大饲料资源,提高饲料利用率。②可以补充动物内源酶的不足,促进淀粉、蛋白质及脂肪等营养物质的消化吸收,从而可以促进动物的生长,提高饲料的消化利用率。③能够降低食糜的黏度,减少食糜在肠道中的停留时间,从而可以减少有害微生物的繁殖和一些毒素的产生,维持动物的健康。④由于酶制剂本身属于蛋白质,因而也不会产生抗药性,更不会像一些药物一样残留于畜产品中而危害人体健康。⑤可以提高动物的消化吸收能力,减少畜禽粪便中氮、磷及矿物质的排泄量,从而可以减轻对环境的污染。

由于酶制剂具有上面的特点,因此将其应用于饲料工业和养殖业具有以下意义:①扩大饲料资源,降低饲料成本;②提高畜产品的安全性;③减轻对环境的污染。

9. 微生态制剂 随着水产业养殖的发展,鱼类配合饲料和饲料添加剂的应用越来越广,各种药物促长剂、化学促长剂和抗生素类添加剂应运而生。某些药物在促进生长、提高饵料利用率方面确有一定的作用,但也带来一些难以克服的弊端。首先是破坏了肠道微生态平衡,导致机体对病原微生物的易感性升高,抗药性的产生以及抗生素含量的蓄积,造成对人类健康的危害,已成为重大的公共卫生问题。利用不含有害物质、无毒副作用、不污染环境并促进动物生长、提高机体免疫力的微生态制剂,生产出安全健康的绿色食品已成为饲料工业极为重要的研究课题。

大量的研究结果表明,鱼类摄取微生态制剂,不仅可使鱼类肠道内菌群发生变化(即有害菌受到抑制,有益菌群增多),还可以刺激肠道起局部型免疫反应,提高机体抗体水平和吞噬细胞的活性,增强机体免疫功能,提高抗病力。

微生态制剂是在微生态学理论指导下,将从动物体内分离的有益微生物,经特殊工艺制成的只含活菌或者包含细菌菌体及其代谢产物的活菌制剂。动物微生态制剂又称为微生物饲料添加剂。

二、配合饲料的配方设计

生产符合鱼类营养需要的、价廉物美的优质配合饲料,必须首先设计出科学的饲料配方。

(一)设计配方的原则

(1)必须以养殖鱼类的营养需要为依据设计配合饲料配方。首先要满足鱼类的营养要求,鱼类的营养需要标准概括地提出了鱼类饲料中应含有的各种营养成分和数量,因而它是设计配方的主要依据。在设计配方时必须参考不同鱼类、不同生长阶段的营养需要量,再根据饲养实践中鱼类生长和生产效果的反馈情况及时加以调整。

（2）设计配方要参考各类饲料的营养价值表。饲料营养价值表所提供的单一饲料营养价值,是衡量配合饲料营养成分与鱼类营养需求的依据。

（3）选用饲料尽可能多样化。各种饲料原料都各有特点,营养价值也各不相同,设计配方时,在满足鱼类营养需求的同时,尽可能将多种饲料按一定比例配合使用,这样既可以使各种营养物质取长补短,提高养殖效果,又可以因地制宜多使用当地的自然饲料,降低饲料成本。

（4）设计配方应充分考虑养殖对象的食性。设计配方所选用的饲料,尽量符合养殖对象的食性和消化利用的特点。如草食性鱼类可选用适量的粗料,而杂食性鱼类则应少用粗料,肉食性鱼类则忌用粗料。

（5）设计配方所选用的饲料对鱼类及其产品无毒无害。

（6）设计配方应考虑机械加工对营养成分的特殊要求。

（二）配方设计的方法

在设计饲料配方时,有多种计算方法,过去多采用手算法,最常用的是正方形法,但这种方法不能完成比较复杂的饲料配方,只能满足鱼类对粗蛋白质的需要量,不能满足鱼类对各种必需氨基酸及其他必需成分的要求。一般来说,设计精确、营养全面而成本最低饲料配方,必须应用线性规划原则,借助于电子计算机才能完成。

（三）配合饲料的优点和类型

1.配合饲料的优点

（1）饲料营养价值高:由于配合饲料是以动物营养学原理为基础,根据鱼类不同生长阶段的营养需求,经科学方法配合加工而成,因而所含营养成分比较全面、平衡。它不仅能够满足鱼类生长发育的需要,而且能够提高各种单一饲料养分的实际效能和蛋白质的生理价值,起到取长补短的作用。

(2)提高饲料利用效率:配合饲料通过加工制粒过程,由于加热作用使饲料熟化,提高了饲料蛋白质和淀粉的消化率,同时在加热过程中还能破坏某些原料中的抗营养物质。

(3)充分利用饲料资源:某些不易被鱼类利用的原料,如粮、油、食品等工业下脚料,经过机械加工处理,可与其他精饲料充分混合制成颗粒饲料,从而扩大了鱼类饲料的原料资源。

(4)配合饲料的适口性好:根据不同鱼类的食性及同种鱼类不同规格的要求,可制成相应粒径的颗粒饲料,因而大大提高了饲料的适口性,有利于鱼类养殖业的规模化、机械化和专业化生产。

(5)减少水质污染,增加放养密度:配合饲料在制粒过程中,因加热或添加黏合剂使淀粉糊化,增强了其他饲料成分的黏结,从而减少了饲料营养成分在水中的溶失以及对养殖水的污染,降低了池水的有机物耗氧量,提高了鱼类的放养密度和单位面积的产量。

(6)减少和防治鱼病:饲料在加工过程中,不仅能去除毒素、杀灭病菌,并且能减少由饲料引起的各种疾病。加之配合饲料营养全面,满足了鱼类对各种营养素的需要,改善了鱼的消化和营养状况,增强了鱼体的抵抗能力,从而减少了鱼病的发生。

(7)有利于饲料运输和储存:节省劳力,提高劳动生产效率,降低了渔业生产的劳动强度。

2.配合饲料的类型 配合饲料的类型一般可按其营养成分、饲料的形态等来分。

(1)按营养成分可分为如下3种:

①全价配合饲料,是根据养殖对象生长阶段的营养需求,制订出科学配方,然后按照配方将蛋白质饲料、能量饲料、矿物质饲料和维生素等添加剂加工搅拌均匀,制成所需形态的饲料。这种饲料所含的营养成分全面、平衡,能完全满足鱼类最佳生长对各种营养素的需要。

②添加剂预混料,是由营养性添加剂(维生素、微量元素、氨基

酸等)和非营养性添加剂(促生长剂、酶制剂、抗氧化剂、调味剂等),以玉米粉、糠麸等为载体,按养殖对象要求进行预混合而成。一般用量占配合饲料总量的 5% 以内。

③浓缩饲料,是将添加剂预混料和蛋白质饲料等,按规定的配方配制而成。一般可占配合饲料的 30%~50% 左右。

(2)按物理性状可分为粉状饲料、颗粒饲料、微粒饲料等。颗粒饲料有软颗粒饲料、硬颗粒饲料和浮性颗粒饲料。微粒饲料又分为微胶囊饲料、微黏合饲料和微膜饲料。

第六节　投饲技术

在鱼类养殖生产过程中,合理地选用优质饲料,采用科学的投饲技术,可保证鱼、虾体正常生长,降低生产成本,提高经济效益。如果饲料选用不当,投饲技术不合理,则浪费饲料,效益降低。当今随着鱼类养殖科学技术的进步,新的养殖对象和新的养殖方式不断出现,如网箱养鱼、围栏养鱼、流水养鱼、工厂化养鱼和名、特、优水产动物的养殖等,新的养殖对象和精养高产方式不仅要求饲料优质,而且对投饲技术要求也高;池塘养鱼更应注意投饲技术,才能有效地提高池塘生产力。投饲技术包括投饲量、投饲次数、投饲场所、投饲时间以及投饲方法等。我国传统养鱼生产中提倡的"四定"(即定质、定量、定时、定位)和"三看"(看天气、看水质、看鱼情)的投饲原则,是对投饲技术的高度概括。

一、投　饲　量

(一)影响投饲率的因素

投饲率是指每天投放水体中的饲料的质量占鱼体重的百分数。投饲量是根据水体中载鱼量在投饲率的基础上换算出来的具体数值,随着水体中载鱼量而变动。它受饲料的品质、鱼的种类、鱼体的大小和水温、溶氧量、水质等环境因子以及养殖技术等多种因素的影响。

(1)种类 不同种类的养殖鱼、虾类食性、生活习性、生长能力以及最适生长所需的营养要求不同。另外,它们的争食能力、摄食量也不相同。如草鱼和团头鲂同属草食性鱼类,而草鱼摄食量大,争食力强,团头鲂则摄食量少,争食能力明显不如草鱼。在同一水温(15℃)条件下,体重 50~100 克鲤鱼的投饲率为 2.4%,而虹鳟则为 1.7%。

(2)体重 幼鱼阶段,新陈代谢旺盛,生长快,需要更多的营养,摄食量大;随着鱼体的生长,生长速度逐渐降低,所需的营养和食物就随之减少。所以在养殖生产过程中,幼鱼比成鱼的投饲率要高,一般鱼类的体重与其饲料的消耗呈负相关。如体重为 0.015 克的幼鲤,日摄食量可达体重 54%,而体重 100 克的鲤鱼,日摄食量只有体重的 5%。实验证明,个体和群体,单养和混养,鱼类的摄食量也受到影响,一般说来,在群体和混养条件下,鱼类的摄食量都比较高。

(3)水温 鱼类是变温水生动物,水温是影响鱼类新陈代谢最主要的因素之一,对摄食量影响更大,一般在适温范围内随温度的升高而增加,如鲤鱼(50~100 克)的摄食率在 15℃时为 2.4%,20℃时为 3.4%,25℃时为 4.8%,30℃时为 6.8%。为满足鱼类营养的需要,应根据水温确定投饲率,在一年当中,各月水温不同,其投饲率也有变化。

(4)溶氧 水中的溶氧也是影响鱼类新陈代谢的主要因素之一。水体中溶氧量高,鱼类的摄食旺盛,消化率高,生长快,饲料利用率也高;水体中溶氧量低,鱼类由于生理上的不适应,摄食量和消化率降低,并消耗较多的能量,因此,生长缓慢,饲料效率低下。

另外,环境条件、饲料加工方法、饲料品质以及投饲方法等均能影响饲料效率和投饲率。

(二)投饲量的确定

正确地确定投饲量,合理投喂饲料,对提高鱼产量,降低生产成本有着重要意义。在生产上确定最适投饲量常采用如下两种方法,即饲料全年分配法和投饲率表法。

1.饲料全年分配法　　就是根据养殖方式、所用饲料的营养价值以及与生产实践经验相结合综合考虑的方法。其目的是做到有计划地生产,保证饲料能及时供应,根据鱼类生长的需要,规划好全年的投饲计划。首先按池塘或网箱等不同养殖方式估算全年净产量,再确定所用饲料的饲料系数,估算出全年饲料总需要量,然后根据季节、水温、水质与养殖对象的生长特点,逐月、逐旬甚至逐天分配投饲量。

2.投饲率表法　　投饲率表法是根据不同养殖对象、不同规格鱼类在不同水温条件下试验得出的最佳投饲率而制成的投饲率表,以此为主要根据,结合饲料质量及鱼类摄食状况,再按水体中实际载鱼量来决定每天的投饲量。另外,还可根据鱼类对饲料蛋白质需要量[克/(日·千克鱼)]、对饲料的消化率(%)以及饲料蛋白质含量(%)推算投饲率,其计算方法如下:

$$投饲率 = \frac{鱼对蛋白质需要量}{饲料中粗蛋白质含量 \times 粗蛋白质消化率} \times 100\%$$

我国的池塘养鱼,几种主要养殖鱼类的总投饲率掌握在3%~6%为宜,当水温在15~20℃时可控制投饲率在1%~2%,水温在20~25℃时可控制投饲率在3%~4%,水温在25℃以上时可控制投饲率在4%~6%。

每日的实际投饲量主要根据季节、水色、天气和鱼类的吃食情况而定。①在不同季节,投饲量不同。冬季或早春气温低,鱼类摄食量少,要少投喂;在晴天无风、气温升高时可适量投喂,以不使鱼落膘;在刚开食时应避免大量投饲,防止鱼类摄食过量而死亡;清明以后,投饲量可逐渐增加;夏季水温升高,鱼类食欲增大,可大量投饵,并持续至 10 月上旬;10 月下旬以后,水温日渐下降,投饲量也应逐渐减少。②视水质状况调整投饲量。水色过淡,可增加投饲量;水质变坏,应减少投饲量;水色为油绿色和酱红色时,可正常投饲。③天气晴朗可多投饲,梅雨季节应少投饲,天气闷热无风或雾天应停止投饲。④根据鱼的吃食情况适当调整投饲量。

二、投 饲 技 术

投饲技术水平的高低直接影响鱼、虾养殖的产量和经济效益的高低,因此,必须对投饲技术予以高度的重视,要认真贯彻"四定"(定质、定量、定位、定时)和"三看"(看天气、看水质、看鱼情)的投饲原则。

1. **鱼池中载鱼量的估算**　投饲率表只能查出某种规格的鱼在某一水温条件下的投饲率,而具体投多少饲料,还取决于水体(池塘或网箱等)中的载鱼量。估算载鱼量的方法很多,有抽样法、生长法、饲料系数法等,现将抽样法估算载鱼量介绍如下:从鱼池(或网箱)中捕出部分鱼,分别称重(W)并记录,然后把所称鱼体总重($\sum W$)除以所称鱼的总尾数(N),得出鱼体的平均重量($\overline{W} = \sum W/N$),然后从放养尾数中减去死亡数所得的尾数,乘以抽样所得的平均体重,即可估算出水体的载鱼量,一般抽样合理,操作熟练,都可获得较满意的结果。根据估算出的某期间水体中载鱼量,然后依不同养殖方式,再按当时水温条件和鱼的规格,运用投饲率表即可计算出日投饲量。

2. **投饲次数和时间**　投饲次数是指日投饲量确定以后投喂的次数。我国主要淡水养殖鱼类,多属鲤科鱼类的"无胃鱼",摄取饲料由食道直接进入肠内消化,一次容纳的食物量远不及肉食性有胃鱼类。因此,对草鱼、团头鲂、鲤鱼、鲫鱼等无胃鱼,多次投喂可以提高消化吸收率和饲料效率。狩谷(1956)用 0.6 克鲤鱼进行试验的结果表明,在水温27～32℃时,每天投喂 8～10 次可达最大增重,少于 5 次增重较差。从生产实际出发,单养鲤鱼,每天以投喂6～7 次为宜,随水温下降投喂次数可适当减少。虹鳟、鳗鲡等有胃的肉食性鱼类,每天投喂 1～3 次就可达到最大增重率。我国的池塘养鱼是以鲤科鱼类为主,应以连续投饲为佳,但是由于养殖场生产规模比较大,限于人力等因素,每天投喂次数以 3～4次为宜。

投喂时间:网箱养鱼第一次投喂时间应从 7:00 开始,最后一次应在 18:00 结束;池塘养鱼第一次投喂时间应从 8:30 开始,最后一次应在 16:00 结束。不论网箱养鱼还是池塘养鱼,每次投喂时间持续 20～30 分钟为宜。

3. 投饲场所   遵循"四定"投饲原则,应选择好投饲场所,特别是池塘养鱼,食场应选择向阳、滩脚坚硬、最好有螺蛳壳的地方,以利鱼类摄食。塘泥较多的地方,当饲料落入塘底,由于鱼争食时搅动池水,饲料会很快混入底泥中而造成浪费。根据养殖的实际情况,也可搭设各种饲料台(架)。做到定位投饲是十分必要的。

4. 投饲方法   幼鱼开食后,要精心地对养殖鱼类的摄食行为进行训练,细心地观察鱼类的摄食状态,看天(看天气)、看水(看水质)、看鱼(看鱼的生长和摄食)来调整日投饲量。在一般情况下养殖鱼类经过一段时间(约 1 周)的摄食训练,很容易形成摄食条件反射,诱集食场集中摄食。应用配合颗粒饲料在池塘养鱼和网箱养鱼均清楚地看到鱼类的摄食状态,如草鱼和鲤鱼的摄食,当一把一把地将饲料撒入水中时,鱼会很快集拢过来,集中水面抢食,使水花翻动,而后分散到水下摄食,隐约在水面出现水纹;当鱼饱食后即分散游去,直到平息。控制投饲量达到八分饱为宜,保持鱼有旺盛的食欲,提高饲料效率。

配合饲料养鱼的投饲方式有人工手撒投饲和机械投饲两种方式。人工手撒投饲即利用人工将饲料一把一把地撒入水中,可以清楚看到鱼的实际摄食状况,对每个池塘、每个网箱灵活掌握投喂量,做到精心投喂,有利于提高饲料效率,但是费工、费时。对于中、小型渔场,劳力充足,或者养殖名、特、优水产动物,此种投饲方式值得提倡。

思 考 题

1. 蛋白质有哪些生理作用?

2. 什么是能量蛋白比? 能量与蛋白质之间存在什么关系?

3. 鱼对饲料蛋白质需求量的高低受到哪些因素的影响?

4. 怎样评定蛋白质的营养价值?

5. 鱼类利用糖类的能力低,其原因何在?

6. 影响鱼类对维生素需要量的因素有哪些?

7. 研究能量营养的意义何在?

8. 为什么鱼类的能量需要低于恒温饲养动物?

9. 什么是着色剂? 对鱼来说为什么要添加着色剂?

10. 促生长剂有何作用?

11. 饲料中为什么要添加复合酶? 使用酶制剂应注意什么问题?

12. 影响鱼类饲料消化率的因素有哪些?

13. 如何估算单位池塘或网箱中的鱼数量?

14. 影响投饲量的因素有哪些?

15. 投饲技术中的投饲原则是什么?

16. 鱼类养殖应如何投饲? 投饲方法有哪些?

17. 为什么在鱼类养殖生产中要讲求投饲技术?

第三章 养鱼水质

导读：本章介绍养殖水体的物理、化学特性，以及浮游生物和底质对养鱼水质的影响。

养鱼池水质的好坏，不仅影响鱼类本身，还影响到作为鱼类食物的饵料生物的组成和丰歉。所以，要想获得渔业的优质高产，调节好养鱼水质是很重要的。

第一节　水体的物理特性

水体的物理特性主要指光、温度、水流等因素对水质的影响。

一、光的生态作用

光是最重要的环境因素之一。光主要来自太阳辐射，其他星体的光仅占极小部分。地球上所有生命都是依靠进入生物圈的太阳辐射能量来维持的。太阳辐射给地球表面和水体不仅带来光照，还直接产生热效应，从而给动植物的生存提供能量的来源。光直接影响植物的光合作用和色素的形成，没有光绿色植物难以生存。水环境的光照条件远远不及陆地，即使在水的上层，光照强度也较空气中小得多。光在水生动植物的生活中具有特别重要的生态意义。光对动植物的重要意义，一方面是通过植物影响其他环境因素而对动物产生间接影响，另一方面主要起着信号作用，对于动物的行为和生理有很大影响。光照时间的长短对鱼类卵细胞的发育成熟有影响。许多鱼类都是在昼夜交替的清晨或傍晚开始产卵,足以说明光线与鱼的产卵行为密切相关。

二、温度的生态作用

温度是水环境中极为重要的因素。一方面温度直接影响着有机体的代谢强度,从而控制水生生物的生长、发育、数量消长和分布等;另一方面温度又影响着食物的丰度和水中物理、化学因素的状况,又间接地支配生物的生活和生存。

(一)水生生物的极限温度

即水生生物所能忍受的温度。

最高温度:水生生物所能忍受的温度上限,如对鲤鱼为 32℃。

最低温度:水生生物所能忍受的温度下限,如对鲤鱼为 2℃。

(二)温度对生长、发育的影响

按照体温和环境温度的关系,一般把生物分为变温生物和恒温生物两大类。变温生物体温随外界温度的变化而变化,恒温生物能保持比较稳定的、通常高于外界温度的体温。绝大多数水生生物(水生哺乳类除外)均属于变温生物,它们的体温和水温相等或近于相等。既然有机体的代谢强度直接决定于体温,而水生生物的体温又随环境水温而变化,因此有机体的生长、发育等一系列生命过程都受到水温的影响。

有机体必须在温度达到一定界限以上才开始发育和生长,一般把这一界限称为生物学零度,如大麻哈鱼的生物学零度为5.6℃,鲟鱼为 7.2℃。在生物学零度以上,水温的增高可加速有机体的发育。但是超出适温范围,温度的升高不再加速发育,甚至起了抑制作用。例如,多刺裸腹蚤从出生到产出第一胎所需日数在16～28℃内随水温的上升而缩短,但到 30～32℃发育速度就不再加快甚至反而减慢。温度与生殖的关系十分密切,各种水生动物通常只在一定的温幅内进行生殖。因此,每种动物大都有一个相当明显的生殖季节。一般情况下,生殖过程、卵和胚胎发育所要求的适温范围,要比营养生长的适温范围狭窄得多。如青、草、鲢、鳙、鲤等只有当春季水温达到 18℃ 左右时才开始产卵,大麻哈鱼的产卵水温则要求在 12℃ 以下。一定的水温对于鱼类产卵是一种刺激,不过春季产卵的鱼类是要求升温,而秋季产卵的鱼类则要求降温。

水温对鱼类发育的影响非常显著。在天然条件下,鱼卵、鱼苗的生长发育与当时的正常水温幅度是一致的,过低或过高都会延缓发育速度,或使发育停滞。如草鱼苗养在水温为 16.1～23.0℃ 的条件下,13 天后体长只有 8.3 毫米,而在 23.6～25.0℃ 中生活的个体,3 天就可达到这一长度。

在一些鱼类早期发育阶段,水温的急剧变化,即使在适温范围内,也会造成死亡。培养缸中饲养的鳎和鲽的健壮鱼苗,在一次实验中,当水温由 20℃ 猛升至 25.6℃ 时,4～5 小时后全部死亡。在上述相同的条件下,草、青、鲢的鱼苗则可忍受,没有死亡。不同种类的鱼对水温的反应不同,因此,养鱼业在鱼苗转塘或运输换水时,要十分注意控制水温,使温度相差不致过大。

总之,水温的变化往往是鱼类生活周期各个环节发生转化的一个信号。如越冬洄游时,除了鱼体的肥满度已达到越冬的需要外,还需要水温的急剧下降,鱼才能做出洄游的反应。

三、水流的生态作用

水流不仅影响浮游生物在水体中的分布,而且对某些鱼类的产卵显得特别重要,我们从天然产卵场的水文条件中也可看出这一点。在许多鱼的人工繁殖工作中也运用了流水因素。流水除对亲鱼产生刺激作用外,还提高了水中的溶氧量。在静水中产卵的鲤对水流也有一定要求,其作用可能与卵细胞的成熟和排放有关。

第二节 水体的化学特性

养殖用水的化学特性主要指溶氧、营养盐类、pH 值及有机物等水化学因子对水质的影响。

一、溶 氧

溶解于水中的氧称为溶氧,通常简记为"DO"。

水体中溶氧的来源为空气中氧气的溶解、水生植物光合作用增氧及水补给混合增氧。水体中氧气的消耗则主要为生物呼吸耗氧,通常以浮游生物和细菌为主,其次为有机物分解耗氧及底质耗氧等。池水中溶氧的多少是水质好坏的重要标志之一,对养殖生产有多方面重要影响,各国渔业用水标准都规定了溶氧指标。为了利于浮游生物生长,增加天然饵料,溶氧量最好在 5 毫克/升以上。我国主要养殖的几种鲤科鱼类对池水溶氧的要求约为5.5 毫克/升。溶氧若低于 2 毫克/升,则鱼发生轻度浮头,鱼的呼吸频率加快,能量消耗增加,饵料消耗增加,生长速度降低,且易发生鱼病;若溶氧低于 1 毫克/升,鱼就严重浮头,停止摄食,甚至引起窒息死亡。溶氧过量对鱼虾也不好,会引起氧中毒及气泡病,严重时可使鱼苗大批死亡。不过对溶氧过高的致害浓度争论很大,尚无明确、统一的看法。一般认为仅在溶氧饱和度超过 250% 时才有害,在天然养殖条件下很少遇到这种情况,充纯氧运输鱼苗时则应留意这个问题。

目前,养殖生产中多采用混养密养、增加投饵施肥的增产措施,池鱼浮头是经常会发生的,要及早采取增氧措施。生产上常用的增氧措施是使用增氧机增氧。

二、营 养 盐 类

水中的植物,特别是浮游植物,是鱼类重要的天然饵料,是水生态系统的原初生产者,决定着水域天然鱼产力的高低。水中藻类和其他浮游植物的生长,除了靠光合作用吸收二氧化碳以外,还需要按一定比例吸收氮、磷、硅等营养元素。

(一)氮

氮是一切藻类都必需的一种营养元素,也是养殖水体内较常见的一种限制初级生产力的营养元素,对生产影响很大。水体中的氮主要来源于有机物的分解及生物固氮和水中生物的代谢废物。水体中有效氮消耗减少的主要途径有生物吸收、脱氧作用及离开真光层。

养殖水体缺氮时需要施入氮肥,目前普遍用尿素、硫酸铵、碳酸铵、氯化铵等无机肥料和粪肥、绿肥等有机肥料。浮游植物只能利用水体中的无机氮化合物,在高产养鱼水体中有效无机氮的浓度应保持在 0.3 毫克/升以上,以利于浮游植物的大量繁殖。养殖水体中有效的无机氮主要包括 NH_4^+(NH_3)、NO_3^-、NO_2^-。其中 NH_4^+(NH_3)毒性很大,我国渔业水质标准(GB 11607—89)规定,水中非离子氨的最高限值为 0.02 毫克/升。NO_2^- 也有一定的毒性,在浓度较低时会造成养殖动物抵抗力下降,但 NO_2^- 在溶氧丰富的水中极易被氧化为 NO_3^-。

(二)磷

磷也是一切藻类都必需的营养元素,需要量比氮少。但天然水体中缺磷现象往往比缺氮现象更普遍、更严重,位于黄壤、红壤发达的酸性土壤区的水体尤其如此。其原因是自然界存在的含磷化合物的溶解性及移动性比含氮化合物低得多,补给数量及速度也比氮小得多。因此,磷对初级生产力的限制作用往往比氮更强。在水体中增施磷肥有助于浮游植物的大量繁殖。

磷肥还能加强水生固氮蓝藻、固氮细菌和硝化细菌的繁殖,促进氮素循环。在养鱼水体中多用过磷酸钙作为磷肥,但它是可溶性磷肥,很快受到化学固定和吸附固定而沉积水底,因此,施磷肥时采取少量多次为好。

(三)硅

硅是所有研究过的硅藻都必需的一种营养元素。养殖水体中 SiO_3^{2-} 含量只要在 2 毫克/升以上,硅藻的繁殖就不会受到影响。

三、pH 值

pH 值是衡量水质的一项重要指标,各种水生生物都要求一定的 pH 值范围,才能正常生长发育。在养殖生产的不同阶段,对 pH 值的要求是不同的。生石灰清塘时 pH 值必须大于 11 才能杀死敌害生物,确保清塘效果;人工繁殖时水质以中性微偏碱性为好,pH 值小于 6.5 时人工繁殖就不能顺利进行;鱼苗培育时以弱碱性为好,pH 值较高(8 或更高)的鱼苗塘,培育效果往往较好;在养成阶段,对高产有利的 pH 值范围是 6.5~7.5,在 7.5~8.5 范围多为平产,pH 值小于 6.5 或 pH 值大小 8.5 时则多为低产。

四、有 机 物

养殖水体中的有机物主要来自于施肥、投饵、鱼类及其他水生生物的排泄废物、生物残骸等,大部分呈溶解状态,也有呈胶体及悬浮状态的。其主要成分有糖类、多肽、蛋白质、核酸、维生素等,都是水生生物的营养物质,池水中悬浮状态的有机物还能絮凝成有机碎屑,成为水生生物和鱼类的良好饵料。水体中的有机物还有助于稳定池水的 pH 值,结合缓冲微量金属离子,改良水质和底质,因此,池水中有机物的多少是水质肥瘦的标志之一,池水中有机质多表明池水较肥。但另一方面,有机质分解需要消耗氧气,有机质多,耗氧量大,容易造成池水缺氧,使水质恶化,影响产量及引发鱼病。池水中有机物的多少用有机耗氧量(COD)表示,普通鱼池中适宜的有机耗氧量为 30～40 毫克/升。

五、浮游生物和肥度

浮游生物指的是水层区营悬浮生活的生物,包括动物和植物。浮游生物包括的种类很多,分布也非常广泛,各种水体如海洋、湖泊、池塘、沟渠以及水洼中都有存在,对养鱼水质有很大影响。

渔业上通常按水体的透明度来衡量浮游生物的多少。将白色和黑色十字相间的圆盘(即透明度盘,直径 20 厘米)浸入水中,圆盘在水中消失的深度,即肉眼不能见到的深度叫透明度。决定透明度的因素很多。自然水体的透明度与太阳高度、天气情况及地理纬度都有关系,但水中悬浮物质(包括浮游生物、有机碎屑、细菌等)的种类和数量是影响水体透明度的主要因素。

肥水高产鱼池的透明度与水中的浮游植物及悬浮有机碎屑、细菌和溶解有机物有着密切关系。它们的量与鱼池透明度相反,某一时刻的透明度可以作为评价悬浮物多寡的指标。池水中悬浮物湿重在 180～200 毫克/升(干重在 30～50 毫克/升)、透明度在 30 厘米左右为好(鱼池中悬浮有机物、腐屑和细菌约占 75%,浮游植物占 25%)。在形成水华的鱼池,浮游生物量极高,使透明度变得极低,有时只有 10 厘米左右,甚至几厘米。肥水鱼池透明度多为 25～35 厘米,浮游植物量为 20～100 毫克/升。在用透明度来衡量水的肥度时,以 20～40 厘米作为合格,25～35 厘米最好。我国高产密养池塘中,由于鱼类大量滤食,浮游生物不易长期保持很高的密度,过高的生物量常常是天然饵料未被充分利用,水中物质循环不良。鲢、鳙鱼的滤食器官在滤食的同时还进行着呼吸,当浮游生物密度过大时,由于呼吸作用不断滤取食物,造成摄食过多,影响消化吸收。所以透明度必须适中。

六、底 质

不同土壤和底质因其形态结构和性质不一,对水质的影响程度也有所不同。多年养鱼的水体,其底质含有大量有机物质、无机盐类和大量厌氧细菌等,它们在向水体提供大量营养物质、促进水生生物生长的同时,有机质分解,大量耗氧,也使水体 pH 值降低,不利于水生生物的生长、繁殖。由于不同形态底质对水质的影响,形成了不同营养类型的湖泊,一般分为贫营养型、富营养型、中营养型和腐殖质营养型。

1. **贫营养型** 深度大,底质含有机质少,且大多不腐烂;水色淡,常为绿色或蓝色;夏、冬季溶氧垂直分布均匀;磷、氮含量低,钙或多或少,溶解有机质少;pH 值接近 7;沿岸植物少,浮游生物、底栖动物数量少而种类多,摇蚊幼虫占优势。对于新挖的鱼塘,由于池底淤泥较少,底泥中有机质及营养盐含量不足,不能向水体提供充足的营养物质,为促进水生生物的生长,可通过投饵、施肥改善底质和水质。

2. **富营养型** 深度小,岸边浅滩通常宽广,湖上层容积大于湖下层,透明度低或极低,底质含有机质多,多腐烂;水色浓,呈绿色或褐绿色;夏季表层溶氧高于底层,底层常缺氧;氮、磷、钙含量均较丰富;pH 值一般在 6 以上;沿岸植物多,浮游生物数量多而种类少,摇蚊幼虫占优势,常有幽蚊幼虫。

3. **中营养型** 介于贫、富营养型之间。

4. **腐殖质营养型** 深度或大或小,岸边浅滩狭窄不一,透明度低;底质富有外来腐殖质,难分解;水色淡或浓,呈黄褐色;夏季溶氧垂直分布较均匀;磷、氮、钙含量均少,溶解有机质含多量腐殖质;pH 值低于 7;沿岸植物少,浮游生物种类和数量均少,底栖动物种类和数量也少。对于池塘养鱼,如果池底淤泥过多,水中有机质特别是腐殖质浓度过高,混浊暗黑,pH 值偏低,不利于水生生物的生长,可挖除过多的淤泥,并用生石灰清塘,从而改善鱼池的底质条件。

思 考 题

1.水体的物理特性是如何影响养殖水的?
2.水体的化学特性是如何影响养殖水的?

第四章　常规鱼的人工繁殖

导读:本章在介绍鱼类(以四大家鱼为例)繁殖知识的基础上,阐述家鱼、鲤鱼、鲫鱼、团头鲂和罗非鱼等常规养殖鱼类人工繁殖的技术和方法。

常规养殖鱼主要是指草鱼、鲤鱼、鲫鱼、鲢鱼、鳙鱼、青鱼、团头鲂和罗非鱼。这几种常规鱼的产卵条件、产卵行为、卵的性质、胚胎发育、孵化条件既有共同之处,也有各自的特点。人工繁殖一定要根据不同鱼类的繁殖习性,采取相应的措施,特别是卵的性质及其孵化条件是决定人工繁殖成功与否的关键。

第一节　鱼类繁殖的基础知识

鱼类的繁殖取决于性腺的发育。鱼生长发育到一定程度,性腺才能成熟,并开始产卵繁殖。性腺发育的整个过程有一定规律性,性腺发育的各个阶段的形态结构和生理特点有明显变化。性腺发育又受到内分泌激素的控制,同时也受环境和营养条件的直接影响。总之,性腺的发育是一个复杂的生理过程。掌握这一过程是做好人工繁殖工作、提高繁殖率的前提。

一、鱼类性腺发育规律

(一)精子的发育

鱼类精子的发育可分为繁殖、生长、成熟和变态 4 个时期。

1. **繁殖期**　原始生殖细胞大量分裂,形成数量很多的精原细胞。精原细胞的特点是细胞核大而圆,核内染色质均匀分布。

2. 生长期 细胞分裂停止,生长加速,形成初级精母细胞。此时精母细胞体积最大,核内染色质变为明显的线状或细丝状,逐渐进入成熟期。

3. 成熟期 这一时期的精母细胞连续进行 2 次成熟分裂。第 1 次为减数分裂,每个初级精母细胞(双倍体)分裂成为 2 个次级精母细胞(单倍体);接着进行第 2 次成熟分裂(均等分裂),这次是普通的有丝分裂,每个次级精母细胞各形成 2 个精子细胞。精子细胞比次级精母细胞小得多。经过 2 次成熟分裂,每个初级精母细胞各分裂成 4 个精子细胞。

4. 变态期 这是雄性生殖细胞在发育中特有的阶段,整个过程较为复杂。每个精子细胞脱掉部分胞质,再经过一系列变态,形成具有活力的精子,有较强的运动能力。

(二)卵子的发育

鱼类卵子的发育从卵原细胞开始发育成为成熟卵子的过程需要经过卵原细胞繁殖期、卵母细胞生长期和卵子成熟期 3 个时期。

1. 卵原细胞繁殖期 为卵子发生的最初时期,卵原细胞进行有丝分裂,细胞数目不断增加,经过若干次分裂后卵原细胞停止分裂,开始长大而向初级卵母细胞过渡。此阶段的卵细胞为第Ⅰ时相卵原细胞,此阶段的卵巢为第Ⅰ期卵巢。

2. 卵母细胞生长期 该期可分为小生长期和大生长期。

(1)小生长期:主要是指初级卵母细胞的原生质生长,原生质不断增加,初级卵母细胞的体积显著增大,所以也称原生质生长期。此时期的后期卵膜外面长了一层扁平的滤泡上皮细胞。小生长期到单层滤泡上皮细胞形成即结束。处在小生长期的初级卵母细胞称为第Ⅱ时相的初级卵母细胞,以第Ⅱ时相初级卵母细胞为主的卵巢为第Ⅱ期卵巢。主要养殖鱼类性成熟前的个体,其卵巢均长期地停留在第Ⅱ期。对不同的鱼类来讲,这一时期的时间有长有短,不完全一样,即使同一种鱼,处在不同水域条件下,停留时间也不一样。

（2）大生长期：即卵黄形成积累期。由于进入细胞的营养物质不能完全同化为卵内的原生质，因此，原生质中逐渐出现微细的卵黄颗粒，这就是大生长期的开始。根据卵黄积累状况和程度，此时期又可分成卵黄开始积累和卵黄充满2个阶段，前者主要特征是初级卵母细胞体积增大，细胞内缘出现液泡，这是卵黄开始积累的征兆，并且卵膜增厚，出现放射带，滤泡上皮细胞分裂成2层，此时的初级卵母细胞称为第Ⅲ时相初级卵母细胞，以第Ⅲ时相初级卵母细胞为主的卵巢为第Ⅲ期卵巢。初级卵母细胞进入卵黄充满阶段的主要特征是卵黄在液泡内外先后积累，并充满全部细胞质部分，这时卵黄积累即告结束。在细胞质中靠近卵膜的最外层不是卵黄而是黏多糖，在形成卵周隙时起吸水作用。此时初级卵母细胞已达到成熟的第Ⅳ时相，以此时相的初级卵母细胞为主的卵巢称为第Ⅳ期卵巢。

卵子发育中的生长期比较长，初级卵母细胞达到整个发育过程中最大体积时，比卵原细胞的体积要增大几十倍乃至上百倍。

3. 卵子成熟期　初级卵母细胞大生长期完成后，其体积不再增大，这时卵黄开始融合成块状，细胞核极化，核膜溶解，并进行2次成熟分裂，即减数分裂和均等分裂。在该过程中，初级卵母细胞进行第1次成熟分裂放出第一极体，形成次级卵母细胞，紧接着次级卵母细胞又开始第2次成熟分裂，并停留在分裂中期，等待受精，通常把这一过程称为成熟。与生产上"亲鱼已成熟"的含义不一样，生产上所谓的"性成熟"指的是亲鱼性腺（卵巢）已发育到第Ⅳ期，可以进行催情产卵而言。

成熟期进行得很快，仅数小时或数十小时即可完成，成熟的卵子称为第Ⅴ时相的次级卵母细胞，此时的卵巢为第Ⅴ期卵巢。

在卵子成熟变化中，滤泡膜破裂，从固着状态向流动状态过渡，末了，次级卵母细胞从滤泡中释放出来，成为游离流动的成熟卵子，这就是通常所说的排卵。在适宜的生理条件下，卵巢腔中的流动卵子向体外排出，此过程称之为产卵。

　　家鱼(青鱼、草鱼、鲢鱼、鳙鱼)卵子停留在第 2 次成熟分裂中期(等待受精)的时间不长，一般只有 1～2 小时。如果条件适宜，卵子能及时产出体外，完成受精并放出第二极体，成为受精卵。如果条件不适宜，排出的卵子就将成为过熟卵而失去受精能力。在人工繁殖条件下要抓住时机制造适宜的条件，提高受精率。

　　家鱼成熟的卵子呈圆球形，微黄而带青色，半浮性，吸水前直径为 1.4～1.8 毫米。

(三)性腺分期和性周期

　　1. 性腺分期　　为了观察鉴别鱼类性腺生长、发育和成熟程度，通常把性腺生长发育过程划分成若干阶段，称为性腺的分期。根据性腺的外观和组织学切片观察，可将性腺分为 6 个时期，各期特征见表 4-1。

表 4-1　　鱼类性腺各时期的主要特征

期别	精　　巢	卵　　巢
Ⅰ	细线状，半透明，肉色或淡肉色，肉眼不能辨雌雄	细线状，半透明，肉色或淡肉色，肉眼不能辨雌雄
Ⅱ	半透明的细带形或细杆状	扁带状，半透明，肉色，肉眼看不清卵粒，但能辨别出雌雄
Ⅲ	圆杆状，粉红色或淡黄白色，不能挤出精液	增宽变厚，约占腹腔的 1/2，青灰或黄白色，肉眼可辨出卵粒，但相互粘连成团状，不能分离
Ⅳ	乳白色，大拇指粗细，可挤出少量精液	卵巢体积增大，呈长带状，充满整个腹腔，卵粒大而饱满，易分离脱落，灰白或淡黄色
Ⅴ	精巢丰满，乳白色，轻压腹部有大量乳白色精液流出	卵从滤泡中排出，游离在卵巢腔中，卵巢松软，轻压腹部有卵粒从生殖孔流出
Ⅵ	排精后的精巢呈细带状，淡红或粉红色，枯萎缩小，挤不出精液	产卵不久或退化吸收的卵巢、卵巢腔表面血管充血，呈紫红色

2. 性周期　　达到性成熟的雌鱼第一次产卵、雄鱼第一次排精后,性腺即随季节、温度和环境条件进行周期性发育,再次产卵排精,这就是性周期。鱼类在性成熟前没有性周期现象。在池养情况下,常规鱼种的性周期基本相同,性成熟的个体每年只有1个性周期,条件好的可有2个性周期。常规鱼类从鱼苗养到鱼种,性腺一般属于第Ⅰ期。在未达到性成熟年龄之前,卵巢也只能发育到第Ⅱ期,没有性周期的变化。当达到性成熟年龄,产过卵或没有产卵的鱼过了繁殖时节,其性腺退化,再回到第Ⅱ期。秋末冬初卵巢由第Ⅱ期发育到第Ⅲ期,经过整个冬季,至第2年开春后进入第Ⅳ期,第Ⅳ期卵巢又分为初、中、末3个小期。Ⅳ期初的卵巢、卵母细胞的直径约500微米,核呈卵圆形,位于卵母细胞正中,核周围尚未充满卵黄粒。Ⅳ期中的卵巢,卵母细胞的直径增大为800微米,核呈不规则形,仍位于卵细胞的中央,整个细胞充满卵黄粒。Ⅳ期末,卵母细胞直径可达1 000微米左右,卵已长足,卵黄粒融合变粗,核已偏位或极化。卵巢在Ⅳ期初时,人工催产无效,只有发育到Ⅳ期中期,最好是Ⅳ期末,核已偏位或极化后,催产才易获得成功。卵巢从第Ⅲ期发育到Ⅳ期末时,需要2个多月的时间。从第Ⅳ期末向第Ⅴ期过渡的时间很短,只需几个小时至十几个小时。一次产卵类型的卵巢,产过卵后,第Ⅴ时相的卵已全部产出体外,卵巢内只剩下一些很小的没有卵黄的第Ⅰ、Ⅱ时相卵母细胞,当年不再成熟。多次产卵类型的卵巢,当最大卵径的第Ⅳ时相卵母细胞发育到第Ⅴ时相成熟卵子产出以后,留在卵巢内又一批接近长足的第Ⅳ时相的卵母细胞继续发育和成熟,这些鱼一年中可多次产卵。

(四)性腺成熟系数与怀卵量

1. 性腺成熟系数　　性腺成熟系数就是性腺重占体重的百分数,即

$$成熟系数 = \frac{性腺重}{鱼体重} \times 100\%$$

或

$$成熟系数 = \frac{性腺重}{去内脏鱼体重} \times 100\%$$

上述两式可任选一种,但应注明是采用哪种方法计算的。

性腺成熟系数是衡量性腺发育好坏的程度,性腺成熟系数越大,说明亲鱼的怀卵量越多。常规鱼卵巢的成熟系数,一般第Ⅱ期为1%~2%,第Ⅲ期为 3%~6%,第Ⅳ期为 14%~22%,最高可达30%。但精巢成熟系数要小得多,第Ⅳ期一般只有 1%~1.5%。

2. 怀卵量 怀卵量决定鱼的繁殖力,反映当年可能产卵的数量。怀卵量有绝对怀卵量和相对怀卵量之分。绝对怀卵量是指一尾鱼实际怀卵数量;相对怀卵量是实际怀卵量与体重之比,即每克体重所拥有卵的粒数。同一种鱼的相对怀卵量基本一样,但绝对怀卵量却与其体重、营养条件有很大关系(参见第一章)。

二、影响鱼类性腺发育的因素

(一)内分泌系统

鱼类内分泌系统主要包括鱼类的脑下垂体、甲状腺、肾间组织、胰岛腺和性腺,最关键的是脑下垂体和性腺。

1. 脑下垂体 鱼类的脑下垂体与其他脊椎动物一样,是内分泌系统的中枢,能产生多种激素,还能控制体内其他一些内分泌腺,对许多重要生理机能起调节作用。鱼类脑下垂体的嗜碱性细胞分泌的促性腺激素具有刺激雌鱼卵子的生长、发育和成熟排放,以及雌性激素合成和分泌的功能。对雄鱼也具有相类同的生理功能,刺激雄鱼精巢内精子的形成和精巢间隙细胞合成与分泌雄性激素。鱼类脑下垂体促性腺激素对卵巢内卵母细胞卵黄的形成至关重要。雌鱼处于大生长期卵黄形成阶段时,如果摘除垂体,卵黄形成终止,已形成的卵黄遭受破坏而被吸收;而对处于小生长期的卵母细胞,摘除垂体则不受影响。促性腺激素对雌鱼作用于滤泡细胞,促进卵黄积累,从而促使性腺发育成熟。家鱼垂体促性腺激素分泌与垂体间叶细胞的季节性变化相一致。如秋冬季节产卵后的鱼,性腺由Ⅵ期转入Ⅱ期,脑垂体的间叶嗜碱性细胞增加,细胞较大,界限明显,胞内积累了分泌颗粒。到了春末夏初生殖季节,鱼在产卵前,性腺向成熟阶段过渡时,脑垂体间叶嗜碱性细胞数目和体积大为增加,胞质内分泌颗粒增多。产卵季节,这些细胞的分泌活动加剧而形成空泡或细胞解体。这些事实说明,鱼类脑下垂体所分泌的促性腺激素对性腺的发育、成熟和排卵起到极为重要的作用。

2. 性腺 鱼类性腺包括精巢和卵巢,它们除产生精子和卵子外,还是内分泌腺体器官,能分泌性激素。卵巢分泌的激素称雌性激素,精巢分泌的激素称雄性激素,它们具有刺激性器官和副性征的发育以及性行为产生的功能。

除脑下垂体和性腺外,其他内分泌腺,例如甲状腺、肾上腺皮质(肾间组织)对性腺发育也产生一些直接或间接的影响。

(二)中枢神经系统

鱼类和所有脊椎动物一样,在性腺发育、成熟、排卵和产卵的过程中,中枢神经系统通过外感受器官——视觉、触觉或侧线器官接受来自外界(例如光线、温度、异性存在等)的刺激,首先激发神经细胞,使它们释放出一类小分子的神经介质(如多巴胺、去甲肾上腺素和羟色胺等),通过神经末梢突触之间的缝隙传递信号。下丘脑担负着承上启下的作用,当神经分泌细胞受激发后,立即启动,把贮藏在内部的一种多肽激素即促黄体素释放激素(简称LRH)分泌出来,通过毛细血管系统或深入垂体间叶的神经纤维直接传递。进入脑下垂体间叶的LRH转而激发间叶嗜碱性细胞分泌其贮存的促性腺激素。促性腺素激素进入血液循环带至性腺,一方面促进性腺的发育和成熟,另一方面刺激性腺生成和分泌性甾体激素。

　　控制鱼类促性腺机能及下丘脑的外侧核和视前核神经中枢的这些具有分泌机能的神经细胞,随季节和年龄的变化而变化,它们的增减与垂体间叶细胞的分泌能力在时间上是一致的。

　　在各鱼类中,外侧核神经分泌细胞和视前核神经分泌细胞的分泌机能也不一样。鱼类下丘脑外侧核和视前核存在并释放LRH。四大家鱼性成熟后,下丘脑的神经分泌细胞也存在着季节变化,产前、产后分泌颗粒少,临产前细胞中充满分泌颗粒。从下丘脑释放 LRH 与垂体分泌促性腺激素以及与性腺发育的一致性说明:鱼类下丘脑-垂体-性腺之间存在密切联系,属于中枢神经系统一部分的下丘脑,对鱼类繁殖起着至关重要的调节控制作用。

　　(三)环境

　　鱼类性腺发育的各个时期需要一定的内、外综合条件,如果缺少了某种条件,就会影响性腺的发育。内在的因素是基本的,是性腺发育的基础,但缺乏必要的外界环境因素,性腺发育也会受到抑制。最重要的环境因素包括营养、水温、光照、水流、溶氧量等。这些环境因素并不是单一地对鱼类起作用,往往是共同地、连续地对性腺起作用。

　　1. 营养　营养是鱼类性腺发育的物质基础。常规鱼类的怀卵量达数十万至百余万粒,卵巢长足约占体重的 20%。卵母细胞进入大生长期后要沉积大量的营养物质——卵黄,以保证胚发育的需要。因此,亲鱼在性腺发育过程中,需要从外界摄取大量的营养物质,特别是蛋白质和脂肪。卵巢中蛋白质含量变动的基本趋势是随发育成熟而逐渐上升,产卵时下降,变动幅度比较大。例如,鲢鱼从第 Ⅱ 期初的 10.42% 增至第 Ⅲ 期初的 18.16%,第 Ⅲ 期初到第 Ⅳ 期初增加 4.12%,第 Ⅳ 期内又增加 6.24%。从 Ⅱ 期初到 Ⅳ 期总共增加了 18.10%,其中以 Ⅱ 期到 Ⅲ 期增加最多。卵巢中蛋白质的含量在性成熟的早期增加最多,而此期正是原生质生长阶段。Ⅲ期以后增长的主要是卵黄磷蛋白和磷脂类，所以，蛋白质增加的比重反而不如早期多。卵巢中脂肪含量的变动与蛋白质有相同的趋势。卵巢发育的Ⅱ、Ⅲ期，蛋白质与脂质均直线上升，但此时的肌肉和肝中的蛋白质有所减少，其减少量相当于卵巢增加量的 1/20。可见早期卵巢发育需要靠外界提供营养。亲鱼培育的实践证明：在产卵后的夏秋季节加强营养，性腺就能得到很好的发育，成熟系数就大。相反，亲鱼如在产卵后得不到很好的营养，即使开春后强化培育，也很难达到预期的效果。

卵巢发育过程中糖原也大量增加，从第Ⅲ期初到第Ⅳ期末增加了 50%。除重视抓好夏秋亲鱼的营养外，开春后，亲鱼卵巢进入大生长期，需要更多的蛋白质转化为卵巢的蛋白质，仅体内贮存的蛋白质不足以提供转化所需，必须从外界摄取，所以春季培育需投喂蛋白质丰富的饲料。

营养条件是性腺发育的重要因素，但不是决定性因素，必须与其他条件紧密配合，才能促使性腺的正常发育与成熟。如果单纯地追求高营养而忽视其他生态条件，则亲鱼可能长得很肥，但性腺发育却受到抑制。同样，如果鱼长期处于饲料不足的条件下，即使已达到性成熟年龄的鱼，其性腺也可能一直滞留在第Ⅱ期，或者已发育到第Ⅲ期或第Ⅳ期性腺，由于长期饥饿而退回到第Ⅱ期导致不能繁殖。对于过瘦的鱼要加强营养，对于过肥的鱼要调整精料比例。在繁殖中要注意冲水或给予微流水刺激，以促使鱼体内的营养物质转化到性腺中去。

2. **水温** 水温对性腺的发育、成熟、产卵具有显著的影响，它通过改变鱼体代谢强度，加速或抑制性腺发育的过程。如实验前卵巢平均重 0.57 克的金鱼，在 10℃、15℃、20℃ 和 25℃ 4 种水温下饲养 3 周后的卵巢平均重分别为 0.4 克、0.75 克、12.0 克和 13.5 克，表明了水温和性腺发育的密切关系，鱼的成熟年龄与水温亦有密切关系，例如，生长在我国不同地区的鱼，其成熟年龄有所差异,但成熟期的总热量基本上是一致的,需要 18 000～20 000℃·日。这说明常规鱼类的性腺发育的速度与水温呈正相关。尤其是鲢、鳙鱼受温度的影响更大,如果前期催产效果差,经过 25℃ 水温持续的饲养之后再催产,效果就显著好转。因此,每年常规鱼类的人工繁殖要特别注意节气的变化,控制和掌握水温变化对鱼性腺发育的影响。温度与鱼的排卵、产卵的关系尤为密切,每种鱼在某一地区开始产卵的温度是一定的,适宜产卵温度的到来是产卵行为的明显信号,一般低于这个温度鱼就不产卵。产卵行为的发生是在外界环境条件的刺激下,通过脑下垂体间叶嗜碱性细胞分泌促性腺激素,激发鱼体排卵和产卵。如果正在产卵的鱼遇到水温突然下降,往往发生停产现象,水温回升又重新开始产卵。相反,冷水鱼类当温度上升时则出现停产现象,而有的鱼如大银鱼,则需要冷水刺激才产卵。

3. 光照 光线刺激鱼类的视觉器官,通过中枢神经引起垂体的分泌活动,从而影响性腺的发育。光照的强度和时间与性腺发育的成熟程度有关。鱼类促性腺激素的分泌既受季节变化的影响从而形成分泌的年循环,又受昼夜光照变化的影响而形成分泌的日循环。鲤鱼和金鱼早晨日出至中午血液中形成促性腺激素分泌的高峰(每毫升血浆 10 纳克左右),而傍晚出现低峰(每毫升血浆 2 纳克左右)。泰山赤鳞鱼一般每年的 4 月中下旬到 6 月初产卵,而每天产卵多集中在上午 10:00 之前。可见光照的变化会影响垂体促性腺激素的分泌量,从而影响性腺的发育和成熟。控制日照时间可使一些鱼类提前或延后产卵。例如,延长光照时间可使春季产卵的鱼提早成熟产卵,而缩短光照时间则可使秋季产卵鱼类提早成熟产卵。过长和过强的光照对家鱼的生长是不利的,但对性腺的发育和成熟则有良好的影响,如南方地区温度高,光线强,鱼性腺发育快,成熟早。在我国自然状态生长的许多鱼类由南向北产卵时间逐渐延迟。

4. **水流和溶氧量**　流水对某些鱼类的性腺发育成熟极为重要。常规鱼类的性腺发育不同阶段要有不同的生态条件。第Ⅱ、Ⅲ期时营养、水质等条件是主要的，流水刺激不是主要因素；但当发育到第Ⅳ期时，流水刺激对性腺的进一步发育成熟就很重要。江河中的家鱼，在产卵季节，当暴雨来临、山洪暴发、水位上涨造成湍急的水流时，经数小时至数十小时，亲鱼即完成从第Ⅳ期卵巢到第Ⅴ期卵巢的过渡而立即产卵。一些水库的上游，水流湍急，家鱼也可以产卵。冲水或不间断的流水，能加速鱼体内储存的营养物质向性腺发育的方向转化，并促使其下丘脑 LRH 的大量合成和释放，再触发垂体分泌促性腺激素，随后诱导其发情产卵。同时，流水保证了水质清新、溶氧充足，保持良好水质。溶氧不足，即便是亲鱼轻微的浮头，对性腺的发育也有不利影响，特别是开春后，随着性腺的迅速发育，对溶氧量的需求也越来越大。因此，亲鱼只有在水质清新、溶氧充足的环境中，性腺才能得到良好的发育。

促使鱼类的性腺发育与产卵的环境因素除上述的营养、水温、光照、水流、溶氧量等条件外，尚有水的盐度、卵的附着物以及异性刺激等。

第二节　四大家鱼的人工繁殖

四大家鱼（鲢、鳙、草、青鱼）的人工繁殖大同小异，主要包括亲鱼培育、催情产卵和人工孵化三个环节。

一、亲 鱼 培 育

亲鱼培育是家鱼人工繁殖中的基础工作，亲鱼培育的好坏，直接影响到性腺的成熟度、催产效果、鱼卵的受精率以及孵化率，必须十分重视。

（一）亲鱼的来源和选择

1. 亲鱼的来源 亲鱼来源有二：一是自己在池塘中培育，二是从江湖、水库、外荡等水体中收集。有条件的应选择长江水系的亲鱼。

2. 亲鱼的收集 在江、河、湖泊、水库等水域中收集亲鱼，一般宜在秋冬季结合成鱼捕捞进行，此时水温较低，亲鱼不易受伤，运输成活率高。但在我国北方冬季温度过低时，不宜运输亲鱼。捕捞运输亲鱼宜在 $6\sim15℃$ 进行，使用的网具要求柔软、光滑，最好用拉网或张网。

3. 亲鱼的选择 选择亲鱼应注意以下几个方面的问题：一是体质要好，要求体色鲜亮，无病无伤；二是要达到性成熟；三是性比适宜，雌、雄比例掌握在 $1:1.2$ 左右，雄多雌少。

（1）雌雄鉴别：在亲鱼培育和催情产卵时，须掌握合适的雌雄搭配比例，因此，必须正确地鉴别亲鱼的雌雄。鱼类和其他脊椎动物一样，在接近或达到性成熟的时候，由于性激素的生理作用，会出现第二特征（副性征），特别在雄体上较为明显。这些副性征，有的终生存在，有的在繁殖季节过后即行消失。区别几种家鱼雌雄的方法基本上是相同的，主要从胸鳍上区别。雌雄的主要特征见表 4-2。

（2）成熟年龄和体重：我国南北各地家鱼成熟年龄有所差异，南方成熟较早，个体较小；北方成熟较迟，个体较大。雄鱼较雌鱼早熟 1 年。表 4-3 是各地家鱼雌鱼的性成熟年龄和体重，供参考。

在不同水域中，同一年龄的同种亲鱼，由于生态条件不同（如水温、食料生物以及水的理化因子等），体重的差别可能相当悬殊。例如，3 龄鲢鱼在适宜它生长的环境中，体重可能超过 4 千克，但在不适宜的环境中，可能不足 1 千克。同一水域中，一般年龄越大，体重越大，但个体之间也存在着较大的差异。因此，在选留亲鱼时应选择已达性成熟的个体大、生长性能好的亲鱼，以保证高的繁殖力。

表 4-2　雌雄鱼特征比较

品种	雄　鱼	雌　鱼
鲢鱼	①胸鳍前面的几根鳍条上,特别是第1根鳍条上明显地生有一排骨质的细小栉齿,用手抚摸有粗糙、刺手感觉 ②腹部较小,性成熟时轻压腹部有精液从生殖孔流出	①只有胸鳍末梢很小部分才有这些栉齿,其余部分较光滑 ②腹部大而柔软,泄殖孔常稍突出,有时微带红润
鳙鱼	①胸鳍前面的几根鳍条上缘各生有向后倾斜的锋口,用手向前抚摸有割手感觉 ②腹部较小,性成熟时轻压腹部有精液从生殖孔流出	①胸鳍光滑,无割手感觉 ②腹部膨大柔软,泄殖孔常稍突出,有时稍带红润
草鱼	①胸鳍鳍条粗大而狭长,自然张开呈尖刀形 ②在生殖季节性腺发育良好时,胸鳍内侧及鳃盖上出现追星,用手抚摸有粗糙感觉 ③性成熟时轻压腹部有精液从生殖孔流出	①胸鳍鳍条较粗短,自然张开略呈扇形 ②一般无追星,或在鳍条上有少量追星 ③腹部膨大而柔软,一般不会达到鲢、鳙鱼雌鱼的程度
青鱼	基本同草鱼	胸鳍光滑,无追星

表 4-3　各地家鱼雌鱼的成熟年龄和体重

品种	南部地区		中部地区		北部地区	
	年龄	体重(千克)	年龄	体重(千克)	年龄	体重(千克)
鲢鱼	2～3	>2	3～4	>3	5～6	>5
鳙鱼	3～4	>4	4～5	>7	6～7	>8
草鱼	4～5	>4	5～7	>5	6～7	>7
青鱼	6～7	>10	7～8	>15	>8	20 左右

(二)亲鱼培育池的条件

亲鱼培育池是亲鱼生活的环境,池塘条件如位置、面积、底质、深度等都会直接或间接地影响到亲鱼的生长发育,良好的亲鱼池可减小亲鱼培育的劳动强度,减小捕捉催产时亲鱼的受伤程度,因此必须认真选择。

(1)亲鱼培育的条件:亲鱼池的位置要临近水源,排灌水方便,利于调节水质。水质肥沃、保水力强的池塘宜作为鲢、鳙鱼的培育池。水质清瘦、有些微流水的池塘,宜作为草、青鱼的培育池。面积 2 000～2 700 米²(3～4 亩),水深 1.5 米左右,以长方形较好,便于饲养管理和捕捞。池底平坦。鲢、鳙鱼培育池应有 20 厘米深的池塘淤泥,使水质容易肥沃;草、青鱼培育池应少含或不含淤泥。

(2)亲鱼池的清整:亲鱼池的清整在亲鱼培育中是一项不可忽视的工作,必须每年进行一次,在家鱼人工繁殖生产结束后抓紧完成。清整的工作内容包括挖除池底过多的淤泥,维修和加固塘埂,割除杂草,清除野杂鱼等,为亲鱼创造一个良好的环境条件,有利于亲鱼的生长和性腺的发育。

(三)亲鱼的放养

亲鱼可以单养,也可以混养。每 667 米² 放养量一般为 100～150 千克。从充分利用水体空间和食料生物的角度考虑多采用混养方式。常用的放养组合方式如下:

(1)主养鲢的培育池放养总量为每 667 米² 100～140 千克,其中混养草鱼占总量的 10%～40%,鳙鱼 2%;如不混养草鱼而单混养鳙鱼,则鳙鱼的放养量应占 10%。

(2)主养鳙鱼的培育池放养总量为每 667 米² 100～120 千克,其中混养草鱼占总量的 10%～20%。鳙鱼也有单养的,放养总量高的达每 667 米² 150 千克。

(3)主养草鱼的培育池放养总量为每 667 米² 120～140 千克。混养鲢鱼占 20%,有的可高达 40%,混养鳙鱼的数量极少。

(4)主养青鱼的培育池放养总量为每 667 米² 180 千克,常与鲢、鳙鱼混养。

混养的鱼类多为尚未达到性成熟并供以后催产用的亲鱼,即后备亲鱼。各种不同类型的主养池可配养团头鲂每 667 米² 10～20 尾和少量鲤鱼;在野杂鱼多的池子可混养几尾肉食性鱼类如鳜鱼、鲶鱼等。

单位面积放养量应根据饲养管理水平、池塘和饲料条件灵活掌握。亲鱼搭配时应注意以下原则:

①主养鳙鱼的池塘一般不配养鲢鱼,以鲢为主的可少量配养鳙鱼;

②主养青鱼的池塘不配养草鱼;

③配养鱼的数量必须少于主养鱼,一般不超过 20％～30％;

④在有野杂鱼的亲鱼池中,应放养少量肉食性鱼类以清除野杂鱼。

(四)亲鱼的培育

亲鱼培育的好坏是决定繁殖率高低的关键,必须认真抓紧抓好。

1. **亲鱼培育的 3 个阶段**　一年中根据亲鱼性腺发育的特点和生理变化,可将亲鱼的培育划分为产后恢复期、秋冬培育期和春季强化培育期 3 个阶段。现以我国中部地区为例(南方较早、北方较迟些),概述各阶段的特点。

(1)产后恢复期:此期从 5 月底到 7 月上旬,约 40 天。产卵后的亲鱼体质虚弱,身体常带伤,容易感染疾病,甚至引起死亡。因此,除给鱼体涂擦或注射抗菌药物防病外,还应加强营养,创造良好的环境条件。池塘水质肥度要适中,溶氧要充足,饲料要新鲜适口,并给予微流水。在亲鱼体质恢复前,不要动网,待鱼体质恢复后,结合清塘再分塘归类,调整放养比例。

(2)秋冬培育期:这一时期是亲鱼育肥和性腺发育的关键时期,亲鱼怀卵量的大小与此阶段的培育有很大关系。这段时期较长,从 7 月中旬到翌年 2 月份,约 7 个月。又可分为 2 个阶段,一是 7 月中旬到 9 月中旬,约 2 个月,鱼体已恢复健康,而水温仍较高,鱼大量摄食,为越冬和性腺发育打基础,因此,饲料要充足、适口,水质要肥,并要适时加注新水,保持充足的水量和良好的水质。二是从 10 月份到翌年 2 月份,4～5 个月的时间,这是秋冬育肥保膘时期。此时要适当施肥、培肥水质,保持肥水和满水越冬。在天气晴好时适量投喂精饲料,为鱼保膘。

(3)春季强化培育期:立春后至 5 月上旬,临产卵前约 2 个半月。随着水温的回升,鱼的卵细胞进入大生长期,卵黄开始大量积累而充满整个细胞。在这段时间内,所供营养不仅用于鱼自身生长代谢,而更多的是供性腺发育,所以,亲鱼需要的食物在数量和质量上都超过其他阶段。若管理得好,亲鱼就能表现较高的繁殖力;否则,性腺发育便会停滞,甚至退化吸收。

强化培育虽不能增加怀卵量,但能使已形成的卵母细胞正常发育成熟,提高受精率、孵化率和成活率。

2. 亲鱼培育的方法 不同种类的亲鱼的生物学特性不同,其培育方法也不同。

(1)鲢、鳙亲鱼的培育:鲢、鳙鱼是靠摄食浮游生物生长的,因此,大量培育浮游生物非常重要。施肥能够促进池塘中浮游生物的大量繁殖,看水施肥是整个鲢、鳙亲鱼培育过程的关键,一般池水的透明度要保持在 25 厘米左右。

鲢鱼池施肥以绿肥(容易沤烂的植物)为主,并适当混合人粪尿使用,有利于浮游植物生长繁殖;鳙鱼池则宜以牛粪为主,有利于浮游动物繁殖。

亲鱼放养前应先施基肥,每 667 米² 施肥 300～500 千克;放养后,再根据季节、池塘水质情况施追肥。追肥采取量少、次多的办法效果比较好。一般每 667 米² 水面,每周施绿肥 50～100 千克、粪尿肥 30～50 千克。鳙鱼池水的肥度应比鲢鱼池高些,多施用含氮、磷等元素较多的有机肥料如粪尿和油饼类,其次是绿肥,一般每 667 米² 每周施粪尿 60～100 千克、绿肥 30～40 千克。绿肥堆放在池角或带状地堆放在池边,粪尿用泼洒或堆放方法都可以。鲢鱼池水色以油绿色、黄褐色为宜;鳙鱼池以茶褐色且水质浓些为宜。如果水色转淡应立即追肥,当池水过老或水面有泡沫、水华(难以消化的浮游植物占优势)时,应停止施肥,并注入新水。

培育鲢、鳙亲鱼在各阶段的工作重点要有所区别。亲鱼产后恢复期正处在天气炎热的夏季,亲鱼体质较弱,耐低氧能力差,容易发生泛池。因此,要慎重掌握施肥量,要多加新水,保持水质清新,适量投喂豆饼浆,即所谓"大水小肥"。秋冬培育期,亲鱼体质已基本恢复,水温适中,是亲鱼生长发育的良好时机,鱼的食欲旺盛,要多施肥,使水质较浓些,即"大肥大水"。渔农总结有"巧施梅时肥,狠施白露肥"的经验。入冬后,少量补充肥料,天气晴暖时,适量喂些精料,可按体重的 1‰～2‰ 投喂。春季强化培育期间,适当降低水位,将池水深控制在 1 米左右,以利于提高水温,促进浮游生物繁殖。施肥量应比平时有所增加,采用堆肥和泼洒粪肥相结合的办法。堆肥可用畜粪,泼洒用人粪尿或化肥。每 2～3 天泼洒一次,并适量投喂精饲料。随着气温的回升,适时充水提高水位,促进亲鱼的性腺发育。这时实施"小水大肥"。

催产前 15～20 天,可少施肥或不施肥,并经常冲水,以增加水中溶氧和促进性腺的进一步成熟,即"大水不肥"。

(2)草鱼亲鱼的培育:草鱼的食性与鲢、鳙鱼不同,喜清瘦水质,其生长发育基本上或完全依靠人工饵料,人工饵料的数量和质量均能影响其性腺的发育,合理投饵是草鱼培育的关键。因此,草鱼要精、青饲料相结合,合理投喂,定期冲水,透明度保持在 30 厘米左右为宜。草鱼的投饵量及其青、精饲料的比例,应根据鱼性腺发育的不同阶段和亲鱼的肥满度状况合理使用。

产后恢复期亲鱼体质较弱,容易感染疾病,因此产后头 2 周应加强护理。要多喂些嫩青草和精饲料,并根据草鱼的食量情况,逐渐增加投食量,日投饵料一般为总体重的 10%～30%,精料 2%～4%。夏秋季加强饲养,使亲鱼迅速恢复体质并积累充分的营养物质,对于亲鱼的越冬及次年春季的性腺发育是十分重要的。冬季水温较低,草鱼食欲减退,甚至不摄食,呈冬眠状态。但在天晴无风日可适量投些精饲料,并注意经常检查水中溶氧情况,防止缺氧。春季为强化培育期,将原池水换去一半,加注新水至 1 米左右深,改善水质,促使水温回升。3 月份水温达 15℃以上时,鱼开始摄食,可投喂少量豆饼、菜籽饼、麦芽、谷芽,每天平均投喂量为鱼体重的1%～2%。要尽早开食,提前投喂青饲料。以青料为主,精饲为辅,青饲料的每天投喂量为体重的 40%～60%。精、青料的比例为1:(15～20)为宜。最好采用动物性和植物性精饲料适当配合的混合颗粒料。使用谷物时,最好将一部分种子发芽后投喂,以增加维生素 E 的含量,有利于性腺发育。

草鱼饲养管理的核心是投饵和调节水质。投喂的青草要放在料圈内,使其不致随风飘散。沉性的精料要定点设食场。食场选在池底平坦、底质坚硬、无淤泥的地方。投饵量要根据鱼的摄食量灵活掌握。另外,草鱼喜欢在晚上摄食,最好在每天下午投喂青饲料,以避免长时间日晒枯萎而降低营养价值。

养鱼的人都知道"一天不食(投饵)、三天不长",说明草鱼应不间断地投食,否则将影响其生长发育。草鱼在水质清新的水体中发育较好,但在肥水中也能发育。经验证明,每隔一段时间注入一些新水,尤其在春天应常注新水,人工繁殖的效果较好,还可减少草鱼的发病率。

(3)青鱼亲鱼的培育:目前青鱼常常配养在其他亲鱼池中。青鱼亲鱼的投喂以螺蛳、蚬、蚌肉为主,辅以豆饼等精饲料。投喂时,将饵料撒布在离池边 2～3 米、水深 1 米的食场上。投喂的次数依气候、水温而异,夏秋季每隔 3～5 天投饵一次,春冬季每隔 10 天左右投饵一次。投饵量根据亲鱼的摄食情况而定,如食欲旺、食量大则多投,反之则少投,以吃饱稍有剩余为原则。冬季水温低,青鱼不甚活动,静伏水底,宜将饵料投在池心深处。每月换水1或2次。青鱼喜清新水质,要经常保持水质良好。

3. 亲鱼的日常管理 亲鱼的日常管理包括巡塘、喂食、施肥、调节水质以及鱼病防治等。这是一项常年性细致的工作,必须专人管理。

(1)巡塘:每天清晨和傍晚各一次。由于5～9月份的高温季节易泛池,所以夜间也应巡塘,特别是闷热天气和雷雨天更是要加强巡塘。

(2)喂食:投喂做到"四定",即定时、定位、定质、定量。要均匀喂食,并根据季节和亲鱼的摄食量,灵活掌握喂量。饲料要求营养全价化、形态颗粒化、搅拌均匀化(各种成分混合均匀),并要清洁、新鲜。

对于草鱼亲鱼,每天投喂一次青饲料,投喂量以当天略有剩余为准。精饲料可每天喂一次或上、下午各喂一次,投喂量以在2～3小时内吃完为宜。青草投在草圈内,精料投在料台上。

(3)施肥:鲢、鳙鱼放养前,结合清塘施足基肥。基肥量根据池塘底质的肥瘦而定,一般每 667 米^2 施基肥 200～500 千克。放养后要经常追肥,追肥应以勤施、少施为原则,做到冬夏少施、暑热稳施、春秋重施。施肥时注意天气、水色和鱼的动态。天气晴朗,气压高且稳定,水不肥或透明度大,鱼活动正常,可适当多施;天气闷热,气压低或阴雨天,应少施或停施。水呈铜绿色或浓绿色,水色日变化不明显,透明度低于 25 厘米以下,则属"老水",必须及时更换部分新水,并适量施有机肥。通常采用堆肥或泼洒等方式施肥,但以泼洒为好。

(4)调节水质:当水色过浓、水质老化、水位下降或鱼有浮头现象时,要及时加注新水,或更换部分老水。在亲鱼培育过程中,特别是培育的后期,应常给亲鱼池注入新水和微流水刺激。

（5）鱼病防治：加强亲鱼的防病工作，亲鱼一旦发病，人工繁殖就会受到影响。要认真贯彻以预防为主的方针。放养前一定要彻底清塘、消毒，做好日常管理工作，不喂腐烂变质的食物。在鱼病流行季节的 5～9 月份更应重视防病工作。

二、人 工 催 产

家鱼亲鱼经过培育后，性腺已发育成熟，但在池塘内仍不能自行产卵，须经过人工注射催产激素后方能产卵。催情产卵是许多鱼类人工繁殖中的一个重要环节。

（一）人工催产的生物学原理

鱼的繁殖受外界条件如水温、水的流速、水位的骤变等制约。当一定的生态条件刺激鱼的感觉器官如侧线、皮肤等时，这些感觉器官的神经就产生冲动，并将这些冲动传入中枢神经，刺激下丘脑分泌促性腺激素释放激素。这种激素经垂体门静脉进入垂体，垂体受到刺激后即分泌促性腺激素，并通过血液循环作用于性腺。促使性腺迅速地发育成熟，最后产卵、排精。同时，性腺也分泌性激素，性激素反过来又作用于神经中枢，使亲鱼出现性活动。在池塘养殖条件下，由于没有急速的水流等条件，致使无法产生足量的激素，最终无法完成繁殖这一生命环节。人工催产就是根据鱼类自然繁殖的生物学原理，考虑到池塘中的生态条件，通过人工方法将外源激素注入亲鱼体内，代替或补充鱼体自身下丘脑和垂体分泌的激素，促使鱼的性腺进一步成熟，从而诱导亲鱼发情、产卵或排精。

对鱼体注射催产剂只是代替了鱼类繁殖时所需要的部分生态条件如水流，而影响亲鱼新陈代谢所必需的生态因子如水温、溶氧仍需满足，才能使性腺发育成熟。

（二）催产剂的种类和效果

目前生产上广泛应用的催产剂主要有绒毛膜促性腺激素（简

称绒毛膜激素或 HCG)、鱼类脑垂体(简称垂体或 PG)和丘脑下部促黄体素释放激素的类似物(简称类似物或 LRH-A)3 种。另外,还有一些提高催产剂效果的辅助剂,如多巴胺排除剂(RES)、多巴胺拮抗物(DOM)等。

1. 绒毛膜促性腺激素 此激素是从孕妇尿中提取的,目前可人工生产,其主要成分是促黄体激素,主要作用是促进亲鱼性腺发育和排卵,可用于多种鱼类。

这种激素为白色、灰白色或淡黄色粉末,易溶于水,遇热易失效,应保存在阴凉干燥处,现用现配。使用时,用经消毒的注射器注入少量生理盐水或蒸馏水,待激素充分溶解后,再吸入注射器使用。每尾亲鱼注射悬液量应控制在 1 毫升以内。

催熟作用不及垂体和释放激素类似物。催产草鱼时,单用效果不佳。对已催产过几次的鲢、鳙鱼效果仍很好。

2. 脑垂体 主要从性成熟的、最好是临近生殖季节的鲤鱼或鲫鱼的间脑下面的蝶骨中摘取。将摘取的垂体用丙酮或纯酒精浸泡 2 次后取出,干燥后用蜡密封在小瓶中备用,或在第 2 次浸泡时连同浸泡液一起密封在小瓶中保存备用。存放在阴凉干燥处,有效期可达 2～3 年。垂体分泌的促性腺激素包含有促黄体素(LH)和促滤泡激素(FSH)。一般认为促黄体素的主要作用是引起排卵,促滤泡素能促使精子和卵子发育成熟。使用时将新鲜或浸泡液保存的(使用前需干燥十几分钟)脑垂体放入研钵内充分研碎、研细。每 10～15 个垂体加入生理盐水(0.8% 的食盐溶液)或蒸馏水制成悬液吸入注射器中使用。脑垂体对多种养殖鱼类的催产效果都很好,并有显著的催熟作用。在水温较低的催产早期,或亲鱼一年催产 2 次时,使用效果仍较好;但若使用不当,常发生难产。

3. 促黄体素释放激素(LRH)及其类似物(LRH-A) 人工合成的促黄体素释放激素与天然的功能一样。目前常见的人工合成的类似物主要有鱼用促排卵素 2 号(LRH-A2)和鱼用促排卵素 3 号(LRH-A3)。类似物本身不是促性腺激素,它不能作用于性腺,但它能刺激鱼类脑垂体分泌促性腺激素,进而促使卵母细胞发育成熟和排卵,或促进精子的形成。其成品为白色粉末,易溶于水,阳光直接照射易变性失效,须保存在阴凉、干燥、避光处,低温下保存效果更好。

促黄体素释放激素类似物比垂体、绒毛膜促性腺激素更稳定,其水溶液在常温下保存数日药效不下降。因此,一次用剩的药物,可留待下次使用,但现配现用较好。此激素对青、草、鲢、鳙等多种鱼类催产效果都很好,草鱼尤为明显。

4. 生产上使用的其他几种催产剂 主要有高效催产合剂、混合激素 A 型、混合激素 B 型。

(1)高效催产合剂:由多巴胺排除剂(RES)或多巴胺拮抗物(DOM)与释放激素类似物组成。现生产上应用较多的有高效催产合剂 1 号(RES+LRH-A)和 2 号(DOM+LRH-A)。主要功能是增强释放激素类似物,刺激脑垂体分泌促性腺激素和诱导排卵,提高 LRH-A 的催产效果。

(2)混合激素 A 型:由绒毛膜促性腺激素和适宜的促排卵素 2 号组成,作用是提高催产效果,主要用于催产鲢鱼。

(3)混合激素 B 型:由绒毛膜促性腺激素和适量的促排卵素 3 号组成,作用是提高单一激素的催产效果,催产鳙鱼效果较好。

(三)催产前的准备

鱼类人工催产的时间性非常强,短而集中。因此,在催产前务必做好各项准备工作,如催产工具、催产池、催产剂及效价测定,选好亲鱼等。

1. 常用催产工具 有亲鱼网、亲鱼夹、采卵夹以及注射时的小工具。

(1)亲鱼网:用于捕选亲鱼。要求网目小(1.5~2.0 厘米),网线粗且柔软,常用 3×7 股的尼龙线或维尼纶线等。网高 6～7 米,网长随池塘宽度而定,一般为池塘宽度的 1.4 倍左右。上纲装有浮子,下纲装有沉子。

(2)亲鱼夹和采卵夹:亲鱼夹是捉送亲鱼的运输工具,采卵夹用于人工授精时捉亲鱼,通常用柔软的细帆布或尼龙布做成,一般长 0.8～1.0 米,深 0.4～0.5 米,前后端或一端半封口。采卵夹同亲鱼夹的结构基本相同,只在鱼夹底部靠近后端挖一个洞(图 4-1),使亲鱼生殖孔外露,以便鱼的精、卵从此孔流出。

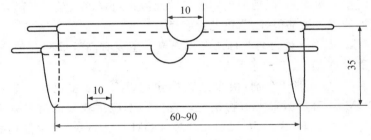

图 4-1　采卵夹(单位:厘米)

(3)其他工具:注射器(1 毫升、5 毫升和 10 毫升)、注射针头$\left(6\frac{1}{2}号、7 号、8 号\right)$、消毒锅、研钵、镊子、温度计(0～50℃)、秤、脸盆、量筒、碗、毛巾、药棉、解剖盘、普通托盘、天平等。

2. 催产池　总的要求是:结构坚固,内壁光滑,池底平坦而有一定的坡度,水流通畅,便于收卵。它由产卵池、集卵池和进、排水管组成。产卵池通常有圆形和瓜子形 2 种,其中圆形产卵池的水域宽阔,水流通畅,收卵方便,使用效果较好。产卵池的面积一般以 40～100 米² 为宜,可放 3～10 组亲鱼,其大小视生产规模和亲鱼能正常进行产卵活动而定。

(四)催产期

选择适宜的时间进行催产,是鱼类人工繁殖取得成功的关键之一。因为雌鱼卵巢发育到有效催产期后,有一段"等待"的时期,不到这一时期,雌鱼卵巢对催情剂敏感度不高,催产效果不佳;过了这一时期,雌鱼得不到产卵的适宜条件,卵巢就逐渐退化,催产效果也不会好。雌鱼"等待"时期就是催产的最佳时期,必须集中力量,准确地抓住这一时机,做好催产工作。

1. **与催产期有关的各因素**　决定催产期的主要因素是水温。水温在 18～30℃ 都可催产,但常规鱼的适宜温度是 22～28℃。当天气晴暖,早晨温度持续稳定在 18℃ 以上时,就可以开始催产。为了较准确地把握催产期,可结合下列情况综合判断。

(1)物候:以作物生长情况作为物候指标,能较可靠地确定适宜的催产日期,如上海地区大麦黄、青蚕豆上市季节是人工繁殖的最适时期,山东以洋槐花衰落后开始为好。

(2)天气:如果早春天气好,晴天多,无寒流,气温回升快,催产期便可提前,否则要推迟。

(3)亲鱼性腺发育:每年催产期前半个月左右,有选择地拉网检查亲鱼的性腺发育情况,如果雄鱼有精液,雌鱼腹部饱满,当水温适宜时便可催产;如果亲鱼成熟不好,则应加强培育,并适当推迟催产期。

(4)亲鱼吃食情况:在一切正常的情况下,亲鱼摄食量减小,如草鱼少吃或不吃草,便是性腺成熟的表现。

2. **家鱼的催产顺序**　四大家鱼性腺成熟的时间及持续的时间不同,一般鲢鱼、草鱼成熟较早,鳙鱼次之,青鱼最晚。鲢鱼、鳙鱼成熟期可持续的时间较长,为 20～30 天,草鱼较短。因此,每年催产大体可按鲢、草、鳙、青鱼的顺序进行。

由于我国地域辽阔,气温回升时间差异很大,因而各地催产期不同。长江中下游地区适宜催产的季节在 5 月中旬至 6 月中旬,华南地区约提早一个月,华北地区在 5 月底至 6 月底,东北地区在 6 月中旬至 7 月上旬。

(五)催产亲鱼的选择选配

在生产上不仅要注意雌、雄亲鱼性腺发育成熟度的选择,而且要注意配对的雌、雄亲鱼近亲情况。应选择那些亲缘关系较远的亲鱼组配。

(1)雌亲鱼的选择:在生产上选择性腺发育成熟的雌亲鱼,根据亲鱼的外观特征,并结合挖卵观察加以判断。具体方法可归纳为一摸、二看、三挖卵。一摸:将捕起的亲鱼装入鱼夹,腹部朝下,手伸入水中轻摸鱼的后腹部,如腹部饱满、松软而有弹性,说明性腺成熟好;二看:使鱼腹部朝上,两手将鱼托出水面,若腹部两侧卵巢轮廓明显,后腹部中央有一条松弛的深沟,腹壁薄,生殖孔松弛,略突出或呈微红色,青、草鱼腹部的鳞片排列疏松,即是性腺成熟好的亲鱼;三挖卵:采用挖卵观察,可更准确地判断亲鱼成熟的程度,将挖卵器(可用金属、竹或塑料等制成)轻轻地插入鱼的生殖孔,然后向左或向右偏少许,旋转几下抽出,观察是否有卵粒。如果挖卵器伸入生殖孔很浅就能得到卵粒,取出的卵粒大小整齐,饱满,有光泽,略显青灰或灰黄色,易分散,经透明液处理后,卵核大部分或全部偏位,表明亲鱼已成熟。总之,准确判断亲鱼的成熟度需要靠多年的经验积累,不是一朝一夕就能掌握的。

(2)雄亲鱼的选择:用手轻挤后腹部的两侧,如有乳白色精液流出,精液浓,入水即散开,则说明性腺成熟好;如果精液量少,入水呈线状,不易散开,表明成熟较差;如果挤不出精液,表明尚未成熟;若挤出的精液稀薄,带黄色,则表明该鱼性腺已开始退化。

(3)雌、雄亲鱼的组配:催产时将无亲缘关系或亲缘关系较远的雌、雄亲鱼组配。每尾雌亲鱼需搭配一定数量的雄亲鱼,在自然产卵的情况下,雌雄比例应为 1：1.5。通常在同一批催产的鱼中,雄鱼比雌鱼多一尾。如果人工授精,雄鱼也可少于雌鱼。同一批催产的亲鱼,除性腺成熟程度要求基本一致外,雌、雄亲鱼的个体大小也不应该差别太大。

　　每次催产亲鱼的组数,要根据催产池的大小、孵化工具的容量、鱼苗的需求量和亲鱼的情况而定。

(六)催产激素的注射

　　1. 注射液的配制　配制注射液时,要适当多配一点,以弥补配制和稀释及注射时的损耗;每尾亲鱼注射液的用量应视鱼体大小而定,一般不超过 5 毫升为宜;注射液应在催产前 1 小时内临时配制,配好后尽快使用,不宜久放。

　　(1)脑垂体注射液的配制:按所需量取出脑垂体(如果是浸泡保存的,垂体取出后放在干净的白纸上晾 20～30 分钟),放在干燥洁净的研钵内充分研磨。研磨时加滴注射用水,磨成糨糊状,加少量注射用水,吸进注射器内,并用注射用水少量多次冲洗研钵,洗液也吸入注射器,最后稀释至所需浓度。注射液剂量控制在每尾 2～3 毫升。如亲鱼个体小,注射量适当减少。

　　(2)LRH-A、绒毛膜促性腺激素注射液的配制:这类激素易溶于水,配制时只需按实际用量称取药物,按所需浓度来配制。如果与垂体混合使用,先将垂体研碎,再将 LRH-A 或绒毛膜激素按比例搅匀即可。应注意不宜过浓或过稀,过浓会造成浪费使注射剂量不足;过稀则大量的水进入体内,对鱼不利。

　　2. 注射剂量　通常注射分一次注射或两次注射 2 种。一次注射即将全部的药液剂量一次注射到鱼体内;两次注射则是先注射少量药液(一般 1/8～1/6),过若干小时后(4～8 小时)再注射剩余的剂量。对成熟较好的亲鱼,第 1 针的剂量应严格控制,不能随意加大,否则容易导致亲鱼早产。雄鱼的剂量应为雌鱼的 1/3～1/2,如果雄鱼成熟较好,第 1 针可不注射。一次注射时注射的剂量和两次注射的第 2 针剂量相同。

　　确定注射剂量必须注意以下几个问题:

　　(1)催产的早期水温较低时,或亲鱼成熟不够充分时,剂量可略大些。

（2）如果曾用过较大的剂量，以后用量不宜再降低。经多次催产且年龄较大的鱼，因鱼体已产生一定的抗药性，应适当增加剂量。

（3）不同种类的鱼对催产剂的敏感性有差异，一般草鱼和鲢鱼用量较小，鳙鱼稍大些，青鱼最大。

（4）用 LRH-A 或 HCG 催产时，加适量的脑垂体催产效果会更好。

（5）剂量是人工催产中一个十分重要的问题，是催产成败的关键，生产厂家应参照以往的用量灵活掌握。

3. 注射部位和方法　注射分体腔注射和肌肉注射 2 种。生产上采用体腔注射较多。注射时使鱼夹中的鱼侧卧在水中，把鱼上半部托出水面，在胸鳍基部无鳞片的凹部位，将针头朝向头部前上方与体轴呈 45°～60°角刺入 1.5～2.0 厘米，然后把注射液徐徐注入鱼体。肌肉注射部位在侧线与背鳍间的背部肌肉。注射时，把针头向头部方向稍挑起鳞片刺入肌肉 2 厘米左右，然后把注射液徐徐注入。注射完毕迅速拔出针头，把亲鱼放入产卵池中。在注射过程中，当针头刺入后，若亲鱼突然挣扎扭动，应快速拔出针头，不要强行注射，以免针头扭弯，或划破肌肤造成出血发炎，待鱼安定后再行注射。

4. 注射时间　生产上控制亲鱼在凌晨或上午产卵，便于观察和收卵。要根据天气、水温和亲鱼的性腺发育程度及激素的效应时间，掌握适当的注射时间。若实行一次注射，多在下午进行，次日凌晨产卵；若采用两次注射，则依据第 2 针的注射时间确定产卵时间。一般上午或中午注射第 1 针，傍晚或晚上注射第 2 针，使亲鱼在次日凌晨产卵。若两针相隔时间为 6 小时，可下午注射第 1 针，晚上注射第 2 针。在气候较寒冷和昼夜温差较大的地区，也可相应地推迟注射时间，以使亲鱼在一天中水温较高和稳定的时间产卵。

5. 催产剂的效应时间　所谓效应时间,是指亲鱼注射催产剂之后(末次注射后)到开始发情产卵所需的时间。效应时间的长短与催情剂的种类、水温、注射次数、亲鱼种类、年龄、性腺成熟度以及水质条件等有密切关系。脑垂体的效应时间比绒毛膜促性腺激素短,绒毛膜激素又比促黄体素释放激素类似物短;水温高时比水温低时效应时间短;两次注射比一次注射的效应时间短;成熟度好的比成熟度差的效应时间短;水质好时比水质差时效应时间短;鱼的种类不同,效应时间不同,草鱼稍短,鲢鱼居中,鳙鱼、青鱼略长。另外初次性成熟的个体比繁殖多次的亲鱼效应时间短。总之,亲鱼的发情产卵效应时间受多种因素的影响,其中主要因素是水温。因此,可以根据当时的水温条件预测产卵时间,这对掌握人工授精的时间有一定意义。不同催产剂在不同水温情况下草鱼的效应时间如表 4-4 所示。

表 4-4　草鱼一次注射催产剂的效应时间　　　　　小时

水温(℃)	注射脑垂体	注射 HCG	注射 LRH-A
20～21	14～16	17～18	19～22
21～23	12～14	15～16	17～20
24～25	10～12	13～14	15～18
26～27	9～10	11～12	12～15
28～29	8～9	9～11	11～13

(七)发情产卵和鱼卵收集

亲鱼催产后,由于受激素的作用,经过一定时间后,雌雄鱼便出现相互追逐的发情现象。初期雌雄鱼在水下追逐,水面常出现大的波纹或漩涡,以后逐渐加快,并不时露出水面,形成浪花,这时已进入发情高潮。发情达到高潮时,常可见到雄鱼紧紧追逐雌鱼,并用头部摩擦和顶撞雌鱼腹部,使雌鱼侧卧水面,其腹部和尾部痉挛、颤抖,卵球随即一涌而出。同时雄鱼紧贴雌鱼腹部排精。有时雌雄鱼扭在一起产卵、排精,并借尾鳍搅动水流,使精子和卵子充分接触而受精。

亲鱼开始产卵后,一般每隔几分钟至十几分钟群起产卵一次,需经过一段时间才能完成产卵过程,将体内的卵产空。

亲鱼在注射催产剂后,必须有专人值班,观察亲鱼的活动,一般在发情前1小时开始冲水,发情约0.5小时后便可产卵。受精卵在水流的冲击下,很快进入集卵箱。当集卵箱中出现大量鱼卵时,要及时捞卵,过数后送入孵化工具中孵化,以防止鱼卵在网箱中沉积太多而导致窒息死亡。

(八)人工授精

人工授精就是通过人为的措施使精子和卵子混合在一起,完成受精过程的方法。

1. 人工授精的时间 只有适当成熟的精子和卵子,才能正常地受精和发育。在水温25℃左右时,亲鱼排卵后能正常受精的时间仅有1~2小时。成熟的卵子离体后,在淡水中能保持正常受精的有效时间很短,仅有20~30秒。同样,精子在淡水中30秒后,绝大部分失去受精能力。这就是说,成熟的卵子和精子在水中具有较高受精能力的时间只不过20~30秒。因此,人工授精的关键是准确地掌握采卵和进行授精的时间。一般在亲鱼发情后15~20分钟,即发情较激烈时,将亲鱼捕起,轻挤雌鱼腹部,如果有大量卵粒从生殖孔中流出(有时提起鱼头部,鱼卵便能自动流出),就可进行人工授精。有时,有的雌鱼只能挤出部分卵子,尚有许多卵不能挤出,可将亲鱼放在网箱或池中暂养,并给予微流水刺激,约0.5小时后再检查,仍有可能挤出鱼卵,进行人工授精。

2. 人工授精的方法 人工授精的方法主要有湿法、干法和半干法3种。

(1)湿法人工授精:一般有3人操作,1人拿盆接卵,另外2人分别抱雌、雄鱼。具体做法是:先将亲鱼捕出,放进受精夹内(若轻压雌鱼腹部,卵子能自动流出,则用手按住生殖孔);盆内装少量清水,然后同时把卵和精液挤入盆内,并不断轻轻搅拌或摇动,使精卵充分混合,静置2~3分钟,再用清水洗3~4次,即可放入孵化工具中孵化。

(2)干法人工授精:亲鱼捕起后,用毛巾将鱼体和鱼夹上的水擦干,使鱼体和操作人员手上不带水。将鱼卵挤入干燥的脸盆内,并立即挤入雄鱼的精液,轻轻搅拌,使精卵混合均匀,再加少量清水拌和,静置2~4分钟,再用清水冲洗3~4次后,放入孵化工具中孵化。在生产实践中常采用这种方法。

(3)半干法人工授精:先将挤出或用吸管吸出的精液用生理盐水稀释,然后倒入用干法采得的鱼卵中拌和均匀,使它们顺利完成受精过程。

在雄鱼较少、精液不足时,使用人工授精法可获得较好的效果。人工授精时应注意:尽量避免精子和卵子受阳光直接照射;操作人员配合要协调,动作要轻快,防止亲鱼受伤,避免产后亲鱼死亡。

3. 自然受精与人工授精的效果　人工授精和自然受精都是经常应用的方法,两种方法各有优缺点。

人工授精的主要优点有:①人工掌握产卵时间,便于管理;②受精卵不会混有敌害和杂物;③便于进行人工杂交试验;④在亲鱼受伤或水温偏高条件下可得到部分受精卵;⑤在雄鱼较少的情况下,可获得理想的受精率。

自然受精的优点主要有:①适应卵子成熟过程,陆续产出,受精率较高;②对多尾亲鱼产卵时间不一致没有影响;③亲鱼受伤少。

人工授精的主要缺点是:①较难掌握适当的采精时间,往往会因卵子过熟而受精差;②多尾亲鱼在一起,由于排卵时间不一致,捕鱼采卵时常会影响其他亲鱼发情排卵;③亲鱼受伤机会较多。

自然受精的缺点有:①设备较多,受条件限制较大;②受精卵易混有敌害和杂物;③很难进行杂交工作;④在雄鱼少时,卵子受精无保证。

在生产实践中,应根据鱼的种类、水温因地制宜,两种方法可结合应用。如对于半产的雌鱼用人工方法将卵巢中的卵子挤出,进行人工授精,这样既有利于亲鱼的产后培育,又可获得更多的受精卵。

(九)鱼卵的质量鉴别

鱼卵的质量会在很大程度上影响受精率和孵化率。

鱼卵的质量与亲鱼的性腺发育好坏有密切关系。从外部形态上,用肉眼可鉴别卵球质量的优劣。成熟好的卵子吸水膨胀迅速、卵球饱满、弹性强,卵在盘中静止时胚体(动物极)侧卧,卵裂整齐、分裂清晰、胚胎发育正常;不成熟或过于成熟的卵子颜色暗淡,吸水膨胀慢,卵子吸水不足,卵球扁塌,弹性差;卵子盘中静止时,胚体(动物极)朝上,植物极朝下;卵裂不规则,发育不正常。

通常情况下,亲鱼经催情后,发情时间正常,产卵集中,结束快,卵球大小一致,卵膜吸水膨胀快,产出后约 0.5 小时即可膨胀如球,卵膜坚韧度大,不易破裂,胚盘隆起后细胞分裂正常,分裂球大小均匀,边缘清楚,卵球质量好,受精率高。如果亲鱼培育不好,卵巢发育缓慢,后期或秋季有可能成熟。这类亲鱼在春末夏初,如注射高剂量的催情剂,有些鱼也可能产卵,但往往产卵的时间持续较长,产出的卵大小不一,卵球吸水速度慢、卵膜柔软、膨胀度小,放在盘子上不能球立而扁塌,这种卵一般不能受精或受精率很低。另一种情况是由于某种原因(雌鱼受伤,或雄鱼追逐无力等)已游离于卵巢腔的卵球已过熟,没有及时产出。过熟的卵吸水速度较慢,坚韧度也不一致。过熟程度较严重的卵,虽已进行细胞分裂,但细胞大小不一,细胞上有再生小球等各种不正常分裂现象。这种卵的内含物短时间(2 小时左右)即发生分解,卵膜中充满乳白色的浑浊液,最后只剩下透明的卵膜(空心卵)。过熟程度较轻的,其卵尚能受精发育,鱼苗也能孵出,但出膜时间相对缩短,而且出现较多的畸形如弯尾、曲背、瞎眼、卵黄肿大等,它们出膜后,多数不能正常游动,只能颤动。畸形鱼苗绝大多数陆续夭折。

(十)卵子的计数

计数卵子有重量法和体积法两种。

(1)重量法:雌亲鱼产卵前与产卵后的重量之差就是雌鱼的产卵重量,再乘以单位重量的卵粒数,就是总的卵个数。未吸水的草、鲢鱼卵每克有 700~750 粒,鳙鱼卵每克为 600~650 粒。

(2)体积法:用容器量出鱼卵的总体积,再乘以单位体积的卵粒数即可。注意计数量时,每次的卵与水之比应一致。

(十一)产卵亲鱼的几种情况及处理

催情产卵后,雌鱼通常有产空、半产、难产 3 种情况。

1. 产空　雌鱼腹壁松弛,腹部空瘪,轻压腹部没有或仅有少量卵粒流出,说明卵子已基本产空。这是人工催产的理想状况。产后的亲鱼应放暂养池培养。

2. 半产　已经产卵,但没有全部产出,雌鱼腹部有所缩小,但没完全空瘪,轻压鱼腹仍有较多的卵子流出。出现这种情况的原因可能是雌鱼年龄过大、成熟差、个体小或亲鱼受撞击太重,腹部挤压太重,水温突变等。若挤出的卵没有过熟,仍可进行人工授精;若已过熟,也应将卵挤出后再把亲鱼放入暂养池中暂养,以免卵子在鱼腹内吸水膨胀,造成危害。另一种情况是没有完全排卵,排出的卵已基本产出,轻压腹部没有或只有少量卵粒流出,其余的还没有成熟。这可能是雌鱼成熟较晚或催产剂量不足。放回产卵池,过一会儿可能再产,但也有的不会再产,这属于部分难产类型。不再产的亲鱼应根据其体质或放入暂养池或进行第 2 次人工催产。

3. 难产　难产有 3 种情况:催产剂失效或量不足、卵巢退化和生殖孔堵塞。

(1)催产剂失效或量不足：如果催产前检查亲鱼性腺发育良好，而催产后长时间不产卵，要检查催产剂的质量、效价、用量，及是否将药物全部注入体内。如属催产剂问题要及时更换或补注。如亲鱼成熟太差，可送回培养池继续培养。

(2)卵巢退化：有时雌鱼腹部异常膨大、变硬，轻挤腹部有混浊略带黄色的液体或血水流出，但无卵粒，有时卵巢块突出在生殖孔外。取卵检查，卵子无光泽，失去弹性，易与容器粘连，这可能是卵巢已退化，只是由于催产剂的作用，使卵巢组织吸水膨胀，这样的鱼当年不会再产，且容易死亡。这种亲鱼应放入水质清新的池中暂养。

(3)生殖孔闭塞：已排卵，但没产出，卵子过熟、腐烂。这主要是生殖孔阻塞，由于亲鱼受伤或环境条件不适宜所致。应捅开生殖孔，取出卵子。如果卵子质量尚好可进行人工授精；如果卵子已过熟，在卵挤出后将亲鱼放入暂养池。

(十二)产后亲鱼的护理

亲鱼产卵后的护理，是生产中必须重视的工作。因为在催产过程中，常会引起亲鱼受伤，且此时的亲鱼体质较弱，如不加以认真护理，将会造成亲鱼的死亡。首先应把产后过度疲劳的亲鱼放入水质清新的池塘内，让其充分休息，并精养细养，使其尽快恢复体质，增强抗病能力。对受伤的亲鱼要用药物治疗，可用高锰酸钾溶液、青霉素药膏等涂擦伤口，防止伤口感染。严重受伤的亲鱼，除用消炎药物外，还应注射抗生素：10％磺胺嘧啶钠，体重5～8千克的鱼注射1毫升；青霉素，每千克体重注射10 000国际单位；四季青针剂，每千克体重注射1～2毫升。

三、鱼卵的孵化

孵化是人工繁殖的最后一个环节，必须根据受精卵的胚胎发育生理特点,创造适宜的孵化条件和进行细致的管理工作,才能使胚胎正常发育,提高孵化率和鱼苗的成活率。

(一)家鱼的胚胎发育

受精卵遇水后,卵膜吸水迅速膨胀,在10～20分钟内,其直径可增至4.8～5.5毫米,细胞质向动物极集中,并微微隆起形成胚盘(即细胞期),以后卵裂在胚盘上进行。图4-2通过鲢鱼的胚胎发育过程说明了常规鱼类的胚胎发育情况。

鱼的胚胎发育分20个时期,水温20～24℃时鲢鱼胚胎发育特征和进度如下:

(1)受精期:卵子受精至第一次分裂之前。本期的外形变化有3个过程:卵膜硬化、胚盘形成和卵子转动。

初排出的卵粒饱满、游离,呈橙黄或黄色。受精后,最初卵的表面形成一层透明的膜,即受精膜。卵子受精后约10秒出现一种黏性胶状物包围在卵的周围,受精后2～3分钟卵外部的这种胶状物黏性最大,20～30分钟黏性逐渐消失,约50分钟时卵膜膨胀到最大程度,并且卵膜逐渐变硬。卵子受精后的第二个明显特征是卵的外周及分散在卵黄空隙的细胞质迅速向动物极集中,活体观察呈放射状,卵逐渐转为半透明。随着细胞质集中于动物极,卵子赤道轴的直径无大变化,但动物极轴却有所缩短,卵成扁椭圆形,动物极移到上面,受精后的40～50分钟胚盘就形成了未来的胚胎发育中心[图4-2(1)]。

(2)1细胞期:原生质集中在卵球一极,形成隆起的胚盘[图4-2(2)]。

(3)2细胞期:受精后50分钟左右胚胎顶部出现第1次分裂沟,向下伸展到胚盘与卵黄物质交界处,细胞沿经线分裂——纵裂,形成大小相等的2个细胞[图4-2(3)]。

(4)4细胞期:分裂球再次分裂,分裂沟与第1次垂直,约经70分钟分裂成4个大小相等的细胞[图4-2(4)]。

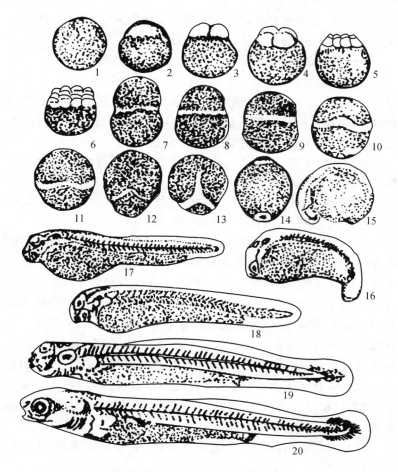

图 4-2　鲢鱼的胚胎发育过程

1. 受精卵；2. 1 细胞期；3. 2 细胞期；4. 4 细胞期；5. 8 细胞期；6. 16 细胞期；
7. 囊胚早期；8. 囊胚中期；9. 囊胚晚期；10. 原肠早期；11. 原肠中期；
12. 原肠晚期；13. 神经胚期；14. 胚孔封闭期；15. 尾芽期；16. 肌肉
效应期；17. 心跳期；18. 出膜期；19. 鳔形成期；20. 肠管形成期

(5)8 细胞期:2 个经裂面与第 1 次分裂面平行,约经 90 分钟分成大小相等的 8 个细胞[图 4-2(5)]。

(6)16 细胞期:约经 110 分钟,2 个经裂面与第 2 次分裂面平行,垂直于第 1 和第 3 次分裂成 16 个细胞,中央 4 个大的,外围 12 个小细胞[图 4-2(6)]。

(7)囊胚早期:细胞继续迅速地分裂,细胞越分越小,细胞界限不清楚,约经 150 分钟很多分裂球组成囊胚层,高突在卵黄上[图 4-2(7)]。

(8)囊胚中期:胚盘细胞下包、变低,约经 3 小时,虽看不到细胞界限,但解剖观察可见到囊胚腔[图 4-2(8)]。

(9)囊胚晚期:囊胚表面细胞继续向卵黄部分下包,大约经过 5.5 小时,下包到整个胚胎的 1/3,囊胚层变扁[图 4-2(9)]。

(10)原肠早期:约经 6.5 小时,胚盘细胞继续下包、内卷,形成一个胚环,下包到 1/2 处,同时胚轴背后端背唇处细胞开始卷入内部,又沿着内侧向上伸展成一加厚部分,即为胚盾,但此时在外形上胚盾尚不甚明显[图 4-2(10)]。

(11)原肠中期:胚盘继续下包到 2/3,约经 7.5 小时,胚盾明显出现[图 4-2(11)]。

(12)原肠晚期:胚盘下包到 3/4 时,内卷过程已扩展到腹面,腹唇形成,包围一大的卵黄栓。经 9.0~9.5 小时,胚盾更加明显,头部伸展到胚胎的顶部,侧面观胚胎背面的胚盾隆起明显[图 4-2(12)]。

(13)神经胚期:约经 10 小时,胚盘下包到 0.8~0.83 处,仅有一个卵黄栓还未包入,胚胎各部分比重开始发生变化,胚体开始转为侧卧,动物极由背部移向未来的头部,植物极内腹面移向未来的尾部,神经板形成[图 4-2(13)]。

(14)胚孔封闭期:约 11.5 小时胚孔关闭,神经板中线略向下凹,脊索呈柱状[图 4-2(14)]。

(15)尾芽期:约经 16 小时,胚体后端腹面有一圆锥状尾芽。尾芽是由 3 个胚层混合组成的胚胎性结构,它具有极强的增生能力,视囊变圆突出,体节 10 对,体长 1.7 毫米[图 4-2(15)]。

(16)肌肉效应期:约经 19.5 小时,胚体增长,肌节增多,卵黄囊分成 2 部分,前部圆球形,后部圆柱形,附在尾部上。胚胎头部近脑两侧出现耳囊,视囊内陷形成视胚,并出现水晶体,随着尾的增长出现尾鳍。胚体先从尾部肌节开始微微收缩,然后向前扩展到全部肌节。第 4 脑室出现,晶体清楚[图 4-2(16)]。

(17)心跳期:经 25.0～25.5 小时,胚胎出现一对耳石,脑分 5 个部分,在卵黄囊前端脊索前下方,可以看到管状的心脏开始跳动。不久心跳次数增加,起初搏动微弱,继而变有力[图 4-2(17)]。

(18)出膜期:约经 35.5 小时,胚胎破膜而出,中脑和后脑膨大,全身无色素,心脏为长管状,鳃板 3 块,头仍弯向腹部,体节 40～42 对[图 4-2(18)]。

(19)鳔形成期:约经 96.5 小时,眼球色素增多,眼变黑。在胸鳍之后可见囊状鳔,胸鳍如扇状,伸向体两侧,体节 46～48 对[图 4-2(19)]。

(20)肠管形成期:约经 126 小时,身体色素增多,鳃盖形成,肠管直而细长,鳔膨大如气球,胸鳍活动。仔鱼有 4～5 对外鳃,可进行长期游动,并主动摄食,不再停于水底。

(二)孵化器具

当前生产上常用的孵化工具有孵化缸、孵化桶和孵化环道,这些孵化器都要求配备一定高度的蓄水池或水塔供水,其最低水位应高于孵化工具的最高水位 1 米以上,以保证一定的水压力。若在水库附近,可利用地势高程差,设计成自流水。

(1)孵化缸(桶):孵化缸(图 4-3)和孵化桶(图 4-4)的结构基本相同,通常包括进水管、缸(桶)体以及缸(桶)罩 3 部分。孵化缸通常有平底形和漏斗形 2 种,可由一般水缸改造而成,以容水量 200～250 千克为宜,放卵密度为 100 千克水放卵 10 万～15 万粒,适用于小规模生产。

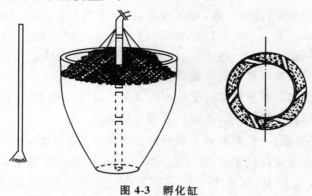

图 4-3　孵化缸

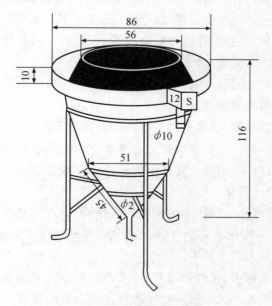

图 4-4　孵化桶(单位:厘米)

（2）孵化环道：孵化环道是用水泥和砖砌成的环形水池，其大小依生产规模而定。小型孵化环道直径 3～4 米，大型的为 8 米，环道宽约 1 米，深 0.9 米，可分别容水 7 吨和 20 吨左右，一次可放鱼卵 700 万和 1 500 万粒左右，适用于较大规模的生产。孵化环道均由环道、排水管、进水管、过滤纱网和收苗池组成。

（三）影响孵化率的环境因素

孵化率是孵出鱼苗占受精卵的百分比。对孵化率影响较大的环境因素有水温、溶氧、水质和敌害生物。

（1）水温：水温对家鱼受精卵孵化的影响是极大的。一般家鱼胚胎发育所允许的温度范围是 18～30℃，其中适宜温度是 22～28℃，最适 27℃，低于 18℃ 或高于 30℃，胚胎就会停止发育或发育不健全，即使有少量鱼苗孵出，也是畸形怪胎较多，多半都会夭折。另外，同其他鱼类一样，孵化时间的长短与水温关系极大。

（2）溶氧：胚胎发育时呼吸量较大，一般要求孵化用水的溶氧量不低于 4～5 毫克/升。

（3）水质：水质好坏也会影响到孵化率，一般要求孵化用水清新无污染，透明度较高，pH 值在 7.5 左右。

（4）敌害生物：敌害生物主要是由于管理不善而进入孵化器具中的一些小动物，它们会咬死或吞食鱼卵、鱼苗，有时会对孵化率影响极大，这些小动物主要有小鱼虾、蝌蚪和剑水蚤等。

（四）孵化管理

孵化管理是一项技术性很高的工作，要有专人负责。放卵前 3 天应把所有孵化工具消毒、清洗干净，保证进排水管畅通，阀门好用，然后放入新水待用。

（1）水流调节：在孵化过程中，要根据胚胎发育的情况调节水流，一般遵循慢—快—慢的程序进行。当受精卵刚进入孵化器具时，较慢的水流正好能将鱼卵冲起，使之均匀分布于微流水中；鱼卵开始脱膜后,增大流速,使刚出膜的鱼苗能浮于水中,保证充足的溶氧,及时将卵膜碎片及代谢废物排出;当鱼苗平行游动时,可适当减小水流,以免消耗鱼苗体力。

(2)洗刷滤水设备:孵化器具的滤水网要经常洗刷,特别是在受精卵发育到脱膜阶段,大量卵膜黏附在纱网上会导致水流不畅。洗刷滤水网时,应从网的背面用水冲洗,或用软毛刷从背面轻轻洗刷,以免损伤鱼卵和鱼苗。

(3)病害防治:小鱼、虾、蝌蚪、水生昆虫及其幼体、剑水蚤等都能吞食鱼卵和鱼苗,因此,进水口要用 60～70 目的筛绢或铜丝网过滤,拦截剑水蚤成体。孵化器具的滤水网用 50 目筛绢,以便剑水蚤幼体能随水流出,减少在孵化器具内的聚积。如果孵化用水中剑水蚤较多,可在供水池中用 0.1 克/米^3 晶体敌百虫化水后泼洒。当水温较低、水质不良时,或鱼卵、鱼苗质量较差、受精率低时,易发生水霉病,其症状是寄生水霉的鱼卵像一个棉球,或鱼苗身上的霉菌像黏附的棉絮。防治的方法是用清洁无杂物的孵化水,孵化工具使用前用孔雀石绿溶液、漂白粉或石灰水洗刷消毒。在低温或发病时,用孔雀石绿溶液泼洒,连续使用 2 次,或向孵化水内泼洒 1～3 克/米^3 漂白粉溶液。其他疾病(如气泡病)是由于孵化水中溶氧过饱和造成的,发病后可及时加注一些井水。卵膜早破是由于卵子质量差,卵膜较薄,弹性差,受外力作用造成,可用5～10 克/米^3 高锰酸钾溶液浸泡鱼卵。

(4)注意统计受精率:受精率是指受精卵占总卵数的百分比,它能表明催产效果的好坏。由于未受精的鱼卵也会分裂、发育,所以在受精早期不能分辨,只有发育到原肠中期(受精后 6～8 小时)时,没有受精的卵才表现出发育无力。此时,从孵化器中随机取出部分卵子,将发白、混浊、胚体腐烂或无胚体的空泡卵剔除计数,再数出剩余的卵数,经计算可得受精率。

第三节　鲤鱼、鲫鱼的人工繁殖

鲤鱼和鲫鱼都在静水中繁殖,两种鱼所产出的卵黏性较大,产出后黏附在水草上孵化,孵化期及孵出后的鱼苗习性基本相同,但鲫鱼的卵比鲤鱼稍小些。鲤鱼在 2 龄、鲫鱼在 1 龄达性成熟。鲤鱼的怀卵量一般为每尾 30 万～70 万粒,鲫鱼的怀卵量为每尾 2 万～11 万粒,但随个体大小而有差异。鲤鱼每年产卵 1～2 次;鲫鱼分多次产卵,产卵期较长,一般为 4～7 月份。

一、鲤鱼、鲫鱼的繁殖习性

1. 鲤鱼的繁殖习性　鲤鱼的成熟年龄依地区而不同,我国南方 1 龄即达性成熟。长江流域鲤鱼的雄鱼较雌鱼提早成熟 1 年,2 龄时雌、雄鱼均达性成熟。最小成熟雄鱼体长为 19 厘米,雌鱼为 23 厘米。一般在 30 厘米以上的雌、雄鱼全部达性成熟。

性成熟的雌鲤鱼,卵巢一般从 10 月份开始由第 Ⅲ 期进入第 Ⅳ 期,并以第 Ⅳ 期越冬。卵母细胞的发育不同步,第 Ⅳ 期卵巢也有不少第 Ⅲ 时相的卵母细胞;在翌年 4～5 月上旬刚产过卵的亲鱼性腺处于第 Ⅵ-Ⅱ 或第 Ⅵ-Ⅲ 期,到 5 月中旬以后,多数个体的卵巢又继续发育到第 Ⅳ 期。但这时的卵巢一般不及第一次产卵时的丰满,卵巢膜松弛,并夹有第一次未产出的退化中的卵粒。条件适宜,这些鱼又可产卵。繁殖群体的性比例接近 1：1,繁殖季节随生长地区的不同而有明显的差异。长江和淮河流域一般 3～4 月份产卵,珠江流域则 2～3 月份是繁殖盛期,黄河、华北地区 4～5 月份开始繁殖,黑龙江、松花江、辽河流域 6 月份开始繁殖。从水温来看,较为一致,一般从 17℃ 左右开始产卵。在静水或缓流浅滩区(水深 1～2 米),有可供鱼卵附着的物体(水草或陆草等)就可成为鲤鱼的天然产卵场。在江河中鲤鱼产卵场有浅滩和缓流的水域；汛期开始后，河流两岸连同被淹没的陆草，就成为良好的产卵场所。在湖泊里，鲤鱼喜欢在长有水草的湖边浅水区产卵，但是水草过于茂密的地域，由于缺少亲鱼自由活动的空间，并不是鲤鱼喜欢的产卵场所。在水库，有的亲鲤鱼产卵黏附在枯草、树枝甚至石块上。流水不仅吸引大量的亲鲤逆水上溯，而且对促进卵巢从第Ⅳ期末迅速发育到第Ⅴ期有显著作用。

鲤鱼适宜产卵的水温为 16～26℃，一般产卵开始在春雨初晴、水温上升到 17℃ 时，18～21℃ 时大批产卵，在 26℃ 水温时有部分鱼仍在产卵。遇到天气转变，特别是起风和水温降低时，产卵行为会迅速中断。

2. **鲫鱼的繁殖习性**　鲫鱼是一种广适性鱼类，1 龄鲫鱼即可性成熟，而繁殖群体一般以 2～3 龄鱼为主。雌、雄鱼的性别比例在幼鱼、成鱼时差别很大。幼鱼时雌雄比例为 1∶1，而成熟的鲫鱼雌雄比例大致为 4∶1。

在长江流域，开始产卵季节为 3 月中下旬，水温达 17℃ 时出现产卵行为。鲫鱼产黏性卵，常黏附在水草上，孵化出的仔鱼仍以口部附着器黏在水草上进行胚后发育（图 4-5）。产卵场广泛分布在湖泊、水库沿岸水草丛生的浅水区，水深 1 米左右的地方。鲫鱼虽在静水中产卵，但也喜欢流水的刺激。每当大雨过后，在地表水汇入引起的微流水域，常出现鲫鱼群集产卵。鲫鱼属多次产卵鱼类，繁殖季节（4～8 月份）的成熟雌鱼可以见到Ⅲ-Ⅳ期卵巢。其中有趋向退化的卵粒，也有大量生长正常的Ⅲ-Ⅳ时相的卵细胞，成熟系数达 8～10.5，当年能继续成熟产卵。产卵季节过后不久，卵巢又继续恢复到Ⅳ期，一般从 11 月份至翌年的 4 月份都处在Ⅳ期初阶段。

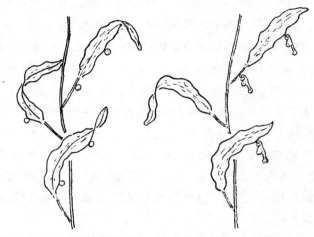

图 4-5　黏附在水草上的卵子和仔鱼(宋憬愚绘)

二、鲤鱼、鲫鱼的人工繁殖

鲤鱼和鲫鱼对环境的要求不甚严格,可以在各种水域中自然繁殖,但孵化率较低。为了提高其产卵量、孵化率,做到按需生产,可以和四大家鱼一样进行人工繁殖。

1. 亲鱼选择　亲鱼选择可以结合秋季捕捞和天然水域捕捞成鱼时收集。在生产上主要选择池塘培育的亲鱼,因为池塘培育的亲鱼体质较好,怀卵量高,并因其习惯池塘条件,产卵更顺利。选择亲鱼的条件是体型好,活动力强,无病无伤,年龄以壮年较好。应选择生长快的作为亲本,鲤鱼的雌鱼选择 3 龄以上、体重为 1.5～5.0 千克的,雄鱼 2～3 龄,体重 1.0～2.5 千克;鲫鱼 1 龄时的尾重在 0.25千克以上。

2. 雌、雄亲鱼的鉴别　在生殖季节,雌、雄亲鱼比较容易辨认。雌鱼腹部膨大、柔软而光滑,生殖孔稍红且突出;雄鱼在鳃盖、胸鳍上有白色珠星,用手抚摸有粗糙感,生殖孔小而下凹,轻压腹部,有白色精液流出。在非生殖季节,雌鱼比同样长度的雄鱼要宽,雄鱼的头相对比雌鱼大,腹部较扁平,胸鳍较同样长度的雌鱼稍显狭长。

3. 亲鱼培育　亲鱼要单独精养,不要与其他底层鱼类混养。特别是在繁殖季节,雌、雄鱼要分开饲养,要防止雄鱼混入雌鱼池中,雌鱼受雄鱼刺激而流产。亲鱼培育池面积 1 300 米²(2亩)左右,水深不能小于 1.5 米,池底平坦,底质肥沃,有 10～15厘米腐殖质土,进、排水方便。放养亲鱼前必须用生石灰清塘消毒,杀灭野杂鱼类和各种病原体。亲鱼培育期间,每天要定时、定质、定量投喂饵料,一般 500 克以上的亲鱼,每天投喂 15～25克饵料。亲鱼临近产卵,应向池中注入新水,清除池内和池边各种杂草。

4. 催产　当水温升到 18℃时,便可进行人工催产繁殖。到了产卵季节,常发现鲤鱼尾鳍露出水面,在池边逗留,而且跳跃不安,这时应在晴天及时将雌、雄鱼并入产卵池。产卵池的面积以 330～667 米² 为宜,水深 1.0～1.5 米。如果亲鱼数量不多,可用水泥池,效果更好。池塘要求注、排水方便,向阳、背风。亲鱼放养前 7～10 天清塘消毒,并清除过多的淤泥。也可用家鱼的催产池做鲤鱼和鲫鱼的催产池。雌鱼 1 尾、雄鱼 2 尾为一组,每667 米²产卵池放进 10 组亲鱼,一般情况下并池后第二天黎明前后亲鱼就能产卵。但若遇天气变化,水温低,将影响鱼产卵。为了便于鱼集中产卵,给选择好的亲鱼注射鲫鱼的脑垂体,雌鱼每千克体重注射 2～4 个脑垂体,或绒毛膜促性腺激素 800～1 000 国际单位,雄鱼减半。注射部位在胸鳍基部,可以一次注射。水温在 20℃时,经 12～15 小时,亲鱼即可产卵。产卵前要将鱼巢放好。

5. 鱼巢的扎制、布置和管理　鱼巢是鱼卵的附着物。扎制鱼巢的材料很多,只要是纤细多枝、在水中易敞开而不易腐烂的都可以用。目前生产上多采用水草、杨柳根须、棕榈皮、窗纱网等。杨柳须根和棕榈皮含草宁酸等有毒物质,在使用前须用水煮过并晒干。鱼巢材料经消毒后,扎制成束。鱼巢在产卵池内布置方法有悬吊式和平列式等多种。鱼巢放置要注意时间,一旦发现亲鱼有发情行为,应及时放入鱼巢,一般按每尾雌鱼投放4或5束鱼巢为准。亲鱼就会围绕鱼巢追逐,发情产卵(图4-6)。在产卵过后1小时及时取出鱼巢孵化,并更换新的鱼巢入池,便于亲鱼再次产卵。

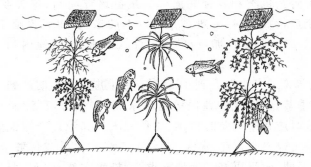

图4-6　亲鱼围绕鱼巢追逐(宋憬愚绘)

当轻压雌鱼腹部有卵子流出时,可进行人工授精。人工授精的方法主要有2种:一种是干法授精,操作时取一干净搪瓷盘,将卵子挤入盘内,接着迅速将雄鱼精液挤出,直接滴到鱼卵上,一般2万~5万粒鱼卵加入2~3滴精液,用羽毛轻轻搅拌均匀,然后将受精卵慢慢倒入泥浆水中(取粉质黏泥加水搅成稀泥浆状,过滤即成),搅动5分钟,用密网或筛绢(孔径0.5毫米左右)滤出受精卵,在水中漂洗1~2次,再放入孵化环道或孵化桶中流水孵化。另一种是湿法授精,将生理盐水(0.6%~0.7%)放入盘中,放入精液,接着挤入卵粒搅拌均匀,然后用泥浆水脱黏,流水孵化。如果孵化量不大,也可将未脱黏的受精卵慢慢滴入水中,并轻轻搅动水体,使受精卵分散,黏附在水面下 20～30 厘米处的鱼巢上,然后将鱼巢牵挂在鱼池中,让其自然孵化。

6. 孵化　受精卵在水温 15～30℃ 范围内都能孵化,但以 20～22℃时的孵化效果最好。鲤、鲫鱼胚胎发育的时间较长,水温 20℃时约需 91 小时,25℃时需 49 小时,30℃时需 43 小时,水温低于 15℃或高于 30℃,对胚胎发育都不利,畸形怪胎较多,死亡率高。孵化方法有 2 种:一种是静水孵化,另一种是微流水孵化。

(1)静水孵化:将黏附鱼卵的鱼巢轻轻放入孵化池中,固定排列在水位较深、向阳的池角,距水面 10～17 厘米处的水中,每 667 米²放卵 20 万～25 万粒。孵化期间保持水质清新,溶氧充足。遇刮风、下雨或气温骤降时,应把鱼巢沉入池底。每天早晚要巡塘,发现蛙卵,要及时清除,并防止水霉病发生(图 4-7)。受精卵经过细胞分裂期、囊胚期、原肠期、尾芽期、肌肉效应期等破膜而出(图 4-8)。待鱼苗孵出并能主动游动时,鱼苗可离开鱼巢摄食,才可将鱼巢取出。在孵化后期可适当施肥,以培育天然适口饵料。

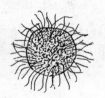

图 4-7　感染水霉的卵子(宋憬愚绘)
左:正常发育的受精卵　中:刚开始感染水霉的卵子
右:长出水霉菌丝的卵子

(2)微流水孵化:用微流水孵化,方法与静水孵化基本相同,但

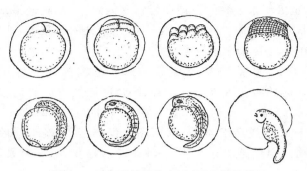

图 4-8　鲤鱼受精卵发育过程（宋憬愚绘）

放卵密度可适当大些。此外还有淋水孵化，即把附有鱼卵的鱼巢挂在温度较适宜的室内，进行人工淋水。保持鱼巢和室内湿润，直至胚胎发育到发眼期，再将鱼巢放入池塘中继续孵化。

7. 苗种培育　鱼苗下塘前准备工作和下塘后的培育方法与家鱼苗基本相似。刚出膜的鱼苗依靠卵黄营养，3 天后卵黄消失，鳔充气，鱼苗开始摄食。这时投喂蛋黄，能够看到蛋黄充塞在肠管中，鱼苗便可下塘培育。每 667 米^2 水面放鱼苗 10 万～15 万尾。鱼苗下塘后，每天喂豆浆 2 次，每 667 米^2 每天用黄豆 3～4 千克，用量可随鱼苗生长快慢、池水肥瘦情况而酌情增减。经过 15 天的培育，鱼苗可长成 1.7～2.6 厘米的夏花鱼种。如要在成鱼池或湖泊、水库中放养，则夏花鱼种还需要再分池稀养 20～30 天，使其达到 6.6 厘米以上的大规格鱼种，方可放养。

第四节　团头鲂的人工繁殖

团头鲂产黏性卵，在天然水体中繁殖时，卵黏附在水草或其他物体上孵化，刚出膜的仔鱼也和鲤、鲫鱼相似，需黏附在其他物体上进一步发育。因此，人工繁殖时也需鱼巢。

一、亲鱼的培育

1. **成熟年龄与雌雄鉴别**　团头鲂的性成熟年龄一般为 2～3 龄,体重在 0.5 千克以上。选择时要选留 3 龄、体格健壮、生长发育良好的作为亲鱼,雄鱼的数量要多于雌鱼,以 1：1.5 较合适。

团头鲂的雌雄鉴别基本上与草鱼相同。在生殖季节团头鲂雄鱼的头部、胸鳍、尾柄上和体背部均有大量的追星出现,胸鳍第 1 根鳍条肥厚而略有弯曲呈"S"形(图 4-9),成熟的个体,轻压腹部有乳白色精液流出。雌鱼的胸鳍光滑而无追星,第 1 根鳍条细而直,除在尾柄部分出现追星外,其余部分很少见到,腹部明显膨大,柔软光滑,泄殖孔稍突出。

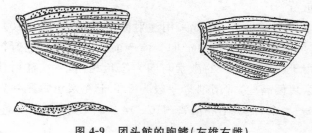

图 4-9　团头鲂的胸鳍(左雄右雌)

2. **亲鱼的培育**　团头鲂单养或混养均可,通常在鲢、鳙、草亲鱼池内混养。如果单养,每 667 米² 放养 200～300 尾,约重 100 千克,并适当配养 1～2 组鲢亲鱼,以调节水质。团头鲂喜食苦草、轮叶黑藻、马来眼子菜等水生植物,也喜食人工投喂的粉碎螺蚬、饼类饲料。夏季宜多喂些青绿饲料,春季则宜精、青搭配,精、青比例为 1：16。一般除青饲料外,每年每尾需投喂 1～1.5 千克精饲料。

在 4 月中旬水温开始回升时,就必须把雌、雄鱼分开饲养,否则当水温升到 16～18℃ 时,遇大雨后有流水进入池塘,增高池塘水位,亲鱼就会在池塘周围有杂草处自然产卵,不利于人工控制。

二、产　卵

1. 自然产卵　团头鲂在湖泊、水库等水域中能自然繁殖,但在池塘条件下一般不会自然产卵。当亲鱼性腺已充分发育成熟,有适当的环境条件(如有流水和水草)时也能自然产卵。

团头鲂的生殖季节稍迟于鲤鱼,比青、草、鲢、鳙鱼早半个月左右。

为了避免团头鲂亲鱼零星产卵,应根据性腺发育情况,抓住适宜的生产季节,采用人工催产方法进行繁殖,让其集中产卵,以获得大量鱼苗。

2. 催产　在生产中,常采用注射激素的办法(图 4-10),催情产卵,这可使亲鱼同步集中产卵。催产前也要对亲鱼进行挑选和配组。用于团头鲂催产的激素与四大家鱼相同,一次注射使用的剂量比家鱼偏高些,常用剂量一般为 0.5 千克亲鱼每尾注射鲤鱼脑垂体 3～4 个,促绒毛膜激素(HCG)4～5 毫克(效价 2 毫克)或

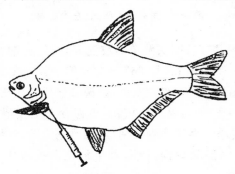

图 4-10　胸鳍基部注射部位示意

800～1 200 国际单位,LRH-A 60～100 微克。雄鱼剂量减半。注射时间可在傍晚,通常情况下翌日清晨产卵。水温 24～25℃时,效应时间为 8 小时;水温 27℃时,效应时间为 6 小时左右。团头鲂每千克体重平均产卵数为 8 万～10 万粒。注射后,将亲鱼放入产卵池或孵化环道,设置鱼巢,并给予微流水刺激,让其自行产卵。也可以人工授精,将受精卵脱黏后用流水孵化。也可以不设置鱼巢,让产出的卵黏附在环道壁上,产卵结束后捕出亲鱼,鱼卵直接在孵化环道内孵化。

三、孵 化

团头鲂鱼卵的孵化方法和鲤鱼基本相同,可采用静水孵化,也可采用微流水孵化。

1. 静水孵化 一般利用鱼苗培育池,每 667 米² 放置附着卵 40 万～50 万粒的鱼巢。

水温 23℃左右时经 44 小时孵出,25～27℃时经 38 小时孵出。出膜后 4 天左右可主动摄食。鱼苗孵出后即在本塘培育,但此法孵化率较低,生产上较少采用。

2. 微流水孵化 孵化管理和家鱼卵孵化方法相同。

团头鲂鱼卵的黏性较差,可将黏附有鱼卵的鱼巢在水缸中用力甩动,使鱼卵从鱼巢上脱落下来,直到基本洗净为止,然后将洗落下来的鱼卵中的杂物清除;或人工授精鱼卵进行脱黏,将卵过数,放入孵化桶等孵化器中孵化。一只铁皮孵化桶可放鱼卵 30 万～50 万粒。如在环道内流水孵化,密度可大些,但当仔鱼刚出膜 1～2 天内,流水不宜太大。团头鲂的卵密度较大,吸水后卵径一般为 1.3 毫米。刚孵出的仔鱼细小,长 3.5～4.0 毫米。因此,孵化器纱网要选用 70 目的规格,防止刚孵出的仔鱼漏失。团头鲂鱼苗身体嫩弱,出苗时操作要特别小心,不能离水操作。

第五节　罗非鱼的人工繁殖

目前各地养殖的罗非鱼有莫桑比克罗非鱼、尼罗罗非鱼、刚果罗非鱼、巨鳍罗非鱼、马尼拉罗非鱼、安氏罗非鱼、伽利利罗非鱼、带条罗非鱼、齐氏罗非鱼、奥利亚罗非鱼和霍诺鲁姆罗非鱼等,但在我国养殖最多的还是尼罗罗非鱼。

一、罗非鱼的繁殖习性

罗非鱼具有性早熟,产卵周期短,多数种类为口腔孵育幼鱼,繁殖条件要求低,能在小面积静水体中繁殖后代等特点。罗非鱼性成熟的年龄随各地平均水温差异而不同,种间也有差异。如莫桑比克罗非鱼一般 3～4 个月、体长 8～9 厘米、体重 10 克左右就可达性成熟。尼罗罗非鱼需要 5～6 个月才能性成熟,但达到产卵时的年龄大小,则随着栖息环境条件而有差异。

罗非鱼属于一年多次产卵类型,每年的生殖次数因各地气候条件和饲养条件而异。莫桑比克罗非鱼在我国北方华北和东北地区因气候较冷,繁殖季节短,一般每年仅产卵 3 或 4 次;在华东地区每年可产卵 5 或 6 次;在广西、福建等地因气候温暖、水温较高,一般每年可产卵 6～8 次。产卵周期随水温变化,在水温 26～35℃时,每隔 13～21 天产卵一次;25℃时每 25～30 天产卵一次;19～23℃时则 30～33 天产卵一次。而尼罗罗非鱼一般繁殖周期为 30～60 天,广东、广西、福建等地,从每年 4 月底至 5 月初开始产卵,每年可产卵 5 或 6 次。罗非鱼鱼群中雌雄比例,莫桑比克罗非鱼大致为 1∶1.2,雄鱼略多于雌鱼;尼罗罗非鱼大致为 1∶1。

罗非鱼都具有特殊的产卵习性,大多数罗非鱼雌鱼在窝中或在自然水域中产卵并口含受精卵,在口中孵育。在水温 18～

36℃范围内,性成熟的罗非鱼雄鱼发情,在池底做窝(图4-11),建立自己的势力范围。尼罗罗非鱼雄鱼的势力范围可达1.8～2.8米方圆,具体大小依据鱼群密度而定,产卵窝建在势力范围的近中心处。窝的大小随着鱼体大小而变化,莫桑比克罗非鱼的产卵窝较小,直径为9～45厘米,深3～14厘米。产卵窝做好后,罗非鱼雄鱼就守卫在窝的周围等待雌鱼,此时如有其他雄鱼游近或侵入这个范围,雄鱼就视为夺窝,便竖起背鳍、张大口进行追逐。如雌鱼游近产卵窝,雄鱼则出来迎接,引诱雌鱼入窝,雌鱼若已性成熟,便进入窝中,配成一对,不久双双进入发情状态。

图4-11　雄性罗非鱼在池底做窝(宋憬愚绘)

发情时,雌、雄鱼相咬,尾鳍击水直至产卵。产卵时,雌、雄鱼在产卵窝的最深处呈交叉状,雄鱼一边用头紧压雌鱼的腹部,一边与雌鱼互相回旋运动,诱发雌鱼产卵。莫桑比克罗非鱼的雌鱼产完一部分卵之后,即回头将卵含入口中,同时雄鱼迅速占据雌鱼的位置,身体颤动地向外排精,雌鱼在继续含卵的同时,将精液随水一并吸收口内,然后轻轻咀嚼,使含在口中的卵子与精子充分混合。如此反复多次产卵。在没有做窝的条件下罗非鱼也会在水中自然产卵并吸入口内孵化。在没有雄鱼的情况下,成熟雌鱼会自己独自做窝,独自产卵,并在口腔中哺育。但因为没有受精,2～3天后便腐败,雌鱼将卵吐出,停止哺育。

　　莫桑比克罗非鱼产卵的适宜水温为 22～33℃,只要达到 22℃,成熟雌鱼便自动产卵,而后每 20～40 天再产卵一次。尼罗罗非鱼适宜产卵的水温为 24～32℃。罗非鱼的产卵量较少,一尾 250 克重的罗非鱼仅产卵 1 000 粒左右,但它产卵次数多,再加上卵在雌鱼口腔中孵化并具有护幼习性,所以成活率很高,繁殖也很快。含在雌鱼口腔内的受精卵,伴随着亲鱼的呼吸,每一粒卵被送到上颚的内侧,并顺次旋转位置,进行滚动,使口中的卵能够经常地接触到新鲜的水,以保证受精卵的孵化有较好的环境。受精卵在口腔内孵育的时间随水温不同而不同,在水温 25～29℃时由受精卵到孵化出鱼苗需 4～5 天的时间。初孵出的仔鱼仍然留在口腔内,受到雌鱼的保护,不致被敌害侵袭,也不致因环境不适而死亡。一直到仔鱼的卵黄囊消失,有一定游动能力时,才短时间离开雌鱼口腔出来游动(图 4-12)。这时的雌鱼口唇明显发黑,仔鱼成群游动摄食时,雌鱼守卫在仔鱼的下方,对游近的其他鱼加以驱赶。一旦发生危险,雌鱼会马上游向仔鱼,仔鱼群迅速被母鱼吸回口腔中,直到仔鱼完全独立后,雌鱼才离去。雌鱼在含卵孵化期间是不摄食的,当仔鱼有一定的游动能力时,才有短时间的摄食,但食量不大,只有到仔鱼的卵黄囊消失后离开母体时,雌鱼才能正常摄食,所以雌鱼个体一般要比雄鱼小。在商品鱼养殖中,人们尽量

图 4-12　雌性罗非鱼照看仔鱼(宋憬愚绘)

少养雌鱼,以获得规格较大的食用鱼。

二、罗非鱼的人工繁殖

罗非鱼在适宜的条件下全年都可繁殖。人工繁殖需要准备好产卵池,选择好亲鱼,创造产卵和孵化的条件。

1. 产卵池的准备　产卵池应选择水源充足,进、排水方便之处,面积以 660～1 300 米² 为宜,水深在 1.5～2 米。池底平坦,底质以壤土或沙壤土为好,便于亲鱼挖窝繁殖。产卵池塘的消毒、清塘和施肥等与家鱼的池塘基本相同。

2. 亲鱼的选配　尼罗罗非鱼产卵的数量与亲鱼的大小、体质密切相关。要选择体型完好、背高肉厚、下颚至前腹呈黄色或黄褐色、斑纹清晰、体质健壮无损、规格整齐的鱼作为亲鱼,一般以体长 20 厘米以上者为佳。雌雄比例以 1∶1 或 2∶1 为好。每 667 米² 放250～300 克的亲鱼 600 尾左右为宜。

3. 雌雄鉴别　尼罗罗非鱼在 4～5 厘米或以下时,雌雄性别不明显。到 5～6 厘米或以上时,可肉眼鉴别,在生殖期内雌、雄鱼外观差异很大,雄鱼的头部、背鳍和尾鳍边缘呈红色,而雌鱼体色不如雄鱼鲜艳。在同龄鱼中,雄鱼比雌鱼大。通常人们从生殖孔和泌尿孔的结构来区分雌雄。雌鱼在肛门和泌尿孔之间有输卵管的开口——生殖孔,共有 3 个孔;雄鱼只有 2 个孔,其泌尿孔和生殖孔合为一个开口,统称尿殖孔,位于肛门之后的小圆锥状白色生殖突起的顶端。

4. 产卵及孵化　在池养条件下,当水温达 20℃ 以上时,雄鱼离群挖窝,先摆动尾鳍扫除淤泥,随即头部垂直朝下激烈摆动,并将污泥含入口中,喷向四周。完成挖窝后将雌鱼引诱入窝,交配产卵,而后雌鱼将卵含在口中孵化。这一产卵孵化过程都在自然状况下进行,不需人工控制。

5. 苗种培育　饲养罗非鱼的苗种池无特殊要求,清塘、培水和管理均与鲤、鲫鱼的苗种培育池基本相同,以面积 $660\sim2\,000$ 米^2、水深 1 米左右为好。因尼罗罗非鱼鱼苗脱离母鱼口腔、能独立生活时的体长已达 1.5 厘米左右,所以每 667 米^2 放 10 万$\sim$15 万尾,饲养 15 天左右,达 2$\sim$3 厘米,分塘饲养。

思　考　题

1. 精子的发育分哪几个时期?

2. 卵子的发育分哪几个时期? 各有什么特点?

3. 鱼类的卵巢分几个时期? 各有什么特点?

4. 家鱼的卵巢发育到哪个时期,催产才容易取得成功?

5. 什么是成熟系数?

6. 什么是怀卵量?

7. 影响鱼类性腺发育的因素有哪些?

8. 如何判断四大家鱼的雌雄? 它们都是什么时间才达到性成熟的?

9. 如何培育鲢、鳙鱼的亲鱼?

10. 如何培育草鱼的亲鱼?

11. 亲鱼培育的日常管理应注意些什么?

12. 为何家鱼在池塘养殖条件下不能自然产卵?

13. 家鱼人工催产的激素有哪几种?

14. 如何确定家鱼的人工催产期?

15. 如何判断家鱼亲鱼的成熟度?

16. 如何配制催产激素?

17. 如何注射催产激素?

18. 如何确定催产时间?

19. 什么是效应时间?

20. 如何进行人工授精?

21. 如何判断卵子质量的优劣?

22.鱼卵如何计数？

23.如何护理产后亲鱼？

24.鱼类胚胎发育通常要经过哪几个重要时期？

25.家鱼受精卵孵化的工具有哪几种？

26.影响受精卵孵化率的环境因素有哪些？

27.家鱼受精卵孵化管理中应注意些什么？

28.如何统计受精率？

29.鲤鱼的繁殖习性怎样？

30.鲤鱼、鲫鱼的繁殖习性有哪些异同点？

31.如何判断鲤鱼的雌雄？

32.如何准备鱼巢？

33.鲤鱼受精卵的孵化方法有哪几种？

34.如何判断团头鲂的雌雄？

35.团头鲂受精卵的孵化方法有哪几种？

36.罗非鱼的繁殖习性是怎样的？

37.如何区别罗非鱼的雌雄？

第五章 鱼类育种与驯化

导读:优良品种选育及推广一直是农业领域将科学技术转化为生产力的最重要体现。本章简单介绍鱼类育种与驯化的基本原理和方法,以期为广大养殖业者及技术人员提供参考。

从遗传的角度考虑,我国主要养殖的鱼类,如草鱼、青鱼、鲢鱼、鳙鱼和鲮鱼等仍属未经改良的"野鱼"。当人工养殖技术获得突破之后,开展养殖鱼类的杂交,生物技术在鱼类育种上应用,逐渐重视养殖鱼类的遗传改良与培育新品种,并且已有一些新的淡水养殖对象在生产上推广,收到了显著的经济效益。

第一节 鱼类育种

一、鱼类杂种优势的利用

通过杂交,使基因进行重组,不仅可使亲本性状产生新组合,从而选育出具有双亲优良性状的新品种,而且在杂种后代的个体中,也会产生双亲所没有的优良性状。因此,基因重组是杂交育种的选择基础。

(一)品种间杂交

我国生产上常用的品种间杂交组合有 5 个:丰鲤(兴国红鲤♀×散鳞镜鲤♂)、荷元鲤(荷包红鲤♀×元江鲤♂)、岳鲤(荷包红鲤♀×湘江野鲤♂)、芙蓉鲤(散鳞镜鲤♀×兴国红鲤♂)、中州鲤(荷包红鲤♀×黄河野鲤♂),我国大量养殖的建鲤和湘云鲤也应用了杂交技术。

现以丰鲤为例,简述鲤鱼品种间杂交的遗传规律与选种的基本方法。

丰鲤是以兴国红鲤为母本、散鳞镜鲤为父本进行品种间杂交所得的杂交子一代(F_1)。兴国红鲤的鳞型是全鳞,体色为红色;散鳞镜鲤的鳞是不规则的散鳞,体色为青灰色。试验证明,兴国红鲤与散鳞镜鲤的鳞被是由 1 对基因(Aa)控制的,而体色则是由 2 对基因控制的,即红色(Rr)和青灰色(Bb)。经过杂交基因发生了重组,杂交子一代的鳞被是全鳞,体色为青灰色。就全鳞对散鳞而言,全鳞是显性,散鳞是隐性;就青灰色对红色而言,青灰色是显性,红色是隐性。因此,丰鲤的鳞被只表现出母本的全鳞性状,而体色则表现出父本的青灰色性状。由于杂交子一代两性均能产生成熟的配子,经过基因自由组合,卵子和精子各具 8 种不同的基因组合。当丰鲤兄妹互交,精卵结合后成为 64 种基因组合,这 64 种组合含有 27 种不同的基因型。又由于显隐性的关系,在杂交子二代(F_2)中,这 27 种不同的基因组合仅有 4 种不同的表现型,即杂种型、镜鲤型、红鲤型和红镜鲤型。F_2 中各种表现型的比例及其基因组合分别为:杂种型 45/64,有 16 种不同的基因组合;镜鲤型 15/64,有 8 种不同的基因组合;红鲤型 3/64,有 2 种不同的基因组合;红镜鲤型 1/64,有 1 种基因组合。丰鲤不仅形态性状表现出双亲的特征,而且具有明显的杂种优势。与双亲同样体长的丰鲤个体,其体宽与体高均比亲本显著增大,产肉量高,重量增长为父本的 1.96 倍,为母本的 1.78 倍;营养成分的含量也较高,肌肉中蛋白质、脂肪的含量比野鲤高;而且肉质鲜嫩,病害较少,成活率高。杂交子一代的综合性状均比亲本更加优越。杂交子二代出现的散鳞红镜鲤,其体色和鳞被由 3 对隐性基因的纯型合子(aarrbb)所组成,用它来繁殖后代,体色与被鳞这 2 个性状不再出现分离现象。通过几年的连续试验,红镜鲤的自交后代(F_3)的鳞被和体色确未发现分离,生长也较好,可望定向选育成一个定型的鲤鱼新品种。

目前,已获得成功的鲤鱼品种间杂交的几个组合,在生产上利用的都是杂交子一代的杂种优势,即经济杂交。经济杂交成败的关键,是育种时必须对杂交的亲本进行严格选择,切忌混杂不纯,否则杂种优势就会减退。丰鲤自交后代(F_2)的 4 种表现型中,除红镜鲤以外,杂种型、镜鲤型及红鲤型均含有多种基因型,如果用这些类型繁殖后代,势必出现分离现象。如果误用杂交子二代的红鲤型与镜鲤型为制种亲本,杂种优势便会衰退。当然更不宜将杂交子一代直接投放到天然水体中,这些杂交鲤进行自交或同当地野鲤进行杂交,必将导致鲤鱼的天然种质资源发生变化,甚至遭受破坏。

我国台湾省水产工作者进行了莫桑比克罗非鱼与尼罗罗非鱼的互交研究,并在环境条件基本相似的水泥池中进行了生长对比试验。结果互交种均可获得全育的杂交后代。莫桑比克罗非鱼作为母本与尼罗罗非鱼作为父本的杂交一代比莫桑比克罗非鱼生长快 207%,而且在体型、肥满度、成活率、耐寒性等方面均得到改良,比双亲为佳。

(二)属间杂交

我国已进行过鳙×鲢、鲤×鲫、青×草、草×青、鳊×鲂、鲮×湘华鲮等组合的属间杂交,其中鲤与鲫、鳊与鲂两个杂交组合的杂交子一代,均比母本有明显优势。

以红鲫为母本、湘江野鲤为父本进行的杂交,杂交子一代具有优良的杂合性状。鳊(♀)×鲂(♂)杂交后代性状介于双亲之间,而偏于母本,体型为中间型。杂交鱼比母本体型高,产肉量大,生长快,食性广。

(三)亚科间杂交

亚科间的杂交已有鲢×鲂、鲢×青、鲤×草、鲤×鲂、鲤×鳙、鳙×草、鳙×鲂、草×鲂、青×鲂、草×鳙等。

这些组合的杂交子一代鱼苗、鱼种和成鱼各个阶段的生物学和生产性能的有些性状具有杂种优势,但多数性状不具优势,例如摄食器官萎缩,生长速度缓慢,容易感染疾病等。青×鲂、草×鲂的杂交组合虽能获得一些有利性状,但因是亚科间杂交,往往出现杂种不育。草(♀)×鲂(♂)的杂交子一代外形近于母本,草食性、生长速度比团头鲂快,夏花的成活率较低(仅 20%),而鱼种与成鱼阶段的成活率均比亲本为高,主要是因为在鱼种和成鱼阶段对病毒性疾病的抵抗力比草鱼强。青(♀)×鲂(♂)的杂交子一代具有生长速度快、抗病力强的有利性状,但食性仍近似母本,以吃螺蚌为主。鲂(♀)×青(♂)的杂交子一代为草食性,2 冬龄鱼可达1.5 千克以上,也不易感染疾病。草(♀)×鲂(♂)的杂交子一代为草食性,抗病,生长速度比草鱼慢但比鲂鱼快。鲂(♀)×草(♂)的杂交组合所产卵难以孵出成活的鱼苗。

(四)杂种优势利用应注意的事项

1. 亲本选择　一般品种间杂交和种间杂交比较容易取得成功,杂种优势也比较明显,而且杂种是全育型的。因此,通过杂交可以提供丰富的新的变异材料,有利于进行选种、育种。这类经济杂交成败的关键在于正确地选择亲本,选择亲本应掌握如下原则:

(1)双亲的优良性状要能互相补充:莫桑比克罗非鱼(♀)×尼罗罗非鱼(♂)是一个比较成功的种间杂交组合。作为父本的尼罗罗非鱼,其突出的特点是生长快、个体大、耐寒性强,但繁殖力较低;作为母本的莫桑比克罗非鱼,则生长较慢、个体较小,但繁殖力较强,耐寒性较差。通过杂交,基因发生了重新组合,其 F_1 福寿鱼的生长优势十分明显,且能耐受较低的温度。

(2)要考虑主要的育种目标:草鱼和团头鲂杂交的主要目标是解决草鱼抗病问题,因此,选择团头鲂为父本是比较合适的。团头鲂和草鱼的食性相同,经过 20 多年的驯养,其杂交后代确实很少发生严重疾病。但两者的杂种不育。

（3）要因地制宜：考虑亲本对当地环境的适应性，当地品种对当地的环境适应性强，如综合性状较好，符合育种目标，就可作为亲本之一。岳鲤和中州鲤两个杂种都是用当地野鲤（湘江野鲤和黄河鲤）作为父本、用荷包红鲤作为母本培育的杂交一代，都具有较好的杂种优势，都能较好地适应当地的饲养条件。

（4）要按遗传规律办事：首先要弄清楚每个性状是简单遗传还是复杂遗传。如鲤鱼的生长速度、体型等属数量性状，多数杂交后代表现为连续性变异。但红鲤的体色与镜鲤的鳞被属质量性状，红色与散鳞为隐性基因控制，而全鳞和青灰色为显性基因控制。因此，质量性状比较容易在后代中鉴别，并容易分离出纯合的个体，从而选出定型的新品种如红镜鲤，但数量性状的选择是比较复杂的，要得到优秀个体，往往要经过多代的选择。此外，还要考虑性状的相关关系，作为选择亲本的依据。如鲴鱼娇嫩与鳞片细小有关，细鳞斜颌鲴的体表被覆的鳞片较小，因此夏花比较娇嫩，鳞片容易脱落。而黄尾鲴鳞片粗大，不易脱落，生长速度不低于细鳞斜颌鲴，所以，选择黄尾鲴与细鳞斜颌鲴作为亲本进行杂交，其杂交子一代不仅具有生长优势，而且侧线鳞属中间型，从而大大改良了细鳞斜颌鲴的鳞片细小、容易脱落的缺点。

2. 杂交组合方式的选择　　在亲本确定之后，采用什么杂交组合方式也关系到选育的成败。通常采用2个亲本一次杂交（单杂交）的方式，如果2个品种一次杂交不能达到育种目标，可以采用回交或2个以上品种的复合杂交的办法加以促进。不论单杂交还是复合杂交，只有确定一个品种为主要改造对象，针对它的缺点进行改造，才能收到应有的效果。

单杂交所产生的杂种称为单交种。如莫桑比克罗非鱼与尼罗罗非鱼种间互交时，杂交后代的遗传表现是相似的，但有时也会有一定差异。在上述罗非鱼杂交中，杂种优势比较明显。

复合杂交即用 2 个以上的不同品系或品种进行杂交。复合杂交又因亲本品种的数目不同而分为三元杂交、四元杂交等,其目的在于创造一些具有丰富遗传基础的杂种原始群体,供作选育的材料。如(荷包红鲤×元江鲤)♀×散鳞镜鲤♂ 的三交种,个体生长远比镜鲤快,比单交种(荷元鲤)也较优越。四元杂交也叫双交,如(蓝罗非鱼♂×尼罗罗非鱼♀)♂×(莫桑比克罗非鱼♂×尼罗罗非鱼♀)♀,是采用 2 个不同的单交种进行双交。由于杂种遗传基础比较丰富,其效果有时更好。回交也是遗传改良的一种办法。如鲮鱼不能耐受低温,需要进行改良,可先用能耐受低温的湘华鲮与之杂交,杂交子一代提高了抗寒性,但仍不够理想,因此又和湘华鲮进行多次回交,逐步提高了鲮鱼的抗寒性,从而育成一种优良的鲮鱼新品种。

3. **杂种鱼的生育力**　杂种的生育力取决于双亲亲缘关系的远近。

品种间或种间杂交的杂交子一代是可以全育的,能自交繁殖后代。如鲤鱼品种间杂交,罗非鱼的种间杂交,大鳞鲢与鲢的种间杂交,以及细鳞鲴和黄尾鲴鱼的种间杂交等都是全育的。而属间杂交有的雌性能育,而雄性不育,一般鲫鲤杂交子一代即属这种类型。但也有例外,如红鲫(♀)×湘江野鲤(♂)杂交子一代的部分雄鱼能发育成熟,并能获得杂交子二代、子三代。亚科间的杂交则几乎全部不育。

亚科以上的远缘杂交一般都有正常的受精生物学程序。异种精子进入卵后,能够形成雄性原核,并与雌性原核结合,因此,鱼类的远缘杂交能够产生真正的杂种。但是在胚胎的发育过程中,其成活率一般比亲本低,尤其在仔鱼期死亡率非常高,有时还会出现多倍化现象。如草鱼和团头鲂杂交,草鱼和鲂鱼杂交,草鱼和鳊鱼杂交等发现有三倍体杂种。鲤鱼和草鱼杂交成活个体均为异源四倍体,且雌雄均能育。远缘杂交偶尔也会出现雌核发育或雄核发育的后代。四倍体的鲫鱼和二倍体的鲫鱼杂交产生三倍体的不育后代。

二、良种繁育和提纯复壮

　　繁殖和推广优良水产品种是提高渔业产量与质量的重要措施之一。当一个优良品种通过试养，证明其确能增产时，则需加速扩大繁殖，使其有足够的苗种供生产上推广养殖，发挥良种的增产效益，并用它来代替相形见绌的老品种，实行养殖品种的更替。因此，必须有计划地在各地建立原种场与良种场。原种场的基本任务是培育原种，并经常对原种进行提纯复壮。良种场的基本任务是引进原种，大量繁殖出供生产使用的优良苗种。采用选择的方法对原种进行提纯复壮，是良种繁育的重要内容，也是原种繁育的最好方法。

　　(一)原始材料的选定

　　一般以某个优良的地方品种作为选择的原始材料。如江西的荷包红鲤已有 300 多年的养殖历史，本是一个体型好、体色美、生长快、抗病力强、起捕率高、含脂量高、肉质肥美的优良养殖品种，但是由于缺乏科学的管理和良种繁殖措施，苗种混杂退化，出现体色不一、体形变长、个体变小现象，因此必须进行提纯复壮。

　　(二)选择的原理和目标

　　一个定型的品种应具有共同的遗传基础，即有同一的基因型个体构成的群体，而且各种性状应能稳定地一代一代遗传下去。如果品种混杂，发生自然杂交，杂种后代分离，出现许多不同的基因型，优良性状难以保持，就会出现退化现象。这时只能通过选择来提高品种的纯合性，逐步恢复原来的优良基因型，达到提纯复壮的目的。选择的目标要根据生产上的需要来确定。荷包红鲤就是以其多个优良性状作为选择目标的。在进行选择时对于每一个目标性状都要确定具体的指标，如荷包红鲤的荷包状体型，其体长与体高之比为 2.0～2.3,体色为无黑斑的全红色等。

(三)选择方法

动物选择的方法主要有混合选择和家系选择 2 种。

(1)混合选择法:从一个原始品种的群体中,按照选择目标,选出符合要求的一定数量的亲鱼,混合繁殖,在其后代的各生长阶段,均按同一选择目标去劣留优,如果累代选优,即可选出符合要求的优良类型。荷包红鲤就是采用这种选择方法,首先从民间养殖的分离群体中选择 17 尾近似荷包状体型、全红体色、杂斑较少、个体较大的荷包红鲤亲鱼作为原始材料,进行培育、繁殖,扩大群体。然后按照预先拟定的选种方案,从中选择后备亲鱼 300 尾,作为核心种群,进行同代同血统的交配,逐代选优去劣,直至子 6 代。每一代都在不同发育阶段,分别进行选择。夏花阶段淘汰 4 厘米以下的个体,选留体色纯红或橙黄色、体质健壮的个体;第 1 次选择应适当多留,以备以后精选。冬季鱼种出塘时进行第 2 次选择,除体质、体色外,体型要求体长为体高的 2.4 倍以下,体重要求达 0.5 千克以上;第 3 次选择在第二年春季进行,体重要求达 1 千克以上,红色无斑点,体长为体高的 2.0～2.3 倍,鳍条完整,背鳍分支鳍条数 16～18,鳞片排列整齐。对于选择出来的这批鱼加强饲养管理与培育,作为繁殖亲鱼。最后一次选择是关键,在春季雌、雄鱼并塘产卵之前,逐尾进行严格检查,按选留标准选留。如此经过 6 代选择,荷包红鲤的生物学特性和经济性状达到或接近预期的目标,成为一个地方优良品种。但是多代近亲交配,其后代的生活力降低,畸变个体增多,必须继续选择,去劣存优,并创造条件建立家系,实行系间交配,避免近亲交配。

(2)家系选择法:从混杂不同的个体群中选出优良的个体,然后按照个体建立家系,按不同家系分别进行选择繁殖,淘汰不良家系,选择符合标准的家系。由此逐代提高品种的遗传纯合性,即能选出具有稳定优良性状的新品系。采用家系选择需要有较多的鱼池和严格的管理制度。在有条件的地方,最好实行系统选择,建立家系,分系比较,系间繁殖,这是提纯复壮和生产原种的可靠方法。

三、雌核发育及其利用

鱼类的雌核发育是一种配子无融合的生殖方式。同种或近缘种雄鱼的精子,只起刺激卵子发育的作用,精核并不形成雄性原核,也不与雌性原核融合,因此不参与遗传物质的传递。成熟的卵通过雌核发育产生的后裔全部为雌性,只具有母系的性状。目前已有20多种养殖鱼类人工诱导雌核发育成功。

(一)人工诱导雌核发育的方法

(1)使精子的遗传物质失效:通常用紫外线、电离辐射或化学诱变剂(EMS)等处理精子,使精子既保持泳动能力,能进入卵中,又破坏了精核中遗传物质的结构,精核固缩,不形成雄性原核,不能与雌性原核相结合,以达到刺激成熟卵单性发育的目的。

(2)使染色体加倍:硬骨鱼类成熟的第 V 时相卵子,处于第二次成熟分裂中期,卵子入水受到刺激,即排出第二极体。因此,可采用冷休克或热休克处理受精卵,引起纺锤丝收缩,可使第二极体不排出卵外,重新与单倍体卵核合并成为雌核二倍体,发育成为有生命力的正常雌雄二倍体鱼。也可在"受精卵"的第一次有丝分裂中期,采用一定程度的液压,破坏纺锤丝骨架结构,使两套单倍染色体合并成纯合二倍体。

目前,一般都采用冷休克处理,要掌握适当的处理时机和持续时间,这与二倍体雌核发育出现频率有直接的关系。最适处理时机与最适处理持续时间,应视不同鱼类而异。

(二)雌核发育在育种中的应用

人工雌核发育二倍体,由于精子不参与遗传物质的传递,纯属母系遗传,即使在卵子第一次成熟分裂时同源染色体发生小部分交换,其后裔比全同胞交配的基因纯合程度也高得多。据研究,鲤鱼人工雌核发育二倍体子一代的基因位点纯合性可达 0.03～0.95,平均为 0.58。从培育鱼类纯系来看,这个数值表明一次人工雌核发育繁殖的效果相当于连续 4 代全同胞近交。这意味着只需经过一代人工雌核发育,其子一代就可作为初步纯合的亲本用于育种实践。人工雌核发育子二代的近交系数接近 0.8,几乎相当于 8 代近交。因此,鱼类人工雌核发育是一种快速培育鱼类近交系或纯系的有效途径。例如,以兴国红鲤或红镜鲤作为母本,即其体色红色和散鳞都是隐性纯合子,以经过辐射处理的镜鲤精子作为激活源,其体色青灰为显性纯合子。结果,以红鲤作为母本的雌核发育个体的外形为母本特征,即红色、全鳞;以红镜鲤作为母本的雌核发育个体的外形为母本特征,即红色、散鳞。在胚体眼色素出现期,便可根据胚体上出现黑色素与否来鉴别是雌核发育个体还是杂交个体。雌核发育二倍体的比例一般为被激活卵总数的 1.35%～1.5%。采用 0℃冷休克处理,使染色体人工加倍,可大大提高雌核二倍体的比例(提高到 17.4%);而在激活的卵子发育至 2 细胞期时,经过 0.002 5%～0.01%的秋水仙碱浸泡 30 分钟,雌核发育二倍体的比例可由原来的 1.35%提高到 31.6%。在经过两代雌核发育后,把部分雌核发育的鱼苗或夏花鱼种,连续喂含雄性激素(甲基睾丸酮或丙酸睾丸酮)的混合饲料 3 个月,雌核发育的幼鱼完全转化为雄性。这种人工转性的个体是生理功能上的雄性,而遗传型仍然是雌性。在性成熟时,用经过性转化的雌核发育的雄鱼与雌核发育的雌鱼进行同胞兄妹互交,繁殖的后代全是雌性个体。这种转性的雄鱼完全具备正常雄鱼的性功能,一尾成熟的雄鱼可以连续使用若干年,然后再以同样的方法把同一家系的部分雌核发育幼鱼再转化为雄性,便能使这个近交系不断地繁衍下去。这是迅速建立近交系的一条现实可行的途径。

　　雌核发育在异育银鲫的生产中得到充分的应用。我国黑龙江流域存在着天然雌核发育银鲫,有二倍体和三倍体的个体,日本关东鲫则是天然雌核发育的三倍体,西欧一种银鲫是天然雌核发育的二倍体。黑龙江流域的银鲫种群中有少数雄性个体(占 4.1%)的精子功能不同于正常两性繁殖鲫的精子功能,这种银鲫精子虽能使两性繁殖鱼类的成熟卵受精发育,但胚胎发育到尾部游离前后即死亡,因此,这种银鲫应属于雌雄并存的单性生殖类型。红鲫雄鱼与黑龙江(方正)银鲫雌鱼"杂交",其子代有明显的"杂种"优势。试验表明,异源精子不仅刺激方正银鲫卵的雌核发育,而且对其雌核发育的子代具有生物学效应,促进了子代的生长发育。以方正银鲫为母本、兴国红鲤为父本进行人工"杂交"试验,结果"杂种"优势更加明显。这说明不同种的异源精子对于银鲫雌核发育的子代具有不同的生长效应。这种杂种优势可以在生产上应用。用异源精子人工"授精"并对子代具有生物学效应的雌核发育现象称为"异精雌核发育",其子代简称"异育银鲫"。目前异育银鲫显示了良好的生产效果。

四、鱼类性别遗传与性别控制

(一)鱼类性别遗传的机制

鱼类的性决定机制具有原始性与多样性的特点。因此,可塑性也就比较大,环境条件的改变往往会影响鱼类后代性别的比例。

鱼类性别的表现形式是丰富的,既有雌雄同体,又有单性别的种类,大部分是两性分化的雌雄异体。雌雄同体的鱼,在同一个体中具有两性的生殖腺——卵巢和精巢,营自体受精。有的鱼类则先是雌性,在第一次性成熟后转化为雄性;而有的则是先为雄性,后来转化为雌性。显然雌雄同体的鱼只有性别的分化,没有性别决定的遗传机制。单性别的鱼类是另一种生殖方式——雌核生殖,它有一种特殊的遗传机制。两性分化的雌雄异体鱼类的配子(精子和卵子)经过成熟分裂后,只具有雄性或雌性的一套染色体,通过受精使合子恢复体细胞的两套染色体而成为二倍体。大多数鱼类是两性分化的雌雄异体,其性别比例接近1∶1。它们的性决定具有真正的遗传机制,依赖于一对性染色体或异型染色体上的性别决定基因。像哺乳动物一样,雄性个体具有一对非同源的异型染色体(X 和 Y),产生两种类型的配子,一种带 X 染色体的精子,一种带有 Y 染色体的精子;雌性个体具有两个同源染色体(XX),只产生一种类型的带 X 染色体的卵子。带 X 染色体的精子与带 X 染色体的卵子结合,能发育成雌性个体(XX,♀),带 Y 染色体的精子和带 X 染色体的卵子结合,其后代则为雄性(XY,♂)。所以说一个 Y 染色体就决定了后代的雄性性别。但是,鱼类性决定的遗传机制具有广泛的多样性,既有类似哺乳动物雄性配子异型的种类(XX,♀;XY,♂),也有像鸟类的雌性配子异型的种类(WZ,♀;ZZ,♂ 或 WY,♀;YY,♂),还有 Y 染色体缺失的种类(XX,♀;XO,♂)和具有复性染色体的种类(XXXX,♀;XXY,♂)。此外同一种剑尾鱼,在不同的地理分布区有 3 种类型的性染色体(W,X,Y),带有这 3 种性染色体的配子,通过自由组合,就产生 6 种不同的基因型,其中 4 个组合(WW,WX,WY 和 XX)分化成正常的雌性个体,其余 2 个组合(XY 和 YY)则分化成正常的雄性个体。

还有一种小型鱼具有雄性配子异型(XX,♀;XY,♂),偶尔发现极少数个体的性染色体是雌性同型配子(XX,♀),但都具有雄性的外部表征和生理功能。因此,研究者认为在整个染色体组中,存在着决定雄性和雌性的微效基因。在正常情况下,常染色体上的微效基因的作用低于分布在异型染色体上的性别决定基因。但通过遗传和染色体重组,常染色体上的雄性或雌性微效基因的总和,有可能超过性染色体上的性别决定基因,因而产生例外的个体。可见,在某些鱼类中,性别的决定是多因素的,主要取决于性染色体的性别决定基因与常染色体上决定性别的微效基因的平衡。

(二)鱼类性别控制的方法

生长速度、繁殖力等与性别有密切关系。因此，人们采取各种方法控制鱼类性别，希望生产单性鱼类，以期控制种群密度，获得生长快、增肉量大的鱼产品。控制鱼的性别主要有 4 个途径：性激素处理、三系配套的生理遗传学技术、种间杂交以及诱导雌核发育。

(1)性激素处理：在饵料中加入一定剂量的性激素（甲基睾丸酮或苯甲酸雌二醇），或将性激素直接加入养鱼水族箱中，维持一定的浓度。药物处理时间是从鱼苗开口摄食开始，持续 2～3 个月，雄性比例可提高到 100%；加入苯甲酸雌二醇者，则雌性比例可提高到 3/4 以上。用外源性激素诱导鱼类性转化，已在鲤、鲫、罗非鱼等几种鱼中获得成功。性转化了的鱼有正常的生育能力，能繁殖后代。但是外源性激素诱导鱼类性转化，由于成本较高，而且性激素残留于鱼肉中，给消费者带来不安全感，因此，尚不能在生产上广泛应用。

(2)三系配套的生理遗传学技术：用雌性激素诱导雄性配子异型(XY，♂)的莫桑比克罗非鱼，使其性转化为功能上的雌鱼(XY，♀)，再与正常雄鱼(XY，♂)交配，获得超雄性(YY，♂)的雄性纯合系。然后再用雌激素将雄鱼转化成为功能上的雌鱼，这样的雌鱼称为"雄性纯合转化系"(YY，♀)，利用超雄鱼(YY，♂)与天然的雌性原系(XX，♀)交配，就能获得生产上使商品率提高 30% 的全雄单性鱼。

(3)种间杂交：在罗非鱼中，有两种性决定遗传机制，一种是雌性配子同型(XX，♀；XY，♂)，另一种则是雄性配子同型(WZ，♀；ZZ，♂)，现已发现有 4 种属于前者，5 种属于后者。可以利用雄性配子同型的雄鱼(ZZ，♂)与雌性配子同型的雌鱼(XX，♀)进行种间杂交，获得全雄性的(XZ，♂)杂种后代，供生产上养殖单性鱼。也可以用奥利亚罗非鱼的雄性配子同型的个体(WZ，♀；ZZ，♂)，与雌性配子同型的个体(XX,♀;XY,♂)杂交,获得100%全雄性的单性鱼。

(4)诱导雌核发育:若鲤、鲟、草鱼和鲑鳟鱼类的性别决定是雌性同配型(XX,♀),则可将遗传型雌性以雄性激素诱导成表型雄性,再用这种表型雄性同正常的雌鱼交配,就可获得商品价值较高的全雌性后代。也可以先对镜鲤进行人工雌核发育,得到二倍体后代,经过人工转性,使其成为生理表型镜鲤,再与纯系雌性红鲤交配,得到全雌性二倍体杂交鲤。

第二节　鱼的引种与驯化

根据渔业生产的需要,从其他地区或国外引进优良品种,以及从野生种类中驯养出适合本地区养殖的新对象,进而成为品种改良和选择育种所需的原始育种材料,在一定的范围内定向改造鱼类区系组成,提高鱼类产量与质量,逐步实现高产稳产,就是引种驯化的目的。

一、引种的先决条件

(1)地理条件:根据引进水域与原水域所处气候带,两者物理学(水温、气温、各季节长短等)性质的比较,预计引种驯化的可能性。

(2)生物学条件:查明引进水域是否富有适于引进对象各发育期个体的饵料资源,是否拥有与引进对象相近的种、可能竞争种和敌害种。

(3)生态条件:分析引进种的生态学特性,要求其生态特点与引进水域的物理、化学环境条件相吻合。特别要注意引进种在其生命临界期(繁殖、越冬、渡夏、幼体发育等)的要求是否能够得到满足。

（4）经济学条件：预测引种的经济学效益，即引进对象的渔业价值和饵料价值、种群数量动态，可能渔场和可行渔法等。

二、引 种 材 料

可视水体特点和技术条件，选用受精卵、仔鱼、幼鱼或亲鱼作为引种材料。

（1）引入受精卵或仔鱼：该方法技术简单，费用较少，带进病原体的危险性较小，而受精卵或仔鱼正处于生物发育的早期阶段，比成体的可塑性大，更易于适应新的环境条件。但是卵或仔鱼容易被敌害破坏，而且到第一次性成熟的时间较长。

（2）引进亲鱼：能提前繁殖，形成自然种群，受凶猛性鱼类侵害的危险性较小，但往往较难运输，检疫较困难。

（3）引进幼鱼：能减少被敌害破坏的危险性，但仍存在着检疫的困难，从幼鱼到初次性成熟也需要较长的时间。

三、引种的方式

（1）直接引种方式：直接将处于任一发育期或生长期的个体由输出水域引入到新环境。

（2）养殖方式：将引种对象首先引入到养殖场、苗种场，放入池塘，以便繁殖孵化，生产苗种、培育亲鱼群体等。

（3）驯养方式：在向新水域投放之前，将引进对象先驯养，使其适应已有变化的温度、盐度、特殊离子浓度等，以避免环境因子的突变，并缓和输出水域、运输容器与放流水域的条件差异。

（4）暂养方式：将引进对象暂养于专门的养殖场，直至它们摆脱有害的混杂生物敌害和致病寄生虫、细菌等的侵害。

四、引种后的驯化

引种仅仅是驯化的起始阶段，为了利用引进种类，要使其对新的生存环境产生适应能力,就必须对其进行驯化。依据引种目的的不同,驯化方式也不一样。

(一)驯化方式

(1)增殖驯化方式:基于生物在天然水域中全周期驯化,目的在于完全适应天然水域,以便开展渔业的利用。

(2)培育驯化方式:基于生物阶段驯化潜力,目的在于适应苗种繁殖、池塘养殖、网箱养殖和大水面放养需要。

(3)瞄准驯化方式:出于特种目的而向生态系统引进新种个体,如抑制低质种类、消灭敌害生物或病原体,利用特殊饵料资源或充实空闲小环境等。

(二)驯化阶段

第Ⅰ阶段:引进个体在新环境中的成活阶段;

第Ⅱ阶段:个体繁殖与种群开始形成阶段;

第Ⅲ阶段:引进对象数量最大阶段;

第Ⅳ阶段:引进对象与生物学环境矛盾激化阶段;

第Ⅴ阶段:在新环境中完全适应阶段。

(三)驯化结果的评价

(1)引进对象成活:在新水域中能捕到引进个体。

(2)生物学效果:引进对象能繁殖,后代能成活。

(3)渔业效果:引进对象在新水域中形成大数量种群,完全适应新环境,并进入渔获物或新水域食物链。

五、引种需注意的事项

(1)要有明确的目的与要求。要根据渔业生产或育种需要,力求增加优质渔业对象资源,扩大优质种类分布区,提高水域的渔业生产力来决定引种对象。

(2)因地制宜,按客观规律办事。在确定引进种类的适宜性时,既要注意引进对象的价值、生态生理学要求与引入水域生存条件的吻合程度,又要注意水域对引进对象的生态学接受容量和生物学(生物群落和饵料等)接受容量。当引进后,应该经过多点试养,对其有关性状进行详细观察,取得经验后再逐步推广。

(3)要合理开发和利用本国资源。我国渔业资源丰富,仅经济价值较高的淡水鱼就有40~50种,科学地从其中驯养新的养殖对象,投资少、推广快、效益大,可谓一本万利。

(4)要有严格的科学管理制度。鱼类的引进驯化应建立专门管理机构,依据科学原理,有条不紊地计划实施。在引种与驯化过程中,要接受鱼类病理学和流行病学的监督,还要注意养殖品种结构与更替问题。

(5)要加强基础理论研究。对于鱼类引种与驯化的理论,对于水域生物群落和鱼类区系改造的理论基础,应该纳入专业计划,组织力量进行研究。

思　考　题

1.杂种优势利用应注意事项有哪些?

2.选择育种的方法主要有哪两种?

3.雌核发育的概念及应用领域如何?

4.鱼类性别控制的主要方法有哪些?

5.引种应注意的事项有哪些?

第六章　鱼苗、鱼种的培育

导读:本章在介绍青、草、鲢、鳙、鲤、鲂早期发育特性的基础上,阐述其鱼苗、鱼种的具体培育方法及运输方法,将繁殖技术和成鱼饲养技术衔接起来,形成完整的鱼类养殖链条。

在自然界,受环境影响,鱼苗成活率很低,而在养殖条件下,通过杀灭敌害、加强食物供应、改善水质等措施,精心管理可以大大提高鱼苗成活率和生长速度,这就是鱼苗培育。具体说来,鱼苗的培育是指从鱼苗到夏花阶段。鱼苗孵出后 3~5 天内,卵黄囊逐渐消失,腰点开始出现(即鳔已充气),这时体长近 1 厘米,可以下塘饲养。培育 15~20 天后,体长可达 3 厘米左右,时期正值夏季,所以叫作夏花(鱼种),又叫寸片或火片。鱼种的培育是指从夏花鱼种培育成 10 厘米以上幼鱼(统称为 1 龄鱼种或仔口鱼种)的阶段。由于培育的时间长短不同,即出塘的时间不一样,所以鱼种的名字又有所区别,当年秋天出塘的叫秋花鱼种(秋片),当年冬天出塘的叫冬花鱼种(冬片),翌年春天出塘的叫春花鱼种(春片)。春花鱼种可以进行成鱼饲养,出塘推向市场,供食用,也可以继续进行大规格鱼种饲养,即 2 龄鱼种培育。

第一节　主要养殖鱼类苗种的生物学特性

鱼类的整个生长期可分为仔鱼期(全长 0.8~1.7 厘米)、稚鱼期(乌仔、夏花和 7 厘米左右的鱼种)、幼鱼期(全长 7.5 厘米以上的鱼种)、性未成熟期和成鱼期五个阶段。鱼苗和鱼种的培育期正处于仔鱼期、稚鱼期和幼鱼期,这是鱼类一生中生长发育最旺盛的时期,其形态结构和生态生理学特征都会发生巨大变化,了解这些变化规律,有利于制订科学的管理措施,提高苗、种培育的生产效率,为饲养商品鱼提供更多更好的鱼苗、鱼种。

一、鱼苗、鱼种的食性转变

各种鱼苗刚孵化出来时都是以卵黄为营养物质,称内源性营养阶段;随着鱼苗生长,转入既吸收卵黄又摄取外界食物阶段,称为混合性营养阶段;以后卵黄吸收殆尽进入完全摄食水中浮游生物阶段,称为外源性营养阶段;最终分化为滤食、吃食等各种食性鱼类。四大家鱼及鲤鱼等鱼苗、种的摄食方式及食性如下。

(1)全长在 1 厘米以下时:鱼苗刚下塘,活动能力弱,口小。该时期几种鱼苗的摄食方式和食物组成相同,都是吞食轮虫、无节幼体和小型枝角类等小型浮游生物。

(2)全长 1.2～1.5 厘米时:鱼苗的摄食方式和食物组成开始分化,但尚不明显。鲢、鳙鱼苗由吞食向滤食转化;青、草和鲤鱼仍然是吞食,但摄食能力增强。此时,各种鱼苗主要吞食枝角类等大型浮游生物,青、鲤鱼已能吞食摇蚊幼虫等底栖生物。

(3)全长 1.7～3.0 厘米时:鲢、鳙鱼的滤食机能加强,已由吞食完全过渡到滤食;鲢鱼食物中的浮游植物比重增大;鳙鱼仍以浮游动物为主;草、青、鲤鱼口径增大,而且发育完全,动作灵活,摄食能力增强,主要吞食大型枝角类、摇蚊幼虫和其他底栖动物;草鱼也开始吃幼嫩的水生植物。在这个阶段末期,即夏花出塘时,鱼的食性不仅分化明显,而且摄食和滤食机能增强,生活习性也接近成鱼。

(4)全长 3～10 厘米时:鱼种摄食器官和滤食器官的形态和功

能基本与成鱼相同。鲢和鳙的滤食器官逐渐发育完善,全长5厘米左右时与成鱼相同;草鱼和团头鲂在7厘米左右时可食紫背浮萍和嫩草;3厘米以上的鲤鱼能挖掘底泥,摄食底栖动物;青鱼能吃轧碎的螺蚬。

综上所述,可以看出,主要养殖鱼类鱼苗开始吃食时,食性相同,都吃轮虫、无节幼体和小型枝角类浮游生物。随着鱼体增大,摄食方式和食物组成发生规律性变化。鲢和鳙由吞食转为滤食,鲢由开始吃浮游动物转为吃浮游植物,鳙由吃小型浮游动物转为吃各类型的浮游生物;草、青和鲤鱼始终都是主动吞食,草鱼由吃浮游动物转为吃草类,青鱼由吃浮游动物转为吃底栖动物的螺蚬类,鲤鱼由吃浮游动物转为杂食性。

二、鱼苗、鱼种的栖息习性

刚下塘的鱼苗通常在池边和表面分散游动,下塘5~7天后便逐渐离开池边,分别在不同的水层活动。

(1)青鱼:鱼苗常栖息于水的下层边缘,游动时头部稍向下,尾部稍向上,游动比较缓慢。鱼种阶段生活在水的中、下层。

(2)草鱼:鱼苗常栖息于水中层池边,在长到1.5厘米时喜欢成群顺池边循环游动,游动稳定,喜时停时游。鱼种阶段常生活在水的中、下层和岸边。

(3)鲢鱼:鱼苗多居于水的上层中部,游动稳定,有时稍停顿,游动时尾部摆动较快,特别是在晴天的10:00~18:00,成群迅速地在水表层游动。鱼种阶段生活在水的上、中层,动作敏捷。

(4)鳙鱼:鱼苗栖息于水的中、上层,游动稳定,无停顿状态,动作较迟缓。鱼种阶段生活在水的中、上层,动作稍缓。

(5)鲤鱼:鱼苗常栖息于水的下层,不太喜欢游动,但对惊动反应敏捷,较难捕捞。鱼种阶段争食较凶。

(6)鲂鱼:鱼苗常栖息于沿岸水流缓慢处,活动力不强,但在鱼种阶段摄食饲料敏捷,游动速度也较快。

三、鱼苗、鱼种的生长速度及影响因素

主要养殖鱼类鱼苗、鱼种的生长特点都是绝对增重逐渐增大,相对增重速度逐渐下降。各类鱼苗、鱼种的生长速度也是有差异的,比如在鱼苗培育阶段,鲢生长最快,鳙次之,草鱼第三,青鱼最慢,但差别不明显。事实上,影响鱼苗、鱼种生长的主要因素是饲养密度、饵料、水温和水质。

(一)密度

鱼苗培育池一般每亩放养鱼苗 8 万～15 万尾,鱼种培育池每亩放养夏花 1 万～1.5 万尾。若放养量过多,又不及时分池稀养,势必造成饵料不足而影响生长。

(二)饵料与肥料

鱼苗的生长与天然饵料的关系是非常密切的。利用天然饵料养鱼苗,自鱼苗到夏花阶段的适口食物是轮虫和枝角类等浮游生物,生物量达到 20～40 毫克/升(每升 1 000～1 500 个轮虫或 200 个枝角类生物)时,鱼苗生长迅速。生物量过低或过高都会影响鱼的生长,生物量过高,池水易缺氧,影响鱼的摄食和生存,致使生长慢,存活率低。夏花分塘后,影响各类鱼生长的食物种类和数量是不同的。影响鲢鱼生长的主要是藻类,如隐藻、硅藻、衣藻、螺旋鱼腥藻等,当其生物量达到 30 毫克/升以上时,鱼种生长迅速;水中不易消化的蓝藻等数量比例越大,鲢鱼种的生长越慢。影响鳙鱼生长的主要是水中浮游生物的种类和数量,如轮虫和枝角类,其生物量要求在10 毫克/升以上。草鱼种虽以植物性食料为主,但动物性食料对鱼种的生长仍有促进作用,实验证明,投喂水蚤的草鱼种

比投喂豆饼的草鱼种生长要快。水体中天然饵料的多寡与用于培肥水质的肥料有密切关系。经验证明,每培育1万尾3厘米左右的夏花,需消耗黄豆6～8千克、有机肥料25千克;每培育出1万尾全长10～20厘米的鱼种,需消耗商品饲料350～500千克、有机肥料250～400千克和青饲料100千克。

(三)水温

鱼苗、鱼种生长的最适温度范围是25～32℃。低于23℃生长减慢,当温度下降至13℃时,鱼苗就不能生长,甚至死亡。水温高于36℃时,鱼苗、鱼种生长受到抑制。因此,生产鱼苗时,不但要尽量提早繁殖鱼苗的时间,还应创造条件使早繁鱼苗能在适宜温度下快速生长,从而有效地发挥早繁鱼苗的作用。

(四)水质

池水的理化性质的变化,直接影响到鱼苗、鱼种的生长速度和成活率。因此,了解鱼苗、鱼种对生活环境的要求,改善水环境条件,也能提高成活率,加速生长。

(1)溶氧:由于鱼苗、鱼种的新陈代谢强度比成鱼高,因此,需氧量也较高,鱼苗、鱼种最适宜的溶氧量在5毫克/升以上。当溶氧量下降至1毫克/升以下时,鱼苗、鱼种就有可能发生窒息死亡现象。在实际生产中,鱼苗、鱼种培育池溶氧量应在3毫克/升以上。但是,并不是说水中溶氧量越高越好,过高也有害,比如,池中浮游植物大量繁殖,由于光合作用强大,使池水中溶氧达到过饱和,小气泡会渗入鱼苗体内,从而产生气泡病,所以,鱼苗下池时要控制水中浮游植物,不能过多。从耗氧量来看,鱼苗的代谢强度比鱼种高,对水中的溶氧要求也高,随着个体生长而逐渐下降。如鳙鱼苗的耗氧率比夏花高4.7倍。而且,鱼苗、鱼种的耗氧量随温度升高而增加。

(2)酸碱度:鱼苗、鱼种对pH值的要求比成鱼严格,即适应范围小,最适为 7.5～8.5,呈弱碱性。苗种长期生活于 pH 值低于 7 或高于 9 的水体中,对其生长发育是不利的。实践证明,在酸性水体(pH＜5.5)中,鱼苗易得传染病,且饲料消化率低,生长缓慢。所以,在生产实践中,生石灰除用于清塘外,对于调节水质也有重要意义。

(3)盐度:鱼苗对盐度要求比成鱼高。成鱼可生活在盐度为 5‰的水体中,而鱼苗在高于 3‰的水中就生长发育缓慢且成活率低。实践证明,鳙鱼苗在盐度为 5.5‰的水中就不能生存。

四、鱼苗、鱼种的形态特征及质量鉴别

(一)主要养殖鱼类鱼苗的形态特征

青鱼:体色青灰,体形瘦长而弯曲;头呈三角形而透明;体侧的一道灰黑色线直通尾部,并在鳔上方有明显的弯曲;尾鳍下叶有较明显的不规则的黑点。

草鱼:体色淡黄,鳞片清楚;身体较鲢、鳙鱼短小;鳔圆形,距头部较近;尾短小,呈笔尖状;尾部红黄色,红血管较明显,故又名赤尾。

鲢鱼:体色银白,身体较细瘦;体侧有一道黑色线沿着鳔和肠管的上方直达尾部,犹如镶边;尾鳍上、下各有一黑点,上小下大;鳔椭圆形,靠近头部。

鳙鱼:体色微黄,较肥胖;头较宽;鳔比鲢鱼大且距头较远;尾鳍呈蒲扇状,下侧有一黑点。

鲤鱼:体粗而背高,淡褐色;头呈扁平状;鳔卵圆形。

(二)苗种的质量鉴别

正确鉴别苗种的质量,购买到优质鱼苗,是提高苗种成活率的关键。苗种的质量优劣可根据表 6-1 所述加以鉴别。

表 6-1　苗种优劣鉴别表

项目		优	劣
鱼苗	体色	群体体色相同,无白色死苗,身体光洁,不拖泥	群体体色不一,俗称花色苗,有白色死苗,鱼体拖泥
	游动情况	将盛鱼苗的水搅动出漩涡,鱼在漩涡边缘逆水游	鱼苗大部分被搅入漩涡中央
	抽样检查	吹动水面,鱼苗能顶风逆水活动;倒掉水后,鱼苗在盆底剧烈挣扎,头尾弯曲	鱼苗顺水游动,无力挣扎;倒掉水后,头尾仅能扭动
	出塘规格	同塘同种鱼规格整齐	个体大小不一
鱼种	体色	鲜艳,有光泽	暗淡无光,变黑或变白
	活动情况	行动活泼、集群,受惊后迅速下沉,抢食力强	行动缓慢,不集群,在水面慢游,抢食力弱
	抽样检查	抽样放在盆中,可看到鱼狂跳。鱼体肥壮,头小背厚,鳞、鳍完整,无异常现象	在盆中很少跳动,鱼体瘦弱,背薄,鳞、鳍残缺,有充血现象或异物附着

第二节　鱼苗的培育

鱼苗的培育是指从下塘开始经 15～20 天的培育养成 3 厘米左右的夏花。这种培育方法称为一级培育法,是生产实践中常采用的。除此外,还有二级培育法,即先将鱼苗养成 1.7～2.0 厘米的乌仔,然后再分塘养成 4～5 厘米的大规格夏花。这种培育方法适于出售乌仔的养殖单位,鱼苗下塘时可较一级培育法多放鱼苗,待养到乌仔时就出售,剩下未售的乌仔在原池继续饲养至夏花。这种方法方便、快捷,节省养殖面积。

刚下塘的鱼苗体质较弱,抵抗力差,对环境要求高,不能直接放入大水体中,只能放入人工易于控制的池塘中进行培育,养成夏花,进而培育成鱼种才能放入大水体中,养成商品鱼。

我国地域广阔,各地由于条件不一,各有一套比较适于当地的培育方法,如江浙地区的豆浆培育法,两广地区的大草培育法以及湖南、江西地区的粪肥培育法等。

一、鱼苗下塘前的准备工作

(一)鱼苗池的选择和整修

鱼苗池条件的好坏,直接影响鱼苗的生长和成活率。在选择池塘前应考虑:培育池通常以 660~2 000 米² 为宜,长方形,东西向;池深 1.5~2.0 米,水深 1.0~1.5 米,池埂要平实、坚固,不漏水,土质最好是黏性适度、透水透气性较强的沙质壤土;池底平坦,并向排水处倾斜,池底淤泥厚 10~15 厘米,池中不能有水草丛生;水源充足,水质良好,无污染,注排水方便。

池塘在养一年鱼之后,往往存在许多能吞食鱼苗的野杂鱼和水生昆虫,还有许多致病菌、寄生虫、虫卵等,而且鱼的残饵、粪便、动植物尸体等沉积池底,泥沙混合而形成的淤泥逐渐增多,池埂受风浪冲击而倒塌,需要进行清理和整修。具体做法是利用冬季渔闲,将池水排干,挖出过量的淤泥,池底整平,修好池埂和进、排水口,填好漏洞裂隙,清除杂草和硅石等。这样,池塘经过一个冬季的冰冻和日晒,可减少病虫害的发生,并使土质疏松,加速土壤中有机质的分解,达到改良底质和提高池塘肥力的目的。鱼苗放养前再进行药物清塘。

(二)药物清塘

药物清塘的主要作用是杀灭敌害生物,提高鱼苗的成活率,其最佳时间是在鱼苗下塘前的 10~15 天。清塘过早,在鱼苗放养前往往会重新出现一些有害生物;清塘过晚,放苗时毒性未消失则影响鱼苗的生长。清塘一般选择晴天进行,在阴雨天操作不方便且药效也不能充分发挥,清塘效果不好。药物清塘主要有以下两种方法。

1. **生石灰清塘**　　生石灰的主要成分是 CaO,遇水生成 $Ca(OH)_2$,电离后产生 OH^-,OH^- 对生物具有毒害或杀灭作用。生石灰清塘时,在短时间内能使水的 pH 值提高到 11 以上,能杀死野杂鱼、敌害生物和病原体。生石灰清塘还能促进有机质的分解,使水质变肥;同时能保持池水呈弱碱性,有利于浮游生物的繁殖和鱼类的生长。

生石灰清塘方法一般有如下 2 种:

(1)浅水清塘:池底保持有 6～10 厘米深的浅水,每亩用生石灰 60～75 千克。在池底四周均匀挖几个小坑,把生石灰倒入坑内,加水溶化,不等冷却便全池泼洒。次日捞去被毒死的野杂鱼,再用泥耙翻动池底的淤泥,以提高消毒效果,并可促进有机质的分解,增加土壤肥力。清塘后 7～10 天药性消失,即可放鱼。

(2)深水清塘:在某些排灌水不便的鱼塘,也可采取深水清塘法。一般水深 1 米,每亩可用生石灰 150～200 千克,加水调匀后立即全池泼洒。药性 7～10 天后消失,即可放苗。

2. **漂白粉清塘**　　效果与生石灰相似,但药性消失快,对急于使用的鱼池较为适宜。漂白粉一般含有效氯 30% 左右,加水后分解为次氯酸和氯化钙,次氯酸又立即分解释放出初生态氧,后者有强烈的杀菌和杀死敌害生物的作用。使用漂白粉清塘时要参照使用说明书,一般说来,水深 1 米,每亩用量约 14 千克;水深 30 厘米,每亩用量为 4.5～5 千克;水深 5～10 厘米,每亩用量 3～4 千克。用法为漂白粉加水溶化后立即均匀泼洒全池,清塘后 3～5 天即可放鱼苗。漂白粉清塘时要注意两点:

(1)漂白粉易受热受潮挥发分解而失效,用前须测定有效氯含量,继而推算其实际用量;

（2）漂白粉消毒效果受水中有机质影响较大，池水愈肥，则效果愈差，因此肥水中应酌加用量。

（三）培肥水质

清塘后，鱼苗下塘前以施基肥的方法加速培养水中的浮游生物，使鱼苗下塘后有较丰富的开口食物，这种方法就叫"肥水下塘"。

1. 肥水下塘的生物学原理　清塘、施肥后，由于各种浮游生物的繁殖速度不同，会依次出现一个个生物高峰，其先后顺序是：浮游植物—原生动物—轮虫和无节幼体—小型枝角类—大型枝角类—桡足类。鱼苗下塘后的食性转化是：轮虫和无节幼体—小型枝角类—大型枝角类。所以，适时下塘就是在施肥后池中轮虫和无节幼体达到高峰时将鱼苗下塘，使其有丰富的开口饵料，而且以后各个阶段都有适口的饵料。一般说来，在20～25℃的水温条件下，鱼池清塘、施肥后8～10天轮虫和无节幼体量达到高峰。

2. 培肥水质的方法

（1）施粪肥法：一般每亩水面施粪肥300～400千克，可采用全池泼洒的方法。

（2）混合堆肥法：利用陆草、水草、豆科作物的叶与各种粪肥，按不同的比例加入少量的生石灰进行堆制、发酵。

①青草10份，牛粪6份，羊粪2份，人粪1份；

②青草10份，羊粪5份，人粪2份；

③青草10份，牛粪8份，人粪1份；

④青草10份，牛粪2份，猪粪7份，人粪1份。

上述①～④各加相当于堆肥总数量1%的生石灰。

⑤青草10份，牛粪10份，每100千克青草加生石灰3.0千克。

堆制时，按一层青草、一层生石灰、一层粪肥的顺序依次堆入池边的发酵池，边堆放边踏实，堆完后加入适量的水，再盖上塘泥密封。发酵时间长短依温度高低而定。一般气温20～30℃时，堆制 25 天左右即可。腐熟的堆肥呈黑褐色。施肥时,把堆肥用池水反复冲洗,滤去残渣,将洗出的肥水均匀泼洒全池。每亩可施用 150～200 千克。

(3)大缸发酵粪肥法:选用能装 250～500 千克的大缸,然后将牛粪(或马、猪粪)50%、鸡粪 30%、水 20% 装入缸内,充分搅匀后用塑料布封口进行发酵。气温 20℃左右时,通常只用一天一夜就可发酵好。开封使用时再次搅匀,用 20 目的筛绢网过滤粪水,施用时与化肥混合泼洒。化肥用量为每亩 5 千克,用水溶化好后与 250 千克粪水混合均匀后泼洒,每隔 3 天泼一次。几天后,水呈黄绿色或褐绿色,水质清爽肥嫩,可测得轮虫数量在 10 000 个/升以上。

(4)无机肥料法:养鱼常用的化肥主要有氮肥、磷肥、钾肥、钙肥等几种。无机肥料养分含量高,肥效快,但是成分单一,肥效持续时间较短,所以,一般都作为追肥使用。若使用无机肥料做基肥,每亩可施氮肥 0.2～0.4 千克、磷肥 0.2～0.4 千克、钾肥 0.1～0.2 千克,溶解后全池泼洒即可。

(四)水质的处理

从注水到放苗这段时间,正值蛙类繁殖盛期,特别是施过肥的鱼塘,要加强防、管。每天早晚把浮在水面上的蛙卵或刚孵出的蝌蚪捞出。水蜈蚣可用 90% 晶体敌百虫以 0.3～0.5 克/米^3 浓度杀死,以保证鱼苗下塘后的安全。如在施肥后轮虫生长还未达高峰,而小型枝角类已出现并逐渐增多,会大量吃掉水中的细菌、浮游植物和有机碎屑,抑制轮虫的生长,使鱼苗下塘后得不到适口的饵料,或者由于施肥过早,池中轮虫已达到高峰而没有鱼苗下塘时,都可以用 0.3～0.5 克/米^3 的 90% 晶体敌百虫杀灭枝角类并适当施肥,这样既可防止枝角类大量发生又可延长轮虫高峰期。有些地方在鱼苗下塘前每亩用春片鲢鱼种 300～400 尾作为"食水鱼"放入鱼苗培育池,目的也是利用鲢鱼种吃掉枝角类,在鱼苗下塘前再把鳙鱼种捕出。鳙鱼种除了可作"食水鱼"外,还可测定水体的肥度。若每天黎明鳙鱼种开始浮头,太阳出来后不久鱼群便散去并恢复正常,说明池水肥度适中;若浮头时间过长,则说明水质过肥;若不浮头或极少浮头,则表示肥力不足。捕出鳙鱼种后,在水中投放"试水鱼"——鱼苗。这是为了检查清塘药物的药效是否确已消失,以确保下塘鱼苗的安全。将十几尾鱼苗放入池塘的网箱中半天或一天,观察其活动是否正常。若鱼苗活动无异常现象,则说明药效确已消失,可以放养鱼苗。

二、鱼苗的放养

(一)鱼苗下塘时的注意事项

(1)适时下塘:在鱼苗孵出后 3～4 天,鳔已充气(腰点出齐),能够正常水平游动和摄食时立即下塘。过早下塘,鱼苗的活动能力和摄食能力差,会沉于水底而死亡;下塘过晚,卵黄囊已吸收完,会因缺乏营养而消瘦,体质弱,成活率下降。

(2)拉空网:在放养前一天,用密眼网拉 1～2 遍,清除塘中重新滋生的有害昆虫、蛙卵、野杂鱼等,减少对鱼苗的危害。

(3)调节温差:从外地或外单位购买的鱼苗经过运输,盛鱼容器水温与塘水温有一定的差别,必须调节两者温差在 3℃ 之内后,方可将鱼苗放入塘中。鱼苗下塘最好在晴天上午 8:00～10:00,此时池中溶氧量已上升,温度变化较小,鱼苗易适应环境。

(4)饱食下塘:下塘前先将鱼苗放入鱼苗网箱(如无网箱,也可用缸或篓)中,待鱼苗恢复正常后,泼洒蛋黄水投喂。蛋黄要煮透,沸水中煮 6 小时以上,然后将蛋黄包在细纱布里,在盛水的碗中揉擦,使蛋黄充分溶于水中。投喂时要少量多次,慢慢而均匀地泼洒。用量一般是每 20 万～30 万尾喂一个蛋黄。泼洒 10～20 分钟后,鱼苗饱餐以后再下塘。

(5)在上风头放苗:鱼苗活动能力差,有风天应注意在上风头放苗,以免被风吹到池边碰伤或挤死。放苗时应将容器贴住鱼池水面,缓慢倾斜,使容器内的水与池水混合,将鱼苗缓缓放入池中。

(6)同一池塘放同批鱼苗:不同批次鱼苗个体大小和强弱不同,游动和摄食能力也不同。若放不同批次的鱼苗,则会造成出塘规格不整齐,成活率低。

(二)放养密度

放养密度根据鱼池的条件、饲料数量、放养鱼种类和计划培养鱼种规格来确定(表 6-2)。

表 6-2　每亩鱼池鱼苗放养量　　　　　　　万尾

培育方式	地区	鲢、鳙	鲤、鲫、 鳊、鲂	青、草	鲮
鱼苗直接培育成 夏花	长江流域以南	10～12	15～20	8～10	20～25
	长江流域以北	8～10	12～15	6～8	
鱼苗培育成乌仔 后拉网、分塘,再 培育成大规格夏花		20～25	25～30	15～20	30～35

三、鱼苗的培育方法

几种常规鱼的鱼苗全长 2 厘米以前,都是主食轮虫和枝角类生物,因此,培育方法主要是施豆浆和有机肥。体长到 2 厘米以后,食性已有分化,饲养方法也要有所区别,如鲢、鳙鱼仍是施肥培育,而青、草、鲤鱼苗后期则要适当增投人工饵料,因为单靠施肥培养的大型浮游生物已不能满足这些鱼苗摄食需要。我国各地自然条件不一,鱼苗培育方法也各不相同。按照施肥种类的不同,鱼苗培育有以下几种。

1. 有机肥培育法　即在鱼苗池中施绿肥、粪肥等有机肥培育天然饵料供鱼苗摄食,并适当投喂人工饲料。池水的肥度是否适中,可根据鱼苗浮头情况来判断:若鱼苗下池后 3～4 天发现清晨浮头,日出后停止,表明肥度适中;若上午 8:00 后仍浮头,则说明水质过肥。

有机肥培育法包括大草培育法、粪肥培育法、混合堆肥培育法。

2. 豆浆培育法　豆浆做肥料培育鱼苗,既可直接供鱼苗摄食,又可肥水以培育天然饵料生物,间接成为鱼苗的饵料,夏花出塘时体质强壮,成活率高。由于绝大部分豆浆不能直接作为饵料食用,而是作为肥料起肥水作用,饲养成本较高。水温 25℃左右,黄豆浸泡 5～7 小时即可磨浆,磨好后滤去豆渣,将豆浆煮熟后投喂。泼洒豆浆时应采取少量多次的方法,而且池面每个角落都要泼到,以保证鱼苗吃食均匀。鱼苗下塘后,开始时,每亩鱼池每天投喂 3～4 千克黄豆磨成的豆浆,1 周后增至 5～6 千克;10～14 天后,鱼苗长至 1.5 厘米左右,池中的饵料已不能满足鱼苗的摄食需要,所以,除了继续泼洒豆浆外,还需增投豆饼糊等饵料,每亩鱼池每天的投喂量约含干豆饼 2 千克,且随鱼苗的生长酌量增加。草鱼鱼苗长至 2 厘米以上时,可增投芜萍,每天每万尾 5～10千克。

3. 有机肥和豆浆混合培育法　目前,大多数地方都采用该法,其优点是:节省精饲料,充分利用池塘培育天然饵料,利用追肥保持池塘内的生物量,从而保证鱼的摄食量,提高鱼苗的生长速度和成活率。培育方法是:鱼苗下塘前 5～7 天,每亩鱼池施有机肥250～300 千克,培育鱼苗的适口天然饵料——轮虫和小型枝角类生物。鱼苗下塘后,每亩鱼池每天泼洒 2～3 千克黄豆豆浆,以弥补天然饵料的不足和稳定水质。以后每隔 3～5 天追施有机肥一次,每亩鱼池用量为 100～150 千克,保持水的透明度在 25～30 厘米。下塘 10 天后,鱼体长大,需增投豆饼糊或其他精饲料,每亩水面 2 千克左右,豆浆的泼洒量也应相应增加。

除以上几种常用的培育方法外,还有有机肥料和无机肥料混合培育法、无机肥培育法、草浆培育法等等。

四、日　常　管　理

1. **分期注水**　鱼苗下塘时水深只有 50～70 厘米,以后根据水质情况,每隔 3～5 天加水一次,每次注水深度为 10～15 厘米。

在鱼苗放养初期,为了提高水的肥度和温度,应将水深保持在 50～70 厘米,施足基肥。随着鱼体的增长和投饵、施肥的增加,应逐渐注入适量新水,这对于调节水质,促进饵料生物的繁殖和鱼类生长,提高施肥效果等都有明显的作用。注水口应用密布网过滤,严防野杂鱼及有害生物进入鱼池。水应平直地流入池中央,切勿在水池中形成旋流,并应避免水流冲坏池埂或泛起池底淤泥,搅混池水。一般鱼苗培育期间加水 3～4 次。待夏花出塘时水深保持在 1.0～1.2 米为宜。

2. **巡塘**　鱼苗下塘后,每天应早、中、晚 3 次巡塘,认真观察池塘水质及鱼的活动情况,定期检查鱼苗的摄食、生长、病虫害情况,发现问题,及时处理。观察主要项目如下:

(1)浮头情况:早晨鱼苗成群浮头,受惊后就下沉,稍停一会儿又浮上来,日出后即停止,这种情况属于轻微浮头,是正常现象,说明池水肥度适中。若 8:00～9:00 后仍浮头,受惊动仍不下沉,则表明池水过肥,缺氧严重,应立即注入新水,直至浮头停止,并且要适当减少当天的投饵量,不应再施肥。

(2)发病情况:巡塘时发现鱼苗活动反常,应立即捕起,查明原因,采取防治措施。

(3)吃食情况:傍晚时投喂的饵料已吃光,次日可酌情增加投食量;若傍晚时剩余较多,则第二天酌情减少。

(4)水色情况:池水呈绿色、黄绿色、褐色时都是好水,水透明度在 25～30 厘米为宜。

（5）鱼池卫生：检查池中是否有死鱼、蛙卵、蝌蚪和杂物，若有，应及时捞出。清除池中及岸边的杂草，保持鱼池的环境卫生，有利于鱼苗的生长。

3. 做好记录　每天巡塘和饲养情况应建立"塘卡"，按时测定及记录水温、溶氧、天气变化、施肥、投饲数量、注水和鱼的活动情况等等，以便总结经验，不断提高培育鱼苗的技术水平。

五、拉网锻炼和出塘

1. 拉网锻炼　鱼苗经过十几天的培育，体积增大了几十倍，须分塘饲养或出售。在出塘前一定要进行拉网锻炼，其目的是增强鱼种的体质。

拉网使鱼受惊，增加运动量，分泌大量黏液，排出粪便，能使鱼的鳞片紧密，肌肉结实，在运输过程中能适应密集的环境，提高出塘和运输的成活率，并且能估计鱼苗成活率。一般在出塘前要进行2～3次拉网锻炼。拉网要选择晴天上午进行。拉网前不要投饲和施肥，将塘中的水草和青苔清除干净，有风时要从池塘的下风头下网。拉网要缓慢，操作要细心，不可使鱼体黏贴在网上。具体的操作方法是：第1次拉网将鱼苗围集网中，提起网衣使鱼在半离水状态密集10～20秒后放回原池。若鱼苗活动正常，天气晴朗，隔1天拉第2网，将鱼种围集后，将网衣搭入网箱并轻轻划水，使鱼顶水自动进入网箱内，立即将网箱在塘中徐徐推动至适当地点，在水较清且较深处用竹竿插住不使其自由漂动，让鱼在网箱中密集2小时左右。在密集条件下观察鱼的活动情况，若能顺着一个方向在箱中成群游动，则说明鱼体质好；若散乱地在网箱中游动，则说明鱼体质差。鱼进箱后，每10分钟必须冲洗网衣一次，以免黏液、粪便堵塞网孔。密集后即可分塘或出售；如需长途运输，还需放回原池，隔天拉第3次网进行密集，一昼夜后，鱼苗已锻炼得老练结实，可耐长途运输。

2. 夏花的分塘与计数　分塘时,先将夏花集中拦在网箱的一端,用鱼筛舀鱼并不停地摇动,使小鱼迅速游出鱼筛,将不同规格的鱼分开。

夏花的计数一般采用传统的量杯计数方法,准确率可达90%左右。计数时,把部分夏花集中于小网箱的一端,用小抄网随意舀起部分鱼倒入小量杯中,计数小杯中的鱼数,可计数2～3杯,取其平均值。然后用小杯舀鱼倒入大杯中,直到大杯满为止,记下小杯数,小杯盛鱼数×杯数＝大杯盛鱼数,计算出一大杯盛的夏花数。最后用大杯量取夏花,就可计数出夏花总数。

第三节　鱼种的培育

鱼苗养成夏花后,还需要按适当的密度及合理的种类搭配,进一步饲养成大规格鱼种,这就是鱼种培育,培育出的大规格鱼种再投放入池塘、网箱或大水面中养成食用鱼。

鱼种的培育大部分是在池塘中进行,但由于我国内陆水域面积很大,如果都开展粗放养殖和部分精养,所需鱼种的数量是相当大的,而我国人多地少,土地资源日趋紧张,鱼种仅靠池塘培育是无法满足需要的,所以,除用池塘培育鱼种外,还有许多新型的培育方法,其中库湾、湖汊培育和网箱培育是最常用的两种,也有地方用稻田培育鱼种。

一、池塘培育鱼种

(一)夏花放养前的准备

(1)鱼种池的选择:条件与鱼苗池相似,只是面积大些,以2 700～4 000 米^2 为宜,水深 1.5～2.0 米。

(2)鱼池清整和消毒:与鱼苗池相同。使用原来的鱼苗池培育鱼种,待夏花出塘后,也必须用药物清塘。

（3）施基肥：用以培养枝角类、桡足类等浮游动物，实行肥水下塘，使夏花一下塘就能获得充足的天然饵料。因鱼种的摄食量增大，鱼池的水体增加，基肥的施用量也应增大。一般每亩可施腐熟的粪肥 500～800 千克，也可加施少量的无机氮、磷肥料。

准备工作应在夏花放养前 10 天完成。

（二）夏花的放养

1. 放养密度　夏花的放养密度很不一致，常常是依据计划养成鱼种的规格而定。如鱼种运销外地，则出塘规格宜小些，放养密度可大些；如就近放养，则出塘规格要求大些，放养密度小些。此外，放养密度还要根据鱼的种类、池塘条件、肥料和饲料的数量与质量、池塘环境条件及技术管理水平等方面的条件来确定。同样的出塘规格，鲢、鳙的放养量可较草、青鱼大些，鲢可较鳙大些。条件好，放养密度大些；条件差，放养密度就应小些。主养鱼的放养密度可参照表 6-3 确定。

表 6-3　主养鱼放养密度与出塘规格的关系　尾

养成规格	青鱼	草鱼	鲢鱼	鳙鱼	团头鲂
6～8 厘米	—	>20 000	20 000～25 000	20 000～22 000	15 000～20 000
8～10 厘米	—	12 000～20 000	15 000～20 000	15 000～18 000	10 000～15 000
10～12 厘米	10 000 左右	8 000～10 000	10 000～15 000	10 000～12 000	5 000～10 000
12～13.5 厘米	6 000～7 000	7 000～8 000	8 000～1 0000	8 000～1 0000	4 000～5 000
13.5～15 厘米	—	6 000～7 000	6 000～8 000	6 000～8 000	—
15～16 厘米	—	5 000～6 000	5 000～6 000	5 000～6 000	—
50 克左右	—	4 000～5 000	4 000～5 000	4 000～5 000	—
80 克左右	—	2 000～3 000	3 000～4 000	3 000～4 000	—
100～150 克	2 000 左右	2 000 左右	3 000 以下	2 000 左右	—

2. 放养方式　鱼苗养成夏花后，各种鱼类的食性和栖息水层已明显不同，为了充分利用池塘中的天然饵料和有效利用水体，夏

花一般都采用混养方式。一般认为 2 或 3 种混养较好。在这个阶段,有一些不同种类的鱼,其食性尚有一定的共性,所以,混养种类不宜过多,以免造成争食,妨碍鱼的生长。混养时要选择食性不一致、能互利共存的种类进行合理搭配,并且夏花鱼种的规格要整齐一致。由于各地自然条件不同、饲养方法不同,可因地宜地进行混养(表 6-4)。

表 6-4　江浙地区夏花混养模式和出塘规格

主养鱼			配养鱼			放养总量
种类	放养量(尾)	出塘规格	种类	放养量(尾)	出塘规格	(尾)
	2 000	50~100 克	鲢、鲤	1 000,1 000	100~125 克,13~15 厘米	4 000
草鱼	5 000	15 厘米左右	鲢、鲤	2 000,1 000	50 克,12~13 厘米	8 000
	8 000	13 厘米左右	鲢	3 000	13~16 厘米	11 000
	10 000	12 厘米左右	鲢	5 000	12~13 厘米	15 000
	2 000	50~100 克		2 500	13~15 厘米	4 500
青鱼	6 000	13 厘米左右	鳊	800	125~150 克	6 800
	10 000	10~12 厘米		4 000	12~13 厘米	14 000
	5 000	13~15 厘米	草　鳊	1 500　500	50~100 克　15~16 厘米	7 000
鲢鱼	10 000	12~13 厘米	团头鲂	2 000	12~13 厘米	12 000
	15 000	10~12 厘米	草	5 000	15 厘米左右	20 000
	4 000	13~15 厘米		2 000	50~100 克	6 000
鳙鱼	8 000	12~13 厘米	草	3 000	17 厘米左右	11 000
	12 000	10~12 厘米		5 000	15 厘米左右	17 000
鲤鱼	5 000	>12 厘米	鳊　草	4 000　1 000	12~13 厘米　50 克左右	10 000
	5 000	12~13 厘米	鲢	4 000	13 厘米以上	9 000
团头鲂	10 000	10 厘米左右	鳙	1 000	13~15 厘米	11 000
	20 000	8 厘米左右			500 克左右	20 100

注:放养量均为每亩的放养量。

3. 鱼种饲养方法　鱼种的培育方法依鱼的种类、放养密度、饵料肥料供应情况等的不同而异,主要有投饵为主饲养法和施肥为主饲养法两类。

(1)投饵为主饲养法:饵料主要有以下种类:

①精饲料(又称商品饲料),有豆饼、花生饼、菜籽饼、米糠、麸皮、麦类、玉米、酒糟、糖糟、豆渣等,各种养殖鱼类均喜摄食。

②青饲料,有芜萍、小浮萍、紫背浮萍、满江红、苦草、轮叶黑藻等水生植物以及幼嫩的旱草等,可作为草鱼、团头鲂、鳊鱼等草食性鱼的饲料。

③动物性饲料,有螺蛳、河蚌、蚬、蚕蛹等,可作为青鱼的饲料。

④配合饲料,为多种营养成分配合而制成的颗粒状饲料,比较适合鱼种摄食,饲养效果较好,已在生产中广泛使用。

为了养好鱼种,提高投饲效果,降低饲料系数,投饵时一定要遵循"四定"原则。

①定位。投饵时必须有固定的位置——饲料台,这样能使鱼集中摄食,避免饲料浪费;便于观察鱼的摄食和生长情况,及时采取相应的技术措施;便于清除残饵和进行食场消毒,保持食场清洁和防治鱼病。投喂浮性饲料如青草类,可用毛竹搭成三角形或正方形浮框做食场,一般为 $10\sim30$ 米^2。投喂沉性饲料如商品饲料,可在水面下 $30\sim40$ 厘米处用芦席、木板等搭 2 米^2 左右食台。一般每 5 000 尾鱼种设食台一个。向青鱼投螺蛳等,也应投放在水底相对固定的位置。

②定时。每天投饵时间固定,使鱼养成按时集群吃食的习惯,使吃食时间缩短,减少饲料流失。正常天气每天上午 8:00～9:00 和下午 2:00～3:00 时各投饵一次。雷阵雨或闷热天气,可减少投饵量或不投饵料。

③定质。投喂的饵料必须干净、新鲜、适口。饲料质量好能使蛋白质的利用率提高,鱼种生长快,不易得病。必要时可在投喂前

对饵料消毒,尤其在鱼易发病季节要这样做。

④定量。每日投饵应有一定的数量,具体投饵量应根据水温、气候变化、水质及鱼的种类及摄食情况、生长情况和鱼体健康情况来决定。定量投饵能提高鱼类对饵料的消化率,促进生长,减少疾病,降低饵料系数。在鱼生长的适温范围内应多投,过高或过低时应减少投饵量;天气正常时可多投饵,不正常时减少投饵或不投饵;水较瘦可多投饵,水过肥则少投;投饵后鱼很快吃完则适当增加投饵量,较长时间吃不完、剩饵较多则减少投饵量。傍晚检查时没有剩饵则说明投料量较适宜。

针对不同鱼种,投饵方法也不尽相同。

①草鱼的投饵。在鱼种饲养中,草鱼是最难养的,成活率一般只有 30% 左右。为了提高草鱼种的成活率,应做到以下几点。

在夏花草鱼放养前,池塘中预先培育好充足的饵料——水蚤、芜萍或小浮萍。方法是池塘注水后每亩施粪肥 400~500 千克,再放入芜萍或小浮萍种,半个月后向池中泼洒粪水和无机肥料水,可使芜萍和小浮萍大量繁殖。用老池也可以培养芜萍或小浮萍,鱼种下塘后,每天每万尾投芜萍 10~15 千克,20 天后改投小浮萍每天每万尾 50~60 千克。鱼种长到 8~10 厘米,可喂水草或嫩草,注意一定要将水草捣烂或嫩草切碎后投喂,以便于小草鱼摄食。在投喂青饲料的同时,也要适当增投精饲料,以加速鱼种生长,提高产量。

②青鱼的投饵。夏花青鱼在刚下塘时也与草鱼一样能吃水蚤和芜萍,几天后改喂豆饼糊。体长 5 厘米以上时,每天每万尾可投喂豆饼糊和浸泡的碎豆饼 2~5 千克;10 厘米以上时,加喂轧碎的螺蛳,每天每万尾 35 千克,以后渐加至 100 千克,也可以加投一些配合饲料。

③鲢、鳙的投饵。鲢、鳙培育池除培育浮游生物外,还需投喂商品饲料。每天每万尾投喂糊状的饼类、麦粉、玉米等 1~2 千克,

逐渐增加至3～4千克。如果池中混有草鱼,则应先投青饲料,使草鱼吃饱,避免同鲢、鳙争食精饲料。

④团头鲂或鳊的投饵。下塘初期,要有足够的浮游生物,同时每天每万尾夏花投喂1千克豆饼糊,随鱼体长大,投饵量逐渐增加。体长3.5厘米以上时,可投喂芜萍或小浮萍。

⑤鲤、鲫的投饵。鲤、鲫食量较大,需充分投喂商品饲料,每天每万尾投饵4～6千克。

(2)施肥为主饲养法:

①粪肥饲养法。这种方法适用于以鲢、鳙为主,放养密度较小且肥源充足的池塘。夏花下塘前施足基肥,下塘以后还要经常追肥以补充池中的营养物质。追肥要掌握少施勤施的原则,一般每2～3天施肥一次,施肥量为每亩水面100～200千克。追肥还要掌握"四看"原则:看季节,初夏时勤施,暑盛时稳施并勤换水,防止水质恶化,秋凉时要重施肥勤加水促鱼生长,冬季保持一定肥力即可,使鱼安全越冬;看天气,天气晴朗可多施,阴雨天或天气闷热则应停施;看水色,若上午透明度大、水色清,下午透明度小、水色浓,一天中水色变化明显,则说明水的肥度适中,适合的肥度其透明度在30厘米左右,低于20厘米或高于40厘米则表示水质过肥或过瘦;看鱼的动态,巡塘时观察鱼的动态,若鱼活动正常,应照常施肥,若食量轻减并有轻微浮头现象,则可暂停施肥并加注新水,若鱼的食量大减并浮头严重,表示水过浓,应停止施肥,注入新水改善水质,促鱼摄食。

②大草堆肥饲养法。即在夏花放养前堆大草沤肥水质,主养鲢、鳙鱼,下塘后每天每万尾辅投商品饲料1～1.5千克。在放养后的第一个月,每10天每亩投大草150～200千克,以后每半个月一次。另外,每天另施粪肥50千克,每天每万尾投喂精饲料2.5千克,以后随鱼体长大逐渐增加到7.5千克。

③草浆饲养法。用水花生、水葫芦、水浮莲(简称为"三水")等

水生植物打成草浆饲养鱼种。草浆可让草、鲤、团头鲂等直接摄食，还能使鲢、鳙鱼种直接滤食叶肉细胞。浆汁中的营养成分既可直接作为鲢、鳙鱼种的饲料，又可作为肥料，使水质变肥，促进浮游生物的繁殖，起到间接饲料的作用。日投饵量为每亩水面 50～75 千克，分 2 次投喂，全池泼洒。

　　④种水稻（稗草）淹水饲养法。在鱼池栽种水稻或稗草作为绿肥，然后灌水使其逐渐腐烂分解，促进浮游生物的繁殖和底栖动物的生长。具体做法是：在 5 月初将鱼种池排干水，每亩播种稻种 6～8 千克或稗草种 5～6 千克。在抽穗后至穗梢变黄期间，灌水 1.5 米左右深将其淹没。然后放入夏花鱼种，每亩水面 5 000～7 000 尾，一般以鲢、鳙鱼为主，混养草鱼、团头鲂、鲤鱼等。培育期不需投饲和施肥，仅在后期投些饲料即可。需要注意的是在灌水初期大量植株开始腐烂分解，容易造成缺氧泛塘，发现池鱼浮头严重时要及时灌水，防止发生不必要的损失。

　　⑤栽培轮叶黑藻培育鱼种。其优点是简单易行、省料省力，一年栽种多年使用，适合以农为主业、以渔为副业的农户培育鱼种。方法是：清明以后，水温开始上升，先把池水排干，从河中捞取 16 厘米左右的轮叶黑藻（茎过长的可以切成 16 厘米左右的小段）均匀地撒入全池，每亩用量 30～40 千克。待长出幼芽后再逐渐加水过顶。一般到 7 月中下旬茎叶会布满全池，这时可放草鱼 1 000～2 000 尾，鲤鱼 300～500 尾，半个月后放鲢鱼 800～1 200 尾，鳙鱼 200～300 尾。放养后要加注一些新水，水面高出轮叶黑藻 10～15 厘米。为使草鱼种长得更好，每天下午每亩遍撒菜籽饼粉 0.5～1 千克。轮叶黑藻一般可供鱼种吃 50～60 天，以后为保持鱼种继续生长和不落膘，每天每千尾草鱼可投喂青饲料 50 千克左右。栽种一年后，轮叶黑藻可以自然繁殖生长。

（三）日常管理

　　（1）巡塘：每天巡塘 2 或 3 次，清晨观察鱼的动态，发现严重浮头及鱼病要及时处理,注意水质与气候变化,以决定投饵和施肥量。下午检查吃食情况,决定次日的投饵量。

(2)注水排水:鱼种快速生长的7~8月份是高温季节,上下层水的温差使水的对流较困难,易引起底层水的缺氧,从而影响鱼类的摄食和生长,因此,在7~8月份应勤注新水,排除底层水,改善水质,加速鱼类生长。7月中旬前每隔3~5天加新水一次,每次10~20厘米深。7月下旬起根据天气情况和鱼浮头情况决定注水量。必须注意的是加水宜在凌晨进行,排水宜在中午进行。

(3)防病:目前养鱼生产中不断发生传染性、暴发性鱼病,鱼一旦得病,救治不及时会造成大批量死亡,损失惨重,甚至会绝收。所以,对于鱼病来说,应是防重于治。在日常管理工作中,巡塘时看鱼的摄食、活动是否正常。应经常刷洗食台,捞除残饵,保持食场的清洁卫生。在鱼病多发季节(7~9月份),每隔半个月用100~300克漂白粉在食台及其周围泼洒一次,进行消毒。在寄生虫病高发季节,可用硫酸铜和敌百虫杀死食场附近的寄生虫。发现鱼病及时治疗,病鱼和死鱼及时捞除,深坑掩埋,不可随手乱丢,以防鱼病反复感染、蔓延而不可收拾。主养草鱼的池塘,推广注射草鱼出血病疫苗。不喂隔夜食、变质饲料,不施未发酵的生粪。

(4)定期筛选鱼种:培育2个月左右,若发现生长不匀,要先拉网锻炼1~2次,然后用鱼筛将个体大的筛出分塘饲养。留塘的小规格鱼种继续加强培育。

(5)防洪、防逃:夏季雨水多,汛期长,渔场被淹情况时有发生。管理人员应及时修补堤坎,疏通排水渠道,防止因洪水冲垮或淹没鱼池而发生逃鱼,造成不应有的经济损失。

(6)做好"塘卡"记录:

①鱼种的来源、品种、规格、数量及放养日期;

②饲料、肥料的来源、品种、数量及投喂日期;

③每日的天气情况和水温；

④鱼病发生的日期、病别、用药种类及效果或其他措施与治疗效果。

(四)出塘和并塘越冬

秋末冬初，水温降至 10℃左右，鱼已不大摄食，可将鱼种拉网出塘，按种类和规格分开，作为池塘、湖泊、水库放养之用，称之为冬放。如欲留一部分到次年春季再进行放养，则须将各类鱼种捕捞出塘，按种类、规格分别集中蓄养在深水池塘内越冬。

1. **越冬池的条件**　越冬池应选择背风向阳、地势较低处，面积 1 300～2 700 米^2，水深 2.5～3 米，池底平坦并有少量淤泥，池埂坚固不渗漏。放鱼前经彻底消毒并培肥水质。

2. **并塘越冬注意事项**

(1)应在水温 10℃左右的晴天进行，温度过高，则鱼种活动能力强，拉网过程中易受伤；水温过低，易冻伤鱼种，造成鳞片下出血。这些都容易引起鱼在来年春季发生水霉病，使成活率降低。

(2)拉网前要停食 3～5 天，拉网、捕鱼、运输等操作要细心，避免鱼体受伤。

(3)每亩放养鱼种以不超过 600 千克为宜。

3. **越冬池的管理**

(1)经常观察越冬池的鱼种活动和水质变化情况，天气晴暖时应适当投饵与施肥，南方地区以施有机肥为主，北方以施无机肥为主。投饵一般每周 2 次，投饲量为鱼体重的 0.5％左右。定期测定水中溶氧，使溶氧量保持在 5 毫克/升左右。发现溶氧下降时，要及时打冰眼注入溶氧较高的新水。

(2)及时清除积雪和打冰孔，以增加池水透明度，有利于浮游植物的光合作用并增加水中溶氧。

(3)定期注水，保持池水的正常水深并改善水质。

二、库湾、湖汊培育鱼种

库湾是指水库的消落区在一般水位时蓄水的口小肚大的水体。湖汊是指大湖的分支部分具有一定面积和深度的水体。在两者的狭窄位置可以修建堤坎或安装拦网,使其同水库或湖泊的主体部分分隔开来培育鱼种。利用这些水体培育鱼种的优点是:水面宽,风浪小;有一定生源物质的补充,天然饵料丰富,造价低廉,饲养管理方便;可以节约土地、饲料和肥料,能因地制宜地进行生产;鱼种易适应大水域环境,放养成活率高,生产成本低。

(一)土拦库湾、湖汊培育鱼种

土拦库湾、湖汊的特点是投资大,但一劳永逸,能持久生产,易清野除害,管理方便,水质稳定,能投饵施肥,水的肥度可控制。

1. 地点选择

(1)要选择口子小、内部广阔、底部平坦、不渗漏水的区域;平均水深3~5米,最深处不超过7米;面积以4公顷左右为宜。

(2)水域环境条件好,最好是背北向南,光照充足,水温较高;有生源物质补充,水质肥沃,无工业废水污染。

2. 放养前的准备工作

(1)清整、除野、消毒:在冬季枯水季节,结合修建拦鱼坎,将库湾、湖汊内的树木砍光,填平深潭、水沟,将敌害鱼类、小野杂鱼等捕捞干净,将各种水生植物、病菌、虫卵等用生石灰、漂白粉、氨水等药物杀死、消毒。

(2)施肥:清野除害后3~5天施放基肥,每公顷可施有机肥3 000~6000千克。

(3)试水:为了安全生产,在鱼种放养前,必须在水域内用网箱放养"试水鱼"24小时以上,观察药物消失情况。"试水鱼"活动正常才能放养鱼种。

3. 鱼种的放养　土拦库湾、湖汊鱼种的放养密度依水体的自然条件而决定。水质较肥沃，饵料生物比较丰富，每亩可放养 3 厘米以上的夏花鱼种 3 000～4 000 尾。为了充分利用水体和肥料，可采用混养方式进行培育，以鲢鱼为主，可搭配放养 20％左右的鳙鱼和适量的鲤、草、团头鲂等鱼种；以鳙鱼为主，只搭养少量的草鱼即可。

4. 饲养管理　　鱼种放养后要用豆饼浆泼洒饲喂，并逐步把鱼种诱集到人工设置的饲料台上，使鱼种养成集中摄食的习惯。夏末秋初，鱼种生长速度较快，精饲料应多投。平常要根据水质变化情况追施粪肥、绿肥或化肥，保持水质肥沃。

(二)网拦库湾、湖汊培育鱼种

用网拦代替堤坎，保持库湾、湖汊内的水与水库、大湖的水体相通。其优点是用天然饵料培育，节约饵料、肥料；缺点是水位不稳定，面积变化大，人为难控制，单产低。地点选择条件与土拦的相同。

1. 拦网要求　　拦网一般用聚乙烯线编结，网目的大小要根据放养鱼种的规格而定。鱼种为 3～5 厘米，网目直径可以为 0.8～1.2 厘米；鱼种为 5～7 厘米，则网目直径应为 1.2～1.5 厘米。拦网安装时，其长度应比实际水面宽度大 15％～20％，高度要比高水位时期的高度大 20％以上。

2. 鱼种的放养密度　　网拦库湾、湖汊适合培育鲢、鳙鱼种，清整与消毒的方法与土拦相同。鱼种的放养密度因要求出塘规格的不同而不同，若要求培育 13 厘米左右的鱼种，则每亩放养 3～5 厘米的鱼种 2 000～3 000 尾，鲢、鳙鱼比例为 7：3；若要求培育 16～20 厘米的鱼种，则每亩放养 12～13 厘米的鱼种 1 000～1 500 尾；若要求培育 0.5 千克左右的鱼种，则每亩放养 16 厘米左右的鱼种 500～1 000 尾。

3. 饲养管理　　网拦库湾、湖汊培育鱼种管理简单，只有在饲养密度较大的情况下或鱼种生长较慢的情况下，才投喂饲料。

三、网箱培育鱼种

利用大水面优越的自然条件,将网箱设置在大水域内,利用天然饵料培育鲢、鳙鱼种,或者投饵培育鲤、鲫、草鱼种等都能获得较好的经济效益。

(一)网箱的结构

(1)网箱形状:目前,我国常用的网箱有长方形和正方形两种。依靠水域中天然饵料培育鲢、鳙鱼种的网箱多采用长方形,目的是提高水体交换量和供饵能力。靠人工投饵来培育鲤鱼种的网箱多采用正方形,这样能降低造价成本,减少饲料流失。

(2)网箱规格:培育鱼种一般用中、小型网箱,即 $20\sim30$ 米^2 和 $30\sim60$ 米^2 的网箱,高度以 $2\sim3$ 米为宜。

(3)网目大小:根据养殖对象、鱼种进箱规格和出箱规格要求而定。网目过小,网箱造价成本高,水体交换量少,网目易堵塞,清洗困难,养殖效果差。网目过大,虽成本低,水交换量大,网目不易堵塞,但鱼种进箱规格要求大,必然推迟鱼种的进箱时间,影响生产大规格鱼种。所以,确定网目的大小不仅要考虑网箱的造价成本、水体交换量、网目堵塞难易,更重要的是考虑鱼种生产季节早晚和养殖经济效益的大小。可根据表6-5选择相应的网目。

表 6-5　网目大小与放养鱼种的适宜规格

网目(厘米)	1.1	1.2	1.3	1.4	1.5	1.6	1.7	1.8	2.0	2.5	3.0	3.5
鱼种规格(厘米)	4.3	4.6	5.0	5.6	5.9	6.3	7.0	7.6	8.3	10.0	12.5	15.0

(二)网箱的设置

(1)水域的选择:一般应选择水面广阔、风浪较小、水位稳定、水温较高、阳光充足、溶氧较多、水深 $4\sim7$ 米、底部平坦的场所。要避开溢洪道、放水洞、航道、水域污染区、水草丛生或水流速较大的区域。培育鲢、鳙鱼种,还要特别注意选择在天然饵料丰富的水域,以每升水中浮游植物 200 万个以上、浮游生物 1 000 个以上为好,水中溶氧量要保持在 5 毫克/升以上。在有生活污水或其他生源物质来源的局部水域也可设置网箱生产鲢、鳙鱼种。

(2)网箱的布局:网箱在水中的布局要有利于管理操作,有利于水体溶氧和饵料生物的交换。一般是把网箱串联成行排列,且箱间距不小于 8 米,排间距不小于 50 米。在我国,用网箱培育鲢、鳙鱼种,主要考虑水域的肥度、供饵能力、鱼类生长速度和养殖经济效益等因素。

(3)网箱与水域面积的比例:一般采取高比例的生产方式,网箱面积与水域面积的比例不低于 1:500。用网箱投饵养殖鲤鱼等吃食性鱼类,网箱与水面的比例一定要合理,否则大量残饵和鱼类代谢废物会严重污染水域而造成水质恶化、缺氧死鱼。如果水域较深(平均水深 5 米以上),水面开阔,网箱布局合理,水体交换量好,比例可以为 1:300,较差的水域可采用 1:400 的比例。

(三)鱼种的放养

(1)放养时间:放养当年繁殖的夏花鱼种,最好在 6 月上、中旬进箱,最晚不可晚于 7 月中旬,否则出箱规格达不到 13 厘米。若是放养翌年进箱的 1 冬龄鱼种,进箱时的水温宜在 7~10℃,3 月份放养即可。

(2)放养品种:不投饵网箱培育鱼种常以滤食性鲢、鳙鱼为主体,也可以适当混养其他品种,以充分发挥水体生产潜力。如水域中浮游植物较多,则以养鲢鱼为主,混养 25% 左右的鳙鱼;浮游动物较多,以放鳙鱼为主。投饵网箱以养罗非鱼、鲤鱼为主。

(3)放养密度:鲢、鳙鱼的放养密度一般为 150~200 尾/米^2,罗非鱼的放养密度可为 400~500 尾/米^2。鲤鱼种的放养密度可为 800~1 500 尾/米^2。不论是哪种网箱培育鱼种,都可搭养刮食性鱼类,如鲴、鲂、鲮鱼等,它们能刮食箱壁附着物,起到"清洁工"

的作用,有利于箱内外水体及营养物质的交换。放养量应控制在总产量的 3‰～5‰以内。

(四)养殖管理

1. 放养操作

(1)进箱的夏花鱼种一定要规格整齐,体色鲜艳,游动活泼,肌肉丰满,鳞鳍完整,无病无伤;

(2)鱼种进箱前进行药浴,用 2‰～3‰食盐水浸 3～5 分钟;

(3)网箱提前放入水中 7～10 天,一些藻类附着其上,使网箱结节变得光滑,以防刮伤鱼体;

(4)拉网、出塘、分筛、运输、进箱等一系列工序中,操作一定要仔细、认真,防止鱼体受伤。

2. 日常管理

(1)检查网箱:勤检查下水后的网箱箱体是否变形,网衣有无破损。凌晨、傍晚巡视网箱区,观察鱼情、水情。

(2)刷箱:适时洗刷网箱上的附着物,以保障水流畅通。

(3)适时移箱:主要根据水位、浮游生物、水质变化情况及时移箱,保证养鱼效果。

(4)防病、防洪、防偷盗:网箱培育鱼种易患水霉病,可采用漂白粉挂袋法预防,每箱挂 1～2 袋,100 克/袋,连挂 10 天;或者在晴朗无风的天气全箱泼洒漂白粉,浓度为 5 克/米^3,每天 1 次,连续 1 周,泼洒时要顺水流,从流入网箱的一端泼洒。

(5)及时分级轮养:由于夏花鱼种个体小,箱网目密,随着鱼体长大,应及时转换稀箱养殖,以利水体交换,促进鱼体生长。根据培育鱼种大小,可进行 2～3 次的转箱分养。

(6)投饵:用网箱投饵培育吃食性鱼类,应在箱内设置食台,以防止在水体交换中流失饲料。食台一般采用尼龙筛绢或聚乙烯绢制成。面积为 1～2 米^2,并用网目 1～2 毫米的聚乙烯网布做食台周边,将其缝在撑架上。在放养后 1～2 天开始投饵诱食,并观察摄食情况,确定投喂次数和投喂量。一般每天投喂 4 次,下午投饲量稍多于上午为好,因为下午溶氧高于上午,鱼摄食旺盛。鱼种在7~9 月份生长旺盛,要增加投饲量。

四、稻田培育鱼种

我国幅员辽阔,各地条件不一,耕作制度及养鱼类型也有地区性的差异。有些地方利用稻田培育鱼种,根据以稻为主、以鱼为辅的原则,稻、鱼兼作,采用共生、互利、合理的技术措施,克服稻、鱼之间矛盾,促进稻、鱼双丰收。

(一)养鱼稻田的选择

能够用来培育鱼种的稻田必须水源充足,排灌水方便,大水不淹,久旱不涸;土壤条件以土质肥沃、保水力强、pH 值为中性或微酸性的壤土或黏土为好。

(二)稻田养鱼准备工作

(1)加宽、加高、加固田埂:养鱼稻田的田埂要求宽度为 33~35 厘米,高度为 40~50 厘米,并夯实加固,达到大雨时不漫顶和坍塌。低洼田埂更应该适当高些。修补好鼠、蛇、鳝鱼的洞穴,以免漏水逃鱼。

(2)开挖鱼沟、鱼溜:鱼沟、鱼溜是鱼重要的栖息场所。鱼沟宽、深各为 35 厘米。一般在鱼沟交叉处开鱼溜,鱼溜长 1 米,宽65 厘米,深 0.8~1 米。开沟、溜一般在插秧后 5~6 天进行。

(3)设拦鱼设备:稻田进、出水口都要装上拦鱼栅或拦鱼网。鱼栅上端高出田埂 20 厘米左右,下端要深插入泥中,务求牢固。网目以不逃鱼为标准,一般为 0.2 厘米。

(4)田埂设"水缺口":主要防止暴雨时漫埂逃鱼,"水缺口"也要安装防逃设备。

(三)鱼种放养

(1)放养时间:立足早放,一般在稻秧返青后即可放鱼,早放夏花可以延长在稻田里的生长期,充分利用肥料足、光照好的条件及大量繁殖的浮游生物。

(2)放养的种类、规格和密度:稻田养鱼一般以放养草鱼种为主,还可搭养其他品种,如鲤、罗非鱼等,以及少量的鲢、鳙鱼。单季稻田中,一般每亩放养 1 000～2 000 尾,其中草鱼占 70％,鲤、罗非鱼各占 10％,鲢、鳙鱼各占 5％,规格在 5 厘米以上,规格过小,吃不下田间杂草。草鱼在稻田中以浮萍、轮叶黑藻、水草、稗草等为食料,生长快。

(四)管理技术

稻田养鱼,稻、鱼共生互利,相互促进增产。但稻、鱼之间也有一些矛盾:鱼要水深;稻要浅灌,需要晒田、施肥、喷洒农药等。可按照"以稻为主,以鱼为辅"的原则,达到高效增产的目的。

(1)晒田:晒田前把鱼沟、鱼溜疏浚一次,使沟溜相通,沟内水深不低于 20 厘米,作为鱼的栖息场所。晒田后立即恢复水位。若晒田时间较长,应在鱼沟、鱼溜内投喂少量浮萍、嫩草或商品饲料,以免缺食影响鱼生长。

(2)农药使用:以使用高效低毒农药为宜,切忌大剂量使用。用药时,加水 10 厘米深。在高温天气和水中溶氧低时,农药毒性会加强,此时不宜施用农药。

(3)施肥:稻田养鱼施肥应以施有机肥为主,无机肥为辅。重施基肥,追肥为辅。

(4)田间管理:

①加强巡塘工作,防止暴雨漫堤、拦鱼设备损坏和稻田断水。

②经常清野除害,防止水蛇、黄鳝、水鼠等破坏田埂,防止水鸟、鸭子吃鱼。

③防病,一般将生石灰放在进水口,水带着石灰浆流向整个稻田,或者用药饵投喂。

(五)鱼种捕捞

一般鱼种捕捞在收稻晒田前或者稻谷即将黄熟、稻田中杂草已尽时进行。在捕鱼前先疏通好鱼沟、鱼溜,然后慢慢放水,随水位的下降鱼自动游入鱼沟,最后进入鱼溜,聚集在一起,此时用手抄网进行捕捞,然后迅速移入网箱,用清水将泥浆漂洗干净,并在网箱内暂养,暂养后放到其他水体中继续饲养成商品鱼。捕捞以在早、晚凉爽时进行为宜。

第四节 鱼苗、鱼种的运输

鱼苗、鱼种运输是生产中的一个必要环节,由于运输时,苗、种处于高度密集状态下,一旦操作不当,容易造成大批量的死亡,因此必须予以足够重视。

一、运 输 方 法

1. **肩挑运输** 在交通不便、运输距离较近、运输量不大或无其他水陆交通可利用的山区、丘陵地区可采用人工挑运,挑运容器可用鱼篓、木桶、铁桶等。若每担装水量 25～40 升,可装运鱼苗 5 万～6 万尾,或全长 2 厘米左右的乌仔 5 000～10 000 尾,或 3 厘米左右的夏花 2 000～3 000 尾,或全长 10 厘米左右的鱼种 200～400 尾,或全长 12～15 厘米的鱼种 150～200 尾。

2. **尼龙袋充氧运输** 适用于水、陆、空所有的交通工具。其优点是体积小,携运方便;装运密度大,成活率较高;一般途中不需要换水,可作为货物托运,大大减轻劳动强度和节省劳力。为防止因塑料袋破损而造成的苗种死亡,也可采用双层袋装运。目前这种方法已被广泛采用。常用的尼龙袋规格为长 70～80 厘米,宽 40～50 厘米,一般装水量均为袋总容量的 1/3 左右。向袋中充氧不可太足,一般以袋表面饱满有弹性为度。空运时的充氧量只能为陆运时的 90%。运输中可用冰块降低袋内水温。为避免途中水质败坏,装袋前必须彻底清除死苗和污物。也可向水中加适量的抗生素等药物,如运鱼苗时,每升水可加 2 000 国际单位青霉素,运输鱼种则加 4 000 国际单位,效果良好。装运鱼苗、鱼种的密度与运输时间、温度及鱼的种类、大小等密切相关。在水温为 25~28℃时,装运鱼苗若历时 8~12 小时,每只尼龙袋(70 厘米×40 厘米)可放鱼苗 8 万~10 万尾;若时间为 12~24 小时,可放鱼苗 5 万~7 万尾;若运夏花,每只尼龙袋可装500~1 000 尾;若放 2 厘米左右的乌仔,每只尼龙袋可放 1 500~2 000 尾。鱼苗、鱼种运到目的地后,不能直接放入池中,要进行"缓鱼",即通过各种方法使盛鱼容器中的水温与池中水温一致后,再将其放入池中。

3. 帆布容器运输　适用于汽车、船只、火车等交通工具。对于距离远、运输苗种数量多、车船可通行的地区,可用这种方法。帆布容器可以是帆布桶、帆布箱、帆布袋等,形状及大小随需要而定,高度一般为 1 米左右。若用汽车或拖拉机等运输,装水量应控制在容量的 50% 左右,若用船运输可掌握在 70% 左右。在水温 25~28℃时,每立方米水体可装鱼苗 70 万~80 万尾,2 厘米左右的乌仔 2 万~3 万尾,3 厘米左右的夏花 1 万尾左右。在水温 10℃左右时,每立方米水体可装运长 10 厘米左右的鱼种 6 000~8 000 尾。

除以上几种外,还有麻醉法运输鱼苗、鱼种。具体做法是给鱼注射麻醉剂或将鱼放在一定浓度的麻醉剂或镇静剂溶液中,使鱼处于静止状态,其代谢强度和耗氧率均减小,能大幅度提高成活率,增加运输密度,延长运输时间。

二、影响运输成活率的因素

1. 溶氧量　运输的方法可分为开放式和密封式两大类。前者是将鱼置于敞口的容器中进行运输,后者将鱼和水置于密封充氧的容器中运输。在开放式运输中,根据水中溶氧量的多少和鱼类耗氧率的高低决定合理的装运密度,是运输成败的关键。在密封充氧运输的条件下,一般水中溶氧量较充足,不会发生缺氧现象,但若装运密度过高,同样会造成鱼窒息死亡。所以,在运输途中要设法增加水的溶氧。补充水中溶氧的方法有下列几种:

(1)换水:每次换水量为总水量的 1/3～2/3,最好用江河、水库水。换水时注意温差不能大于 3℃。

(2)送气增氧:用气泵或压缩空气接橡皮管,管末端安装有沙滤器,徐徐放气。切忌送气太猛将鱼震死或使鱼苗体力过分消耗而影响成活率。

(3)击水:用手或其他器具打动水面,形成波浪和溅起水花,增加溶氧。

(4)化学增氧:在运输途中,可在每升水中加 0.2 毫升过氧化氢(双氧水)或 1～50 毫克过二硫酸铵,使水中溶氧量明显增加。这种增氧法操作简单,价格低廉,在运输途中可根据情况连续使用,效果良好。

2. 水质　鱼苗、鱼种运输的密度一般都比较大,在运输途中,由于鱼体排泄物、残饵等沉积于水底或悬浮于水中,易腐败变质,消耗氧气,使水质逐渐恶化。在密封式运输中,鱼类不断向水中排出二氧化碳和氨等代谢产物,随着运输时间的增加,水中二氧化碳积累到很高的浓度,会引起鱼的麻痹甚至死亡。可采用下列几项措施减少运输过程中水质对成活率的影响:

(1)运输水必须选择水质清新,含有机质和浮游生物少,中性或微碱性,不含有毒物质的水。一般来说,河流、湖泊、水库等大水面水较适宜作为运输用水。自来水事先经过去氯也可作为运输用水,去氯方法是每 100 千克水加 0.63 克硫代硫酸钠,使氯含量降至 0.1 毫克/升的安全浓度。

（2）长途运输中投饵量要适当，不宜喂得太多，投喂后一般要用吸管吸去排泄物、残渣和死苗。

（3）在水中加入抗生素，以抑制水中细菌的活动。

（4）在冬季水温低时运输鱼苗，也能有效地控制水质的恶化。或者水温高时放冰降温也能提高运输成活率。

（5）向水中添加缓冲剂调节水的 pH 值，以减少二氧化碳的积聚对鱼造成的危害。还可以加天然沸石以吸附氨。

3. 鱼的体质　鱼的体质是决定运输成活率的首要条件。鱼体质健壮，对不良环境的抵抗力强，运输成活率就高；体质瘦弱、受伤或有病的鱼，对缺氧、水质变坏和途中剧烈颠簸的忍耐和抵御能力差，运输的成活率就低。因此，对准备运输的鱼，必须做好饲养管理工作，使鱼体健壮无伤病。同时，在运输前要挑选体质好的鱼，并对鱼种进行拉网锻炼，这既能增强鱼体质，又能减少运输途中对水质的污染。

三、运输注意事项

（1）做好一切准备工作：运输时所用工具准备齐全；所用水要清洁；若沿途需要换水，则换水地点的水源和水质要调查清楚，以便及时换水；运输鱼苗要在腰点出齐、平游后起运，鱼种要体质健壮，经过锻炼后起运。

（2）途中注意观察鱼的活动情况：如鱼苗是按一定方向有秩序地游动，说明鱼体正常，如发现鱼苗散游乱窜，无一定方向或浮头，说明已经缺氧，应换水或采取增氧措施，换水量一般为 1/3。

（3）运输最好选在春、秋两季：温度高于 25℃ 和低于 10℃ 都不宜进行运输。

（4）缓苗：鱼种运到目的地后，要进行"缓苗"后再放入池中，以免温差造成鱼体不适，甚至死亡。

思　考　题

1. 谈谈鱼苗、鱼种培育的必要性。

2. 什么是鱼苗培育？

3. 什么是鱼种培育？

4. 何谓夏花、秋花和春花？

5. 鱼苗、鱼种食性是怎样转变的？

6. 各种鱼苗的栖息习性如何？

7. 影响鱼苗、鱼种生长的环境因素有哪些？

8. 如何鉴别鱼苗、鱼种的质量？

9. 鱼苗培育有哪两种方式？

10. 鱼苗下塘前应做好哪些准备工作？

11. 鱼苗培育池清塘的目的是什么？如何清塘？

12. 鱼苗下塘时应注意什么？

13. 鱼苗培育日常管理应注意什么？

14. 夏花出塘前为何要拉网锻炼？如何进行拉网锻炼？

15. 鱼种培育有哪几种方式？

16. 鱼苗培育采用单养方式，而鱼种培育采用混养方式，这是为什么？

17. 池塘培育鱼种有哪两种方法？

18. 投饵"四定"是什么？

19. 池塘培育鱼种在日常管理中应注意什么？

20. 如何利用库湾和湖汊培育鱼种？

21. 网箱培育鱼种应注意些什么？

22. 稻田培育鱼种应注意些什么？

23. 鱼苗、鱼种运输主要有哪几种方法？其优缺点各是什么？

24. 影响鱼苗、鱼种运输成活率的因素有哪些？

第七章 池塘养鱼

导读：本章首先概述精养池塘的建造要求、大规格健康鱼种的培育方法、鱼种的混养放养注意事项以及怎样确定放养密度，然后介绍池塘养商品鱼轮捕轮放的方法及池塘施肥、投饵与管理技术，最后总结了综合养鱼的几种类型。

所谓池塘养鱼是指利用经过整理或人工开挖的面积较小的静水水体进行养鱼生产。这种小面积的静水水体被称作池塘，一般面积几亩至十几亩，大的有几十亩。广义上讲，池塘养鱼包括常规鱼类的亲鱼培育、人工繁殖、苗种培育、成鱼饲养等养鱼环节以及特种水产养殖，甚至包括鱼病防治等内容。因为所有这些都是在池塘内进行的，而鱼病防治也多是针对池塘养鱼，大水体的鱼病我们目前还很难控制。狭义上讲，池塘养鱼是指在池塘内进行成鱼养殖，即池塘成鱼饲养或池塘食用鱼饲养，为期 1 年或 1 个生长季节，鱼产品投放市场，供消费者食用。我们这里所讲的池塘养鱼即是指这种池塘食用鱼养殖。

池塘养鱼是我国最普及的养鱼方式，其产量约占淡水养殖总产量的 3/4，在整个淡水养殖中具有举足轻重的地位。其特点主要是池塘水体小，管理方便，环境易控制，生产过程可全面掌握，故可进行高密度精养，获得高产、优质、低耗、高效的结果。池塘养鱼是我国目前食用鱼养殖的主要生产方式之一，体现着我国养鱼的特色和技术水平。我国的池塘养鱼业素以历史悠久、技术精湛而著称于世。

1958 年，我国渔业科技工作者在总结渔农千百年来养鱼经验

的基础上,提出池塘养鱼八字精养法(即"八字养鱼经"),对全国的池塘养鱼生产起到了很大的推动指导作用。其主要内容是:

"水",是养鱼的环境条件,必须适合养殖鱼类生活和生长的要求,并对鱼的品质没有负面影响;"种",是鱼种,要求品种丰富,数量充足,规格齐全,体质健壮;"饵",是饲料,要求营养全面,适口性好,数量充足;"密",是合理密养,要高而合理,以提高群体鱼产量;"混",是指混养,即不同种类、不同年龄、不同规格的鱼同塘饲养,以充分利用水体空间和饵料资源;"轮",是指轮捕轮放,可使整个养殖过程始终保持较合理的池塘载鱼量,以提高鱼产量并能保证鱼产品均衡上市;"防",是指鱼病防治,减少病害带来的损失;"管",是指精心而科学的饲养管理,保证鱼类正常生长。其中,水、种、饵是养鱼的物质基础,是养鱼生长必须具备的条件,密、混、轮是池塘养鱼高产高效的技术措施,防、管是协调物质基础和技术措施,以降低生产成本,减少经济损失,获得稳产高产。

第一节　池塘基本要求和池塘建造

一、池塘基本要求

池塘是养殖鱼类栖息、生长的环境,直接影响着鱼产量的高低,而池塘条件对池水环境影响也很大。因此,池塘养鱼要获得稳产高产,池塘就必须符合养鱼的基本要求。

1. 池塘位置　应选择水源充足、水质良好、交通方便的地方建造精养鱼池,这样,既有利于改善池塘水质,也方便鱼种、饲料、肥料及商品鱼的运输。

2. 水质　要改善池塘养鱼水质,最好的办法就是经常冲水。引水水源以无污染的河、湖水最好,这种水溶氧高,水质较肥,温度适宜,适合鱼类生活和生长;而井水、泉水等地下水源则次之,这种水溶氧低,水温低,通常需要经过较长流程或在蓄水池中晾晒后才好用。高产鱼池水质要求终日能保持溶氧 3～5 毫克/升或以上,pH 值 7～8.5,总硬度为 5～8 德国度,氮磷比在 20 左右,总氮 6～8 毫克/升,有机耗氧量在 30 毫克/升以下,氨低于 0.1 毫克/升,硫化氢不允许存在。

3.水色   根据水色确定养鱼水质是我国传统养鱼的主要技术之一。事实上,水色主要是水中浮游生物种类和数量的反映,它也能间接反映水的物理和化学性质,但要定量地阐述水色与水质的关系,是一件很不容易的事,所以,看水色养鱼多是凭经验而为。我国渔农常用肥、活、嫩、爽 4 个字作为养鱼好水的标准。具体来说,“肥”是指水中浮游生物较多,其生物量应在 20～100 毫克/升;“活”是指水色和透明度有变化,浮游生物种类组成较好,可为滤食性鱼类提供优质的天然饵料,如早红晚绿即表明水体中鞭毛藻类过半数,它们的趋光性和变色能力使水体呈现色泽变化;“嫩”是指浮游植物处于增长期,不“老”,且蓝藻数量不多;“爽”是指水质清爽,浮游生物和悬浮有机物以外的悬浮物不多,透明度在 25～40 厘米。

4.面积   池塘面积应较鱼种池要大一些。面积过小,虽然管理容易,但水环境不够稳定,且占用堤埂多,相对缩小了水面积。渔谚有“宽水养大鱼”的说法,池塘面积大,养殖鱼的活动范围大,受风力的作用也大,有利于增加表层溶氧,并且风力促进上下水层的混合,从而有利于改善下层水的缺氧状况,减少浮头现象的发生。此外,水面积大,水环境相对稳定。但池塘面积如果过大,则管理困难,易造成投饵不均匀,水质也不易控制,并且面积过大,受风面也大,容易形成大浪冲毁堤埂。一般来说,养殖商品鱼的池塘面积以 10 亩左右为宜。

5.水深   饲养商品鱼的池塘应有一定的水深和蓄水量,才能增加放养量,提高产量。同时,池水深,水温波动小,水质稳定,对鱼生长有利,渔谚"一寸水,一寸鱼"说的就是这个道理。但养鱼水体过深,下层水光照条件差,池底容易缺氧,沉积的有机物得不到彻底氧化分解,常产生有毒物质和有机酸类,影响鱼类的生活和生长。实践证明,高产鱼池水深应保持在 2.0～2.5 米。

6. 土质　根据养鱼经验,池塘土质以壤土最好,黏土次之,沙土最差,但经过 1～2 年的养鱼后,池底会形成一层淤泥,覆盖了原来的池底,因而池塘土质对养鱼的影响也就被淤泥替代了。由于淤泥中含有大量的有机物,所以,适量的淤泥(5 厘米左右)对补充水中营养物质和保持水质肥沃有很大作用,但淤泥过深也是不利的,因此,养鱼池塘要坚持年年清淤消毒。

7. 池塘形状与周围环境　食用鱼的池塘应以东西走向的长方形为好,这样的池塘池埂遮阳少,水面的日照时间长,有利于浮游生物的生长和水温的提高;同时,夏季的东南风或西南风可使水面掀起较大波动,有利于自然增氧。长方形池塘的长宽比例以掌握在 5∶3 左右为好,这样的池塘美观,易拉网操作,冲水时可使塘水得到最大程度的交换。另外,池塘周围不要有高大的树木和建筑物,以免阻挡阳光和风。

8. 池底形状　鱼池池底一般可分为 3 种类型:

第一种是"锅底型"。即池塘池底四周浅,逐渐向池底中央加深,整个池底形似铁锅底。这类鱼池排水干池需在池底挖沟,捕鱼、运鱼、挖取淤泥十分不便,须加以改造。

第二种是"倾斜型"。池底平坦,并向出水口一侧倾斜。这种池底排水干池、捕鱼均比较方便,但清除淤泥仍十分不便。

第三种是"龟背型"(图 7-1)。池塘中间高(称为塘背),向四周倾斜,在与池塘斜坡接壤处最深,形成一条浅槽(称为池槽),整个池底呈龟背状,并向出水口一侧倾斜,此处为池底最深处(称为车潭)。这类池塘排水干池时,鱼和水都可以集中在车潭处,排水、捕鱼均十分方便,由于车潭就在池边,运鱼距离短,操作方便,节省劳动力。而且塘泥主要淤积在池底最深处的池槽内,清整池塘时,多余的淤泥容易清除,修整池埂也可就近取土,劳动强度较小,可大大提高劳动效率。此外,拉网捕鱼时,只需用竹篙将下纲压在池槽内,就可使整个下纲绷紧,紧贴池底,鱼类不易从下纲处逃逸,可大大提高低层鱼的起捕率。

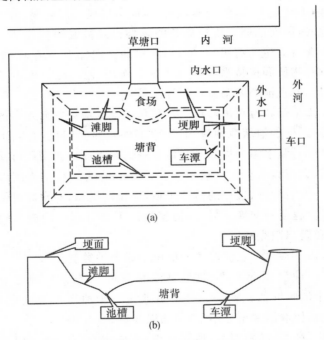

(a)

(b)

图 7-1　龟背型鱼池结构示意图(王武,2000)

(a)平面图;(b)剖面图

二、池塘建造

池塘建造包括 2 个方面的内容:建造新池和改造旧池,但无论建造新池还是改造旧池,都应使池塘符合上述基本要求,这样,才有可能取得高产稳产。

（一）建造新池

（1）选址：第一考虑水源问题，水质要好，水量要足，最好是临近无污染的河流、湖泊或水库等。如果池塘在水库坝下，要设法用虹吸引进水库表层水。如果用地下深水井做水源，应考虑建造配套的蓄水池。第二要考虑土质问题。池塘经 1～2 年的养鱼后，池底会覆盖一层淤泥，土质对水质的影响就被淤泥替代了，所以，土质的核心问题是保水问题。如果选择的地点地下水位高且较稳定，自然最好；如果选择的地点地下水位低且土质为沙土，保水问题就很重要了。可采用铺设塑料膜的方法保水：在池底及池埂上覆盖一层塑料膜，在塑料膜上压 0.5～1.0 米的土即可，效果很好，可用 10 年以上。第三要考虑饵料供给以及交通、供电等问题。第四要收集所选地点的气候资料和水文资料，以便在设计施工时予以考虑，做到旱能灌，涝能排。

（2）设计：在鱼池设计施工前须征得土地管理、水利等部门的同意。在设计过程中要考虑以下几个方面的问题：一是鱼池面积和水深，较大型的养鱼场单纯地饲养商品鱼效益较低，应考虑设计部分配套的鱼苗池和鱼种池，所以，鱼池面积和水深不应完全一致，一般鱼苗池占总水面的 5％，鱼种池占 25％，商品鱼池占70％。二是池向和池堤。池塘要尽量设计成东西走向，长宽比为5：3。池堤宽度：主干道 8～10 米，池间隔堤宽 4～5 米。池堤坡度：1：(1.5～2.5)，若用石块、混凝土板护坡，坡度可大些。三是进、排水系统，有条件的尽量实现自流和自排，以降低费用，同时避免甲塘的水流出后进入乙塘，以防疾病随水传播。四是根据具体情况，划出部分土地设计成禽畜场、菜地，以进行综合开发。

（3）施工和验收：鱼池建设工程的施工项目包括开挖池塘、筑堤和建进排水渠道、水闸及泵房等设施，为保证施工质量和定期完工，应事先做好预算，并安排专门工程人员现场管理。池塘工程完工后,要按设计要求进行验收。

(二)改造旧池

改造旧池,一是改造老式养鱼池,二是改造闲置的积水池,无论哪种,都要符合养鱼池塘的基本要求。总的说来,主要是小改大,浅改深,死水改活水,低埂改高埂。

(三)清整池塘

池塘经一年的鱼类饲养,池底会沉积大量的淤泥(一般每年沉积 10 厘米左右),对来年养鱼不利。因此,要在年终收获后清除部分淤泥肥田,修整池埂,最后施放生石灰清塘消毒(具体参见第六章第二节"鱼苗的培育")。清整好的池塘注水时要用密眼网过滤,以防野杂鱼随水入池。药性消失即可放入鱼种进行饲养。

第二节 鱼 种

一、饲养种类的选择

正确选择合适的养殖鱼类,是养鱼获得成功的先决条件之一。四大家鱼(鲢、鳙、草、青)、鲤、鲫是我国传统的养殖鱼类,鲮鱼在珠江三角洲地区养殖很广,鲂鱼(团头鲂、三角鲂)、鲴鱼(细鳞斜颌鲴、银鲴)是近年来开发推广养殖的鱼类,罗非鱼(尼罗罗非鱼、莫桑比克罗非鱼等)引入我国养殖也有几十年的历史了,这些鱼的生活习性人们已很熟悉了,其养殖技术也很成熟,加之它们适合在各种水域饲养,生长快,市场大,风险小,因而成为最普遍的养殖对象,我们一般称之为常规养殖鱼类。饲养这类鱼也应注意以下 2个方面的问题:一是要因地制宜地选择饲养种类,如湖滨地区,螺蛳、水草资源丰富,应多养草鱼、团头鲂、青鱼,而水质良好的农村池塘,放养草鱼是最理想的选择,鲴、鲢、鳙是池塘养鱼中不可少的搭配对象;罗非鱼为鲈形目鱼类,杂食性,易饲养且没有肌间刺,肉质鲜美,在很多地区有很好的销路。二是要注意品种选择,四大家鱼没有品种的分化,但一般认为原产地为长江的生长最快;鲤、鲫现已有不少品种和亚种,通常是建鲤的生长速度快,彭泽鲫、银鲫的生长要较普通鲫快些,罗非鱼中尼罗罗非鱼已取代其他种罗非鱼,成为最广的养殖对象。上海海洋大学李思发教授培育的团头鲂良种浦江 1 号,是 16 年群体选育和生物技术结合而培育成的良种,生长速度比原种(淤泥湖)快 29% 以上,上市比常规鳊鱼提前 2~3 个月。2000 年 7 月经全国水产原、良种审定委员会审定为良种——团头鲂浦江 1 号。在适合团头鲂养殖的地区推广养殖浦江1 号应该能起到很好的增产增收效果。

二、鱼 种 规 格

不同地区由于消费习惯不一样,商品鱼上市规格不同,养殖方式不同,养殖周期也有差异。一般来讲,鲢、鳙、鲤、鲫、鲷、罗非鱼为 2 年,草鱼、鲂鱼为 2~3 年,青鱼为 3~4 年。在整个养殖周期中,最后一年为成鱼饲养。由于不同鱼类的养殖周期不一样,同种鱼类在不同生活环境下生长速度也不一样,成鱼饲养所需要的鱼种规格也不同。要具体确定某种鱼鱼种的规格,首先要了解该种鱼商品鱼的上市规格,再估计它在成鱼养殖期内的增重倍数,用后者去除前者,便获得鱼种规格。

在江浙地区,草、青鱼的上市规格大,一般放养 500~1 000 克的 2 龄或 3 龄鱼,在池塘饲养条件下,它们在这一阶段生长最快,饲养一年后,青鱼每条可达 2 500 克以上,草鱼每条可达 1 500~3 000 克。鲢、鳙放养 1 龄鱼种,根据饲养期内轮捕的时间和次数,放养 250~350 克或 10~14 厘米、16~20 厘米等不同规格的鱼种,出塘时可长到 750~1 000 克。鲤、团头鲂、鲫也都放养 1 龄鱼种,规格分别为 10~14 厘米、10~12 厘米、3~7 厘米,经一年饲养,鲤可长到 500 克左右,团头鲂则为 150～350 克,鲫为 100 克以上。

广东珠江三角洲地区,鱼类生长期长,饲养方法也与江浙地区不同,一般放养 1 龄鱼种。利用鳙生长较快的特点,一年中要养成数批食用鱼,故鳙的鱼种规格要大,一般在 500 克左右,经 40～60 天饲养可长到 1 250～1 500 克。鲢放养时较小,鱼种在 50 克左右,上市规格为 500～1 000 克。底层鱼以鲮为主,由于鲮的食用规格较小,所以放养规格为 20～50 克,经 1 年或半年饲养,可以长到每尾 100～200 克。草鱼鱼种的规格多在 250 克左右,出塘时可达 1 000～1 500 克。青鱼、鳊、鲤放养量很少,鱼种规格多在10～15 厘米。

在我国广大的北方地区,鲢、鳙、鲂、鲤、鲫的鱼种规格多在50～150 克,轮捕轮放的鲢、鳙、草鱼的鱼种规格还可加大到250 克以上。

三、鱼 种 来 源

鱼种可以从外地购进,也可以养殖场自己培育。

自己培育的鱼种无论在质量上还是在数量上都有保证,且避免了异地运输和鱼类因转换水域不适而引起的死亡,故成活率较高且规格也合适,这种方式值得推广。自己培育鱼种的鱼池要统筹安排,合理布局,部分小而浅但相对规整的池塘可做鱼种池,一般占鱼池总面积的 20％～30％,具体培育方法可参看第六章"鱼苗、鱼种的培育"。另外,也可在成鱼池中套养部分鱼种作为后备之用。成鱼池套养鱼种是有一定讲究的:对于鲢、鳙,无论套养早繁夏花还是 2 龄小鱼种,都是可行的,因为它们和成鱼一样都以水中浮游生物和有机碎屑为食,而这些饵料在水中分布是比较均匀的,故大、小鱼之间竞争不明显,套养容易成功;而对于草鱼、青鱼、团头鲂、鲤、鲫等吃食性鱼类,需要人工集中投喂饵料。在吃食上,小型鱼种竞争力差,往往很难吃饱,常处于饥饿状态,严重影响生长,故只能套养个体大、竞争力强的2龄鱼种。如果要套养这些鱼的夏花鱼种,则需在成鱼池中用网片围栏隔出一小水面或设浮动式网箱,在其中放养夏花鱼种,进行强化培育,以促进生长,提高规格。一段时间后,每尾达30~40克,便可撤去网片或网箱进行池塘套养。这两种方法被称为成鱼池围栏套养鱼种和成鱼池网箱套养鱼种。成鱼池套养鱼种数量不可过大,通常鱼种产量占池塘总产量的80%左右,以满足本塘次年鱼种放养之需为原则。一般情况下,14~17厘米的草鱼种每平方米放0.6~1尾,在7月底前放完;10厘米以上的鲢、鳙鱼种每平方米放0.5~0.8尾,团头鲂放0.15~0.3尾,8月底前放完。绝不可无限制套养,使成鱼池变为鱼种池将达不到预定的目标。

对于初学养鱼或由于其他原因不能自己培育鱼种的,就得设法购入鱼种,在这种情况下,要注意以下几个方面的问题:

(1)提前与出售鱼种的养殖场联系,说明求购鱼种的种类、数量、规格,并谈妥价格;绝不能临放鱼种前再四处购买,那样往往不能如愿而耽误当年的养鱼生产。

(2)要注意鱼种的数量和质量。目前,有少数养殖场只顾眼前利益,提供鱼种以次充好,以少称多,给养鱼户带来一定经济损失。抽样点数是防止养殖场以少称多的好办法。

(3)鱼种运输时要注意:短距离可用敞口帆布篓或其他敞口容器,中途可换去部分陈水,补充新水;距离较长的可用密封尼龙袋充氧运输。另外,也可让售鱼种的养殖场代运。

无论如何,外购鱼种给养鱼者带来不小的麻烦,初学养鱼的人,可在养成鱼的同时,摸索培育鱼苗、鱼种培育的经验,以形成配套生产。

四、鱼 种 放 养

(一)鱼种放养时间

提早放养鱼种是获得高产的措施之一。长江流域一般在春节前后放养；东北和华北地区则在早春池水解冻后，水温稳定在5～6℃时放养。在水温低时放养，鱼的活动力弱，易捕捞，且鱼体受伤少，有利于提高放养成活率，同时，提早放养也可使鱼种早开食，延长生长期。现在，北方一些条件好的池塘已由翌年春天放养改为当年秋天放养，鱼种成活率明显提高。

放养鱼种要选择天气晴朗、相对温暖的日子，以免鱼种在捕捞和运输过程中受伤。

(二)鱼种放养注意事项

(1)对于有伤、有寄生虫的鱼种，要进行药物浸泡后再入池；

(2)入池时最好计数，以便统计成活率，为以后的放养积累经验；

(3)注意水温差不要超过3℃，即用水和试水没有显著差异；

(4)放养前鱼池务必清整好。

第三节 混 养

在池塘中进行多种鱼类、多种规格的鱼种混养是我国池塘养鱼的重要特色之一，它能充分发挥水体和鱼种的生产潜力，合理、经济地利用饲料，以提高鱼产量，降低生产成本。在我国养鱼高产区，往往有7～10种鱼混养在同一池中，有时同种鱼又有2～3种不同规格、年龄的混养在一起，这些混养鱼类绝大多数是常规养殖鱼类。

一、混养的原则

要求混养的鱼类食性尽可能不同,而对水温、水质的要求要相近。混养鱼类之间能够和平共处,不相互残杀,最好能互惠互利。

不同种类、不同年龄、不同规格的鱼混养在同一池塘中,不能毫无规则地乱放,要根据具体情况确定一种混养类型。一种混养类型中,以1种或2种鱼为主,在放养和收获时都应占有较大比例,是池塘饲养管理的主要对象;另外几种鱼被称为配养鱼,种类较多,它们可以充分利用主养鱼的残饵以及水中天然饵料很好地生长。如适当加大对配养鱼的投饵量,配养鱼的总产量也会有很大提高,有时超过主养鱼的产量,这一点在饲养过程中也不可忽视。

二、混养的目的

1.合理利用饵料和水体 池塘中的天然饵料是各式各样的,有浮游植物、浮游动物,悬浮于水中的有机颗粒、沉入水底的有机质,附着藻类、螺类、底泥中的摇蚊幼虫等。在池塘中混养食性不同的鱼类,能充分利用饵料,降低生产成本;对于人工投喂的粮食类饲料,鱼虽然大都喜食,但由于池塘中的鱼体大小不一,抢食能力不同,各种鱼对粮食类饲料的嗜好程度不同,多种鱼在一起抢食,就会将其充分利用,不至浪费。另外,由于各种鱼的栖息水层不同,混在一起饲养,也不至于由于密度较大而拥挤,限制觅食生长。

2.发挥养殖鱼类之间互惠互利的作用 草鱼喜食草且吃食量大,但消化能力差,大量未被消化的植物茎叶细胞(占摄食草量的60%~70%)形成粪便排入水中,肥水作用极强,而草鱼本身喜欢瘦水,这就形成了矛盾。草鱼的粪便排入水中后经细菌的分解变为蛋白质含量较高的腐屑,是滤食性及杂食性鱼类很好的饵料,如果池塘中配养鲢、鳙鱼,由于鲢、鳙鱼能滤食池水中悬浮的腐屑有机碎屑和浮游生物,从而降低池水肥度,并充分利用饵料,对草鱼及自身生长甚为有利。鳊、团头鲂、青鱼和草鱼的情况相近,而鲮、鲴、梭鱼主吃腐屑及底泥表面着生的藻类(主要是硅藻),常能将混杂于泥土中的腐败有机物连泥吃下,加以利用。因此,在池塘中配养非常必要,特别是对以草鱼为主体鱼的池塘,配养可利用池塘中的腐烂草屑,保持水质清新,有利于草鱼生长。鲤、鲫鱼可清除池塘中的残饵、水生昆虫以及底栖动物,提高饵料的利用率,改善池塘卫生条件,有利于各种鱼类的生长。所以,在搞鱼类混养时,要充分考虑每一种鱼类的习性、食性,使之尽可能互惠互利。

3.可获得食用鱼和鱼种双丰收　池塘混养的一个重要内容就是在食用鱼池中套养部分鱼种,这样,既不影响食用鱼生长,又为食用鱼提供了后备军,避免了食用鱼出塘后鱼池闲置的局面,这也是培育鱼种的一种方法。

三、混养应注意的几个关系

同一池塘中混养多种鱼类,肯定会有相矛盾的一面,为了消除消极因素,充分发挥其互惠互利的一面,就要充分了解混养鱼类之间的关系。

1.青鱼、草鱼、鲤、团头鲂和鲢、鳙之间的关系　青鱼、草鱼、鲤鱼、团头鲂是吃食性鱼类,鲢、鳙为滤食性鱼类,这两类鱼在同一池塘中饲养,能发挥互惠互利的作用,这在前面已述及,这里要谈的是它们之间的比例问题。根据老渔农的经验,春季放养一尾500克的草鱼,可同时搭配3尾全长13～15厘米的鲢鱼,秋末草鱼重可达2 000克,3尾鲢鱼平均重500克左右,故有"一草带三鲢"的说法。从理论上说,在不施肥、不投喂精料的情况下,吃食性鱼类和滤食性鱼类的生产比例应接近1∶1。也就是说,池塘中每生产1 000克吃食性鱼类,其残饵和粪尿的肥水作用加上池塘的天然生产力可生产 1 000 克的鲢、鳙鱼。但实际生产情况是：池塘养鱼要获得高产，就必须不断地投饵施肥，在这种情况下，鲢、鳙鱼的产量就会相对下降，特别是水源条件好、投喂精料多的池塘，鲢、鳙鱼的产量是很难相应地大幅度提高，这一点在鱼种放养上应引起注意。如每亩净产 500 千克的池塘，吃食性鱼类和滤食性鱼类的产量比是 5.3∶4.7，而每亩净产 1 000 千克的池塘，两者的比例变为 6.3∶3.7。

2.鲢和鳙之间的关系　鲢和鳙都是滤食性鱼类，主食浮游生物和悬浮的有机碎屑。鲢以食浮游植物为主，性情活泼，抢食力强；鳙以食浮游动物为主，性情温和，抢食力差。在池塘这种人工生态环境中，浮游动物的量远远小于浮游植物，因而鳙的食物相对匮乏，加上鳙对人工饵料的抢食力又不及鲢，所以，鳙的生长状况较差，在放养上鳙的数量要小于鲢，通常比例是 1∶（3～5），只有这样，鳙才能生长良好。但在实际生产中，要根据具体情况确定鲢、鳙的放养比例，通过数年的摸索，参照鲢、鳙鱼生长的状况，不断积累经验，寻找一个适合本地情况又可行的比例。

珠江三角洲的生长季节长，池水较肥，当地渔农利用鳙生长快及捕捞容易的特点，主要饲养鳙，一年可养 5 批。在鳙生长有保证的前提下，搭配饲养鲢，以充分利用池塘天然饵料和控制藻类（主要是蓝藻）的过度繁殖。采用的措施一是小鲢（20～50 克/尾）配大鳙（400～500 克/尾），二是控制鲢的放养密度。

3.草鱼和青鱼之间的关系　草鱼和青鱼的食性并不相近，它们在食性上没有矛盾，但都不耐肥水，尤其是草鱼，更喜欢清新的水质。两种鱼的个体都较大，食量大，大量的残饵和粪便使池水很快肥起来，严重抑制了它们的生长。在处理这个矛盾时，通常是前期（8 月份以前）抓草鱼，利用此时草类鲜嫩、易消化、数量大的优势，大量投饵，使草鱼及早出塘上市；后期（8 月份后）螺类资源较多，可加紧采捕投喂青鱼，青鱼在草鱼出塘后池塘密度较稀的情况

养鱼手册

下,获得大量优质饲料,也能在生长期结束前达到上市规格。这样,草鱼和青鱼同塘饲养,分期管理,均衡上市,一举两得。

4.草鱼和团头鲂之间的关系 草鱼和团头鲂都是草食性鱼类,它们在食性上存在一定矛盾,团头鲂要求嫩草,抢食能力和摄食量也不及草鱼,处于劣势。为防止草鱼限制团头鲂摄食、生长,在生产上常增大团头鲂的数量,以多取胜,使两种鱼都能较好地生长。通常,每放养 1 000 克的草鱼种,要搭配 13 厘米左右的团头鲂鱼种近 10 尾。

5.青鱼和鲤鱼之间的关系 在主养青鱼的池塘中,鲤鱼的动物性饵料多,所以,可适当多放养些鲤鱼。据无锡市的经验,每放养 1 000 克青鱼鱼种可搭养 20 克左右的鲤鱼 2～4 尾,年终可达到上市规格。

6.草鱼和鲤鱼之间的关系 主养草鱼的池塘中因动物性饵料较少,鲤鱼要少放一些,一般 1 000 克草鱼鱼种可配养 50 克左右的鲤鱼鱼种 1 尾。

四、混养的管理

将多种鱼混养在同一池塘中,目的在于充分利用水体和饵料,降低生产成本,提高鱼产量,所以,只要能够达到这一目的,混养种类还是少些为好,这样饲养管理相对方便。在混养的鱼类中,要做到主次分明,哪种是主体鱼,哪种是配养鱼,一定要明确。管理上要以主体鱼为重,无论是投饵还是施肥,都要首先考虑主体鱼。

在没有鱼种的食用鱼池中,可混养少量的凶猛鱼类,如乌鳢、鳜鱼、南方大口鲶等。根据池中野杂鱼的数量,50 克左右的鱼种每 1 000 米^2 放 10～15 尾不等,年终可达商品规格,一次捕净上市。

五、几种混养类型（模式）

养鱼生产属水生生物的物质转换过程，既受到温度、光照和水质等自然因素的制约，也受到饵、肥、鱼种等物质条件的限制和生产管理技术高低的影响。所以，很难制定出合理统一的放养标准，各地应根据当地的具体情况和群众消费习惯，确定自己的养鱼模式。我国池塘养鱼历史悠久，在长期的生产实践中，各地产生了很多特色的混养类型，下面介绍常见的几种，供参考。

（一）以草鱼为主的混养模式

这种混养类型是我国最普通的一种，其特点是养殖的鱼类绝大多数是草食性鱼类，能充分利用来源广的青饲料和肥料，生产成本低，效益高。

表 7-1 为每亩池塘的放养量与收获量，这种混养模式具有以下特点：

表 7-1　以草鱼为主的混养模式

养殖鱼类	放养			收获				
	规格（克）	尾数	重量（千克）	规格（克）	毛产量（千克）	净产量（千克）	净增重倍数	净产量占总净产量（%）
草鱼	400	100	40.0	1 500	125.0	85.0	2.79	21.25
	25	140	3.5	400	40.0	36.5		9.13
团头鲂	25	300	7.5	150	40.0	32.5	4.33	8.13
鲢鱼	150	250	37.5	550	140.0	102.5	3.73	25.63
	夏花	300	—	150	37.5	37.5		9.37
鳙鱼	150	65	9.8	550	35.0	25.0	3.57	6.25
	夏花	80	—	150	10.0	10.0		2.50
鲤鱼	30	30	0.9	500	12.5	11.5	12.78	2.87
鲫鱼	5	100	0.5	130	10.0	9.5	19.00	2.37
罗非鱼	夏花	500	—	150	50.0	50.0		12.50
合计		1 865	100.0		500.0	400.0		100.00

（1）适用于养鱼开展不久的新区，采用草鱼、鲢、鳙鱼种套养，可基本解决次年大规格鱼种的放养之需。

（2）以投喂青饲料为主，并施加部分有机粪肥，辅以商品精料。

（3）如果精料充足，可适当加大鲤、鲫和罗非鱼的放养量，产量也会相当提高。

（4）如条件允许，可在 8 月份轮捕达到商品规格的草鱼、鲢、鳙，这样，该模式还可增加套养一批小规格（50 克）的草、鲢、鳙鱼种，产量也可相应提高，并可为下一年提供充足鱼种。

（5）优质商品鱼可占总净产的一半，故效益较高。

（6）根据水质情况，及时补充新水，必要时还要添置增氧机。

（二）以鲢、鳙为主的混养模式

这种模式过去在我国很普遍，尤其适合城郊养鱼。它以鲢、鳙为主体鱼，适当混养草鱼和罗非鱼，以施肥为主，同时投放草料。养殖成本低，但商品鱼多为低档鱼，目前该类型的优质鱼的放养量已有逐步增加的趋势。

表 7-2 为每亩池塘的放养量和收获量，这种混养模式具有以下特点：

（1）适合肥源充足的养鱼区，其鱼种规格小，易解决。采取鱼种套养方式，可基本解决下一年大规格鱼种放养之需，其中草鱼种尚有富余，可扩大养殖面积或增加优质鱼放养量。

（2）草鱼种的放养规格小，因此，放养初期要注意适口饲料的投喂。

（3）可放养部分团头鲂，如果商品精料较多，可增加鲫的放养量，以提高产量和产值。

表 7-2　以鲢、鳙为主的混养模式

养殖鱼类	放养			收获				
	规格（克）	尾数	重量（千克）	规格（克）	毛产量（千克）	净产量（千克）	净增重倍数	净产量占总净产量（%）
鲢鱼	120	240	28.8	600	132.0	130	4.14	43.34
	10	260	2.6	125	30.6			
鳙鱼	125	60	7.2	600	33.5	33	4.18	11.00
	10	70	0.7	125	7.4			
草鱼	120	100	12.0	1 000	72.0	73	5.21	24.33
	10	200	2.0	120	15.0			
鲤鱼	50	80	4.0	750	52.0	51	10.20	17.00
	10	100	1.0	50	4.0			
鲫鱼	夏花	200	0.5	100	13.5	13	26.00	4.33
合计		1 310	58.8		360.0	300		100.00

（三）以鲢、鳙、罗非鱼为主的混养模式

该模式适合肥源较足的养鱼区，与以鲢、鳙为主的模式相比，加大了罗非鱼的放养量，因而产值也较高。但 7 月份前后，鲢、鳙被轮捕上市后，应加大精料的投喂量，重点抓好罗非鱼的饲养。放养量和收获量见表 7-3。

（四）以草鱼和团头鲂为主的混养模式

该类型基本与以草鱼为主的混养类型相似，只是增加了团头鲂的放养量，使其成为主养鱼。团头鲂病害较少，饲养简单，因而这种模式更适合初学养鱼的人。但团头鲂耐低氧能力差，要注意鱼池经常冲水，并配备增氧机。这种模式养殖成本低，产量高，收益大，推广价值较高。放养量和收获量见表 7-4。

表 7-3　以鲢、鳙、罗非鱼为主的混养模式

养殖鱼类	放养			收获				
	规格（克）	尾数	重量（千克）	规格（克）	毛产量（千克）	净产量（千克）	净增重倍数	净产量占总净产量(%)
鲢鱼	62.4	105	6.55	642	57.1	50.60	7.73	6.07
鳙鱼	355.3	178	63.24	1 049	186.6	123.50	1.95	14.83
罗非鱼	1.2	3 063	3.68	162	403.9	400.00	108.69	48.02
草鱼	86.4	493	42.60	582	242.4	199.80	4.69	23.99
鲤鱼	150.0	63	9.45	1 046	43.9	34.45	3.65	4.14
鳊鱼	50.0	146	7.30	250	20.9	13.60	1.86	1.63
鲫鱼	10.0	104	1.04	200	8.5	7.46	7.17	0.89
青鱼	500.0	4	2.00	1 863	5.9	3.59	1.80	0.43
合计		4 156	136.35		969.2	833.00		100.00

表 7-4　以草鱼和团头鲂为主的混养模式

养殖鱼类	放养			收获				
	规格（克）	尾数	重量（千克）	规格（克）	毛产量（千克）	净产量（千克）	净增重倍数	净产量占总净产量(%)
草鱼	175	170	30.0	1 600	231.0	201		
	25	60	1.5	650	27.5	26	17.33	25.3
	夏花	300	—	175	26.0	26		
团头鲂	30	600	18.0	275	150.0	132	7.33	13.2
鲫鱼	15	1 000	15.0	220	200.0	185	12.33	21.5
	夏花	500	—	100	30.0	30		
鲢鱼	125	520	65.0	700	408.0	343		
	70	170	12.0	500	56.2	44	3.68	36.0
	夏花	300	—	70	17.0	17		
鳙鱼	70	90	6.0	700	46.0	40	6.67	4.0
合计		3 710	147.5		1 191.7	1 044		100.0

(五)以鲤鱼为主的混养模式

鲤鱼是我国北方广大地区群众喜食的鱼类,该模式在北方有较高的推广养殖价值,但近年来,很多地区已逐渐被网箱养鲤所替代。放养量和收获量见表 7-5。

表 7-5　以鲤鱼为主的混养模式

养殖鱼类	放养			收获				
	规格(克)	尾数	重量(千克)	规格(克)	毛产量(千克)	净产量(千克)	净增重倍数	净产量占总净产量(%)
鲤鱼	129	2 000	258	959	1 337.5	1 079.5	4.18	78.61
鲢鱼	100	400	40		353.7	293.7	4.89	21.39
鳙鱼	200	100	20					
合计		2 500	318		1 691.2	1 373.2		100.00

表 7-5 是 1990 年河南省洛阳市水产研究所做的试验,结果每亩水面净产量为 1 373.2 千克,其中鲤鱼占 78.6%,饵料系数为 1.80。

近年来,市场鲫鱼的价格有了较大提高,在很多地方已是鲤鱼的 2~3 倍。所以,以鲫鱼取代鲤鱼作为主养鱼进行池塘饲养,效益将相当可观。目前要大力推广 80:20 的混养模式,即主养鱼占 80%,配养鱼占 20%。

(六)以青鱼、草鱼为主的混养模式

以青鱼、草鱼为主养鱼,是江苏无锡渔区的混养特色(表 7-6)。这种混养模式的特点是:

(1)同一品种不同年龄的鱼种混养,放养种类、规格多(通常在 15 档以上),密度高,放养量大。

(2)成鱼池套养培养大规格鱼种,成鱼池鱼种自给率达 80% 以上。

(3)投天然饵料和施有机肥并重,辅以精饲料或颗粒饲料。

表 7-6　以青鱼、草鱼为主的混养模式

鱼类		放　养				成活率(%)	收获(千克)		
		月份	规格(克)	尾	重量(千克)		规格	毛产量	净产量
青鱼	过池	1~2	1 000~1 500	35	37	95	>4	140	
	过池	1~2	25~500	40	15	90	1~1.5	140	138
	冬花	1~2	25	80	2	50	0.25~0.5	15	
草鱼	过池	1~2	500~750	60	37	95	2 以上	120	
	过池	1~2	150~250	70	14	90	0.5~0.75	37	117.5
	冬花	1~2	25	90	2.5	80	0.15~0.25	14	
鲢鱼	过池	1~2	350~450	120	48	95	0.75~1.0	100	
	冬花	1~2	100	150	12	90	1.0	135	213
	春花	7	50~100	130	10	95	0.35~0.45	48	
鳙鱼	过池	1~2	350~450	40	16	95	0.75~1.2	40	
	冬花	1~2	125	50	6.5	90	1.0	45	75
	春花	7	50~100	45	3.5	90	0.35~0.45	16	
团头鲂	过池	1~2	150~200	200	35	85	0.35~0.4	60	
	冬花	1~2	25	300	7.5	70	0.15~0.20	35	52.5
鲫鱼	冬花	1~2	50~100	500	40	90	0.15~0.25	90	
	冬花	1~2	30	500	15	80	0.15~0.25	80	154
	夏花	7	4 厘米	1 000	1	50	00.5~0.10	40	
总计					302			1 052	750

第四节　放养密度

在池塘养鱼中,保持较高的放养密度虽然能提高产量,但要合理密养。放养密度过高,就会引起水质变坏,从而影响鱼类生长速度和成活率,影响池塘净产量的增加和养鱼的经济效益,甚至引起鱼类缺氧泛池,给养鱼者造成严重经济损失。

一、影响放养密度的因素

(1)溶氧:在一定密度范围内,放养量越高,净产量越高。超出一定范围,尽管饵料供应充足,也难收到增产效果,甚至还会产生不良结果。其主要限制因素是溶氧。我国几种主要养殖鱼类的适宜溶氧量为 $4.0\sim5.5$ 毫克/升,如溶氧低于 2.0 毫克/升,鱼类呼吸频率加快,能量消耗大,生长缓慢。如放养过密,投喂的饵料和排泄的粪便就多,加上鱼本身的呼吸作用,耗氧量大增,往往引起鱼池长期缺氧。鱼类长期生活在缺氧环境中,表现为厌食、生长缓慢,严重者导致浮头。如遇天气变化,极易发生泛池死鱼现象。

(2)水质:鱼类的放养密度增加,水中的浮游生物和有机质就多,水体肥度大。而某些养殖鱼类,如草鱼、团头鲂、青鱼等,在肥度较大的水体中摄食量减小,活动力下降且易患病,致使生长缓慢,成活率降低。另外,养殖密度增加也容易导致 pH 值偏低,在这种情况下,鱼类同样生长不良。

(3)有害物质:池塘养鱼密度大,残饵和粪便等有机物大量出现,如不可能及时彻底地分解为无机盐类,特别是在缺氧的环境下,很容易产生有机酸类、硫化氢和氨等,这些物质对鱼类有毒害作用,能抑制鱼类生长,甚至使鱼中毒死亡。特别是氨,在鱼池中经常存在,危害较大。

二、确定放养密度的依据

池塘鱼类的放养密度常用鱼池单位面积所放鱼种的尾数来表示,一个池塘的具体放养密度需要根据该池塘的具体情况来确定,不能一概而论,因而要确定合理的放养密度也不是一件容易的事,但有一点是肯定的,即只要改善前所述及的三点限制因素,就能提高放养密度。具体操作起来,通常要考虑以下几个方面的内容。

(1)池塘条件:较深较大(如水深 2.0～2.5 米,面积 10 亩左右)的池塘水质稳定,能在一定程度上提高放养密度;有良好水源、水量充足、水质良好的微流水池可大幅度提高放养密度。

(2)饲料、肥料的供应情况:有良好的饲料源和肥料源的池塘,可相对提高放养密度。饲料、肥料供应不足,放养密度大,则鱼生长不良。

(3)鱼种的种类和规格:不同种类的鱼对低氧和有害物质的耐受力是不一样的。养殖耐受力较强的鱼,如鲤、鲫、罗非鱼等,放养密度可较大,而养殖耐受力较差的草鱼、团头鲂等,放养密度就应小些。另外,不同种类的鱼,其养殖模式、放养规格、生长速度、商品鱼规格也不一样,因此,放养密度也应不同。较大的鱼(如草鱼、青鱼)比较小的鱼(鲫、鲮等),放养尾数要少,而放养时体重要大;同样,同一种类的鱼,如果放养规格大,就要适当减少放养尾数。

(4)养殖模式:对于混养种类较多但合理、主养鱼残饵和粪便以及过多的浮游生物能被充分利用的养鱼模式,由于水质常保持清新,加上各种鱼栖息水层不同,放养密度要大于单养一种鱼或混养种类少的养鱼模式。

(5)饲养管理水平:养鱼者生产经验丰富,管理水平高,池塘养鱼设备全面配套,水质能及时地控制调节,及时发现问题、解决问题的池塘,鱼种放养密度就可加大。相反,初学养鱼的人要稀放、精养。

(6)历年放养经验:如果池塘基本条件未变,在确定放养密度时,可参照历年来鱼种的放养密度、生长状况及商品鱼产量等因素综合考虑,若鱼生长良好,单位产量高,饵料系数不高于一般水平,浮头次数不多,说明放养密度是合适的;若相反,表明放养过密,应适当降低。若商品鱼规格过大,单位产量却不高,则表明放养较稀,应适当增加放养密度。对于新开挖的池塘或池塘基本条件发生了较大的变化,则应请经验丰富的养鱼者,参照条件相近而产量较理想的池塘养鱼情况来确定放养密度和养鱼模式。

第五节　轮捕轮放

所谓轮捕轮放,是指在密养的鱼塘中,根据鱼类的生长情况,到一定时间捕出一部分达到商品规格的食用鱼,再适当补放一些鱼种,概括地说就是分期捕大留小或捕大补小。轮捕轮放同混养密放一样,是提高养鱼产量的重要措施。混养密放是从空间上保持鱼池较高而合理的密度,而轮捕轮放是从时间上始终保持鱼池较高而合理的密度,两者又是互为条件的,混养密放是轮捕轮放的实施前提,轮捕轮放能进一步发挥混养密放的增产作用。

一、轮捕轮放的作用

(1)能使整个养鱼期内池塘始终保持较合理的密度,有利于提高总产量。如果一年放养一次,年终一次捕捞,就会造成前期因鱼体小,水体得不到充分利用,后期由于鱼体长大,密度增加,使水质变差而抑制鱼类生长的情况。若采用轮捕轮放措施,年初可加大放养密度,提高放养规格,从而在一定程度上避免前期水体的浪费;随着鱼体的长大,可用轮捕的方法将达到商品规格的鱼捕出上市,从而缓解水体的压力,使水质条件变好,有利于存塘鱼的生长。这样,池塘始终保持在最大载鱼量之下,有利于发挥池塘生产潜力,提高鱼产量。

(2)可进一步增加混养种类、规格和数量,提高饵料利用率。利用轮捕控制鱼类密度,缓和鱼类之间(包括同种异龄)在食性、空间上的矛盾,发挥水、种、饵的生产潜力。如鲢、鳙、罗非鱼、白鲫等都摄食浮游生物和悬浮的有机碎屑等,6~8月份大量起捕出鲢、鳙后,就可解决它们同罗非鱼、白鲫争食的矛盾,同时也有利于小规格鲢、鳙的生长。再如上半年一般水质较清新,草类鲜嫩,适合草鱼摄食生长;但从7月份开始,要对青鱼的投饵量逐步增加,这样,水质逐渐转肥,不利于草鱼生长,这时将达到食用规格的草鱼捕出上市,就可使水质转清,有利于青鱼的生长,同时,也解决了大草鱼和小草鱼、大草鱼和团头鲂之间争食的矛盾。

(3)有利于培育量多质优的大规格鱼种,为稳产高产奠定基础。适时捕出达到商品规格的食用鱼,可使池塘内套养的鱼种迅速生长,年终培育成大规格鱼种,保证次年放养之用。

(4)有利于鲜活鱼均衡上市,特别是鱼货淡季上市,既活跃了市场,又提高了经济效益。

(5)有利于加速资金周转,为扩大再生产创造条件。

二、轮捕轮放的前提条件

(1)存塘鱼的总重量接近或达到本池塘的最大载鱼量,且部分轮捕鱼达到上市规格。

所谓最大载鱼量,是指鱼类能较好地生长时单位面积(通常是每亩)的鱼重量。超过最大载鱼量的池塘,鱼类的生长将会受到抑制。池塘的最大载鱼量是由池塘条件、肥料、饵料及饲养管理水平等诸多因素决定的。目前国内静水池塘的最大载鱼量为每亩300~400千克;有注水条件或增氧设备的鱼池,可以达到每亩600~800千克。

(2)在鱼种放养上,部分鲢、鳙、草鱼鱼种规格要大,这样它们可在短时间内达到商品鱼规格,可依次轮捕上市;同时,要有数量充足、规格合适的鱼种作为补充补放进去。当然,也有只捕不放的。

(3)操作人员要技术娴熟,能在短时间内完成捕鱼工作。

(4)鱼货能及时售出。

三、轮捕轮放的方法

1.轮捕轮放的对象和时间 凡达到或超过商品鱼标准、符合出塘规格的食用鱼都是轮捕的对象。在实际生产中，主要轮捕鲢、鳙，到养殖后期也轮捕草鱼、罗非鱼等，而青鱼、鲤、鲫等因是底栖鱼类，捕捞困难，通常要到年底干塘一次性捕净。轮捕轮放的时间多在6～9月份，此时水温高，鱼生长快，如果不通过轮捕减小饲养密度，常因水质恶化和溶氧减少而影响鱼类生长。10月份以后和6月份以前，水温较低，鱼生长慢，个体小，一般不进行轮捕，但如果鱼个体大、市场价格高，也可适当轮捕。确定每次轮捕的具体时间，一是要看鱼类的摄食、浮头情况和水质变化情况来判断池塘最大载鱼量是否到来；二是要根据天气预报，选择一个水温相对较低而池水溶氧较高的日子进行轮捕。通常在下半夜或黎明进行，以便趁气温低将鱼货供应早市。

2.轮捕轮放的方法 通常有2种方法：一是一次放足，捕大留小；二是多次放种，捕大补小。前者多是在早春季节一次性将鱼种放足，在饲养过程中，分期分批捕出达到食用规格的鱼上市，让较小的鱼种留池继续饲养，不再补放鱼种。这种方法操作简单，对初级养鱼者较为适用。后者是在鱼类饲养过程中，分批捕出食用规格的鱼上市，同时补放等量的鱼种。这种方法产量较高，但要求有规格合适的鱼种配套供应，具体实施起来困难较多，通常只在养鱼多年的大渔场进行。

3.轮捕轮放的注意事项 主要有以下4点。

（1）轮捕的次数不可过多。一个池塘在一个生产季节内轮捕的次数依具体情况而定，但不宜超过5次，间隔时间为25天以上。轮捕过多过密会影响鱼类生长，引起鱼病，且劳动强度也较大。

（2）轮捕持续时间不可过长。在夏季捕鱼又称捕热水鱼，由于鱼耗氧量大，不能忍受较长时间的密集，而捕入网内的鱼大部分是留塘鱼种,要回池继续饲养,如在网内时间过长,很容易使鱼受伤或缺氧致死。因此,要求捕鱼人员技术熟练,彼此配合默契,以尽量缩短捕鱼持续时间。

(3)天气不好、水中溶氧低时严禁捕鱼。捕鱼前数天开始要控制施肥投饵量,捕鱼前一天可停止施肥投饵,以保证捕鱼时水质良好,溶氧较高。阴雨天气,鱼有浮头征兆,严禁轮捕,另外也不要在傍晚拉网捕鱼,以免引起上下水层提早对流,加速池水溶氧消耗,造成池鱼缺氧,引起浮头泛池。

(4)捕鱼后要立即注水或开增氧机。捕捞后,鱼体分泌大量黏液,池水混浊,耗氧量增加,必须立即加注新水或开增氧机,刺激鱼顶水,以冲洗鱼体上过多的黏液,增加溶氧,防止浮头。若白天捕鱼,一般要加水或开增氧机2小时左右;若在夜间捕鱼,则要待日出后才能停泵关机。

第六节　池塘管理

一切养鱼的物质条件和技术措施,最后都要通过池塘日常管理才能发挥作用,获得高产高效。渔谚"增产措施千条线,通过管理一根针",说的就是这个意思。

一、池塘管理的基本内容

(1)经常巡视池塘,观察池鱼动态。每天的早、中、晚各巡视池塘1次。黎明巡塘观察鱼有无浮头现象,浮头程度如何;日间可结合投饵等检查鱼活动和吃食情况;近黄昏时巡塘检查鱼全天吃食情况,有无残饵剩料,有无浮头征兆。酷暑季节,天气突变时,鱼最易发生浮头,还应在半夜前后巡塘,以便及早发现,采取措施。

·(2)随时除草去污,保持水质清新和池塘环境卫生,及时防止病害。池塘水质清新,溶氧量高,池鱼才能生长良好。为此,除施肥冲水外,还要结合巡塘,随时捞出水中污物、残渣,割去池边杂草。另外,还要及时驱散有害鸟兽等。

(3)定期检查鱼体,记好养鱼日志。在养鱼过程中,每隔一段时间(半个月或 1 个月)抽样检查鱼体,了解池鱼的生长情况,以便在以后的养鱼过程中为调整投饵量、改换饵料种类、改善水质等提供依据。抽样要随机,大鱼可在 10 尾左右,小鱼可在 50 尾左右,也可不捞出鱼,而是在鱼抢食时用肉眼判断鱼的生长情况。

池塘日志是记载养鱼生产技术措施和池鱼生长情况的简明记录。在养鱼工作中,可根据已往的记录和生产成绩,决定下一步的措施。往年的记录可供编制来年计划和作为改进技术的参考。池塘日志是检查工作、积累经验、制订计划、提高技术的重要参考依据,一定要予以重视。池塘日志通常要包括以下几个项目:①日期、天气、水温,一般每天测 2 次,日出前测一次,代表一昼夜中最低水温,下午 2:00～3:00 测一次,代表最高温,池深在 2 米以上的,还要分别测表层和底层水温;②放鱼、捕鱼情况,包括种类、数量、规格、单尾鱼的最大最小长度和重量等;③抽样检查情况,包括长度、体重等;④病害发生情况,包括病害的类别、发生时间及危害程度、防治方法、防治效果等;⑤投饵、施肥情况,包括种类、数量、效果;⑥注、排水时间和注、排水量;⑦水质变化情况;⑧鱼活动情况;⑨增氧机的运行情况等。为了方便工作,也可将上述内容制成表格,逐日填写。

二、防止浮头和泛池

浮头和泛池是鱼对水质恶化的一种反应,最主要的原因是水中缺氧。精养鱼池由于放养密度大,施肥投饵量大,水中有机质多,因而很容易发生浮头现象,严重者导致泛池,使大批鱼类窒息死亡,给生产者带来重大损失。常见的养殖鱼类都没有辅助呼吸器官,不能利用空气中的氧,当水中溶氧低到一定程度时,都会表现出浮头。如四大家鱼通常在溶氧量为 1 毫克/升时开始浮头，0.5 毫克/升时就可能窒息死亡；而鲤、鲫鱼的窒息点则稍低。

(一)浮头的原因

浮头的主要原因是池水缺氧。池塘养鱼中有以下情况可致使鱼类缺氧浮头：载鱼量大且施肥投饵多；天气变化引起池水对流紊乱；夏季连续阴雨连绵。

(1)载鱼量大且施肥投饵多引起浮头。鱼类放养量少、水质清新的池塘很少发生浮头，而密度大、经常投饵施肥的池塘容易发生浮头，原因是池塘中的有机质含量多，各种浮游生物和底栖生物也多，有机质分解消耗大量的氧，鱼类和其他水生生物呼吸也要消耗氧。白天，太阳光照在池塘上，池水中的浮游植物和附着藻类光合作用产生很多的氧，池水不会缺氧；但夜间光合作用停止，池水中的氧气来源几乎没有了，但耗氧因子仍然存在，因而，池水中的溶氧就越来越少；黎明太阳升起前溶氧降到最低，所以，高产池塘多在夜间或黎明前发生鱼类浮头。

(2)因光合作用弱引起浮头。盛夏高温季节，若赶上阴雨连绵的天气，由于光合作用弱，产生的氧气少，常导致溶氧供不应求，也容易发生池鱼缺氧浮头。

(3)因上下水层对流引起浮头。夏季的晴天，池水表层光线足，浮游植物多，光合作用很强，产生大量的氧，使溶氧过饱和；而底层水由于光线弱，浮游植物少，光合作用弱，氧气很少，但底泥中有机质分解需要很多的氧，所以，底层溶氧极度匮乏。另一方面，表层水温高，水密度小，底层水温低，水密度大，这种上轻下重的水很难发生对流交换，只有到了夜间，上层水受气温的影响逐渐降温，密度加大，上下水体才会发生对流，使高溶氧的表层水缓缓进入底层，其中溶氧很快被底层有机质分解消耗净。由于这种对流是缓慢的，所以氧气消耗也慢；若对流在外界因素干预下提前发生或使对流速度加大，则使池塘表层高溶氧水过早过快地进入底层而被消耗掉,那么整个池塘的溶氧量就会迅速降下来,使鱼类很快就缺氧浮头。这类外界因素有傍晚下雷阵雨,昼夜温差过大,傍晚时冲水或开增氧机等。

(4)因浮游动物大量繁殖而引起浮头。此类浮头情况多发生于春季,春季浮游动物(如轮虫和水蚤)大量繁殖,它们大量滤食浮游植物。轮虫为乳白色,水蚤为橘红色,所以此时池水发白或发红,透明度很大,浮游植物很少,水蚤很多,几乎吃光了水中的浮游植物,因缺少光合作用的产氧来源而造成缺氧。如不加注新水,浮游动物会因大量繁殖造成缺氧而大量死亡,水色转清但伴有恶臭,称为臭清水,此时往往容易造成泛池事故。

(二)浮头的预测

在了解鱼类浮头起因的基础上,可根据天气、水色及鱼的活动情况等正确预测浮头,这对防止浮头、泛池的发生十分有利。

(1)天气:如白天晴朗高温,傍晚突降雷阵雨或夜间刮北风致使昼夜温差过大的天气;阴雨连绵,多日不晴的天气。久晴不雨,在投饵、施肥量较大的情况下,天气突变情况下,一般都会有浮头现象出现。

(2)水色:水色过浓,透明度小或产生“水华”现象,如遇天气变化,易导致浮游植物大量死亡,水中耗氧量大增而引起鱼类浮头。春季水色苍白,透明度大,也会发生浮头,这是因为水中浮游动物大量繁殖,吃掉浮游植物,使溶氧供应不足。

(3)鱼类吃食情况:鱼类在无病的情况下,吃食量突然减少,草鱼口衔草满池游动,则意味着池水中溶氧量偏低,不久可能会发生浮头。

如果在养鱼过程中遇到上述 3 种情况,应预料到池鱼将发生浮头,要提前采取预防措施,如冲水,开增氧机,停止施肥投饵等。若在正常天气,每天清晨可见鱼类浮头,那么阴雨天时肯定要发生浮头,应注意改善水质条件,如晴天午后开增氧机一次,经常冲水,也可将部分商品鱼轮捕出塘。

(三)浮头轻重的判断

鱼类浮头多发生在夏季天气不好的夜间,在池塘的上风或中央处。一旦发现浮头,可根据其严重程度采取相应的措施解救。

判断鱼类浮头的轻重,主要根据开始浮头的时间、浮头位置、浮头水面大小及浮头鱼的种类(表7-7)。

表 7-7　鱼类浮头轻重的判别

时间	池内浮头地点	鱼类动态	浮头程度
早晨	中央、上风	鱼在水上层游动,可见阵阵水花	暗浮头
黎明	中央、上风	罗非鱼、团头鲂浮头,野杂鱼在岸边浮头	轻
黎明前后	中央、上风	罗非鱼、团头鲂、鲢、鳙浮头,稍有惊动即下沉	一般
2～3 时以后	中央	罗非鱼、团头鲂、鲢、鳙、草鱼或青鱼(如果螺蚬吃得多)浮头,稍受惊即下沉	较重
午夜	由中央扩大到岸边	罗非鱼、团头鲂、鲢、鳙、草鱼、青鱼、鲤鱼浮头,但青鱼和草鱼体色未变,受惊不下沉	重
午夜至前半夜	青鱼、草鱼集中在岸边	池鱼全部浮头,呼吸急促,游动无力,青鱼体色发白,草鱼体色发黄,并开始出现死亡	泛池

(四)浮头的解救

暗浮头常出现在饲养前期(4～5 月份),这是池鱼初次浮头,必须及时开增氧机或加注新水,否则会因鱼类尚未适应缺氧环境而陆续死亡。

发现鱼类浮头时应及时增氧,并要根据各池鱼类浮头的情况采取措施。从开始浮头到严重浮头所需的时间长短与水温有关，水温低则这段时间长些，水温高则短，一般在 25～30℃ 的水温条件下，浮头开始 2～3 小时后再增氧也不会有危险；但水温在 30℃ 以上时，浮头 1 小时内必须采取增氧措施，否则，一旦草鱼、青鱼分散到池边，就很难解救了。

开动增氧机增氧和水泵加注新水是最好的解救办法。由于鱼池大，这种方法只能使机器附近的局部范围内池水有较高的溶氧量。为提高增氧效果，水泵所吸的水最好是高溶氧的新水，并使喷出的水流沿水面水平射出，形成一段较长的水流，以加大增氧面积。浮头鱼群往往被吸引到高溶氧区域内，冲水和开增氧机不宜中途停止，要待日出后，整个池塘溶氧上升后方可停机。

此外，还可用药物解救，如双氧水、过氧化钙等。双氧水每亩用 250 克，加水稀释后泼洒。中国科学院水生生物研究所研制出一种解救浮头的药物——鱼浮灵，施放简单，效果很好。

如青鱼、草鱼都搁浅在池边，鲢、鳙浮头的角度（鱼体与水面的夹角）增大，即发生了严重浮头。管理人员切勿使其受惊，发现死鱼也不能马上捞出，否则鱼类受惊挣扎，极易死亡。

鱼类窒息死亡后，一部分死鱼浮在水面上，另一部分挣扎后沉入水底。因此，泛池后除了捞取泛在水面上的死鱼外，还要设法捞出池底的死鱼，否则，等死鱼自己浮上水面时已腐烂变质，不能食用，且污染水质。

第七节　池塘综合养鱼

一、综合养鱼的概念和实用价值

所谓池塘综合养鱼，是以池塘养鱼为主，综合经营作物栽培、畜禽饲养及农副产品加工等生产方式，把水、陆生产有机结合起来,形成多层次多功能的水陆复合生态系统,以合理利用自然资源,循环利用废弃物,节约能源,降低生产成本,提高生产力。其实际内容包括3个方面:①渔、农、牧统一经营,利用整体结构的互补性,降低生产成本。养鱼本身并非孤立的生产活动,它的饲料来源于农业,肥料来源于畜禽饲养业,渔、农、牧综合经营能得到整体互补效益;②废弃物综合利用。在综合养鱼结构系统里,养鱼池沉积的淤泥、畜禽的排泄物及废弃饲料、农业及加工业副产品都能得到有效的利用。③不同种类的鱼以及鱼类与其他水生动物混养,采取相应的综合技术措施,提高水体利用率,达到互利互惠的目的。如鱼、鳖混养,鱼、珠混养以及家鱼与鳜鱼、乌鳢等凶猛鱼类混养。

目前,我国的综合养鱼已由传统的池塘类型,发展成为池塘、湖泊、水库、稻田等各种淡水水体并举的局面。据调查,各种类型的综合养鱼模式已达30多种,经营范围十分广泛。

综合养鱼技术具有很高的实用推广价值。首先,解决了养鱼效益下降的问题。近十几年来,我国的淡水鱼价格稳中有降,而养鱼所需要的饲料、渔药等渔需物资及劳动力价格上涨很快,致使养鱼效益逐年下降,为此,必须设法降低养鱼成本,而综合养鱼则是解决这个问题的好办法。其次,可以解决养鱼环境恶化问题。精养鱼池大量施肥投饵,致使淤泥在池底堆积很厚,它不仅消耗大量溶氧,还产生许多有毒物质,滋生病菌,对养鱼十分不利。采取综合养鱼措施,则能变"废"为"宝"。有机淤泥是很好的农家肥料,可作为综合养鱼系统中饲料作物、经济作物的泥肥,这样,既可改善养鱼水质,又可为农作物提供肥料,一举两得。

二、综合养鱼的类型

(一)渔、农结合体系

养鱼与种植业结合的综合经营是我国最古老、最普遍的综合养鱼类型。它主要是在基面上种植作物、草类养鱼,鱼粪肥水,塘泥上基,基面上土壤中有机质与营养盐又随降水径流返回鱼池供浮游植物利用,最后转化成鱼产品,这样,把淤泥中有机质在池底缺氧环境下的分解过程,转移到基面作物田中,既为作物提供了优质肥料,又改善了养鱼水质,形成一个有机的良性循环。

1. 草基鱼塘

草基鱼塘利用池塘塘坡和杂地种植鱼用牧草养殖草食性鱼类,是充分挖掘土地生产潜力、降低生产成本的综合性养鱼措施。一般高产鱼塘每年每亩淤泥沉积量为 10～20 厘米,即 130～260 吨,每 25 千克塘泥可生产出 1 千克青饲料,若每亩鱼塘利用一半塘泥种植鱼用牧草,可收获青饲料 2 600～5 200 千克,转化为鱼产量 100～200 千克。主养草食性鱼类每亩鱼塘配种鱼用牧草0.2～0.3 亩,能基本上满足其对青饲料需要。

目前已广泛推广应用于生产的鱼用牧草如下:

(1)宿根黑麦草:每年 9～11 月播种,每亩播种量 1.5～2 千克,产草期为翌年 2～5 月,每 15～20 天收割一次,整个生长期可收割 8 次左右,每亩产鲜草 5 000～10 000 千克。

(2)苏丹草:每年 4 月上旬播种,每亩用种量 1.5 千克,产草期6～8 月,以植株长到 70～100 厘米时收割的鲜草质量最佳,亩产鲜草达 10 000 千克左右。

(3)无性杂交狼尾草:这是一种优质高产鱼用牧草,利用其根、茎,经土坑越冬保温后,于翌年 4 月中、下旬繁育苗株并进行移栽,产草期 6～10 月,亩产鲜草 1 500～2 000 千克。

2. 蔗基鱼塘　　主要分布在珠江三角洲甘蔗产区,在堤面上种甘蔗,以蔗叶、蔗尾(顶端嫩芽)喂鱼,塘泥做蔗地肥料。

3. 粮基鱼塘　　在池塘中饲养草食性和杂食性鱼类,堤面上种粮食作物,粮食经加工后喂鱼,田间杂草及作物叶片做鱼饲料,池塘淤泥做田间肥料。

4. 稻基鱼塘　　这种方式实际上是稻田养鱼,产稻为主,养鱼为副。在种稻同时，采取适当措施，照顾鱼类生长，鱼在稻田中可起到松土、治虫、施肥、除草的作用，有利于水稻产量的提高。

5. 林基鱼塘　湖北省武汉市新洲区在水杉树林行间挖沟养鱼，鱼粪肥树，树叶肥池。

6. 桑基鱼塘　江苏省湖州市菱湖地区的"桑基鱼塘"，是我国历史最悠久的池塘综合养鱼模式。桑基鱼塘的特点是：池中养鱼，四周塘埂种桑养蚕，通过每年夏、秋季"捻火泥"和冬季清整鱼塘，将淤泥搬运到四周塘埂上作为桑树肥料，使桑地长期保持良好肥力，促进了桑叶和蚕茧增产，同时也使鱼塘千百年来保持池深埂固的良好状态，蚕蛹和蚕沙可作为养鱼的饲料和肥料，节约了养鱼生产成本，从而在养鱼业和养蚕业之间建立起一种能相互促进的良性生态结构，其中鱼池是该生态系统中的关键性生产环节。桑基鱼塘模式中，每亩桑园能产桑叶 1 000～1 500 千克，每年能养蚕 4～5 次，共产茧 80～120 千克，产生蚕蛹 64～96 千克、蚕沙 300～450 千克，每 2 千克蚕蛹或每 8 千克蚕沙能养 1 千克鲜鱼，因此，每亩桑地的副产品能转换成鱼产量 70～105 千克。一般桑基鱼塘的桑地和鱼塘配比为 1∶1。

7. 竹基鱼塘　利用塘埂种竹产笋，不仅可用塘泥肥竹，以竹固埂，每亩竹子在盛产期能产笋 2 000 千克左右，效益十分明显。

8. 果基鱼塘　利用塘埂种植葡萄、柑橘、枇杷、草莓等果树，不仅可行，而且经实践证明是行之有效的增收措施。

(二)渔、牧结合体系

在鱼池边建猪舍、牛房、鸡棚、鸭棚，利用畜、禽粪尿及废弃饲料养鱼，既可增加鱼产量，又可防止环境恶化，经济效益很高。用家畜粪施肥，平均 40 千克可产鱼 1 千克，一头肉猪饲养 6～7 个月，排粪尿 4.1～4.7 吨，可产鱼 50 千克左右；一头奶牛年排粪 10.4～11.8 吨，加上废弃料，可产鱼 300 千克。江西省丰城推广"一塘鱼(1 公顷)，一棚鸭(1 500 只)，一栏猪(15 头)"模式，效益很好,受到联合国粮农专家好评。不过,这里有两点需注意:一是不能向池塘施入过多的动物粪污,以免败坏水质,引起缺氧浮头等;二是由于目前劳动力成本大幅提高,很多畜禽养殖场不可能安排专人收集粪污供养鱼者使用,往往用水一冲了事。

1. 鱼、猪结合　鱼、猪结合在我国农村地区十分普遍,成为综合养鱼中一个很重要的方式。据调查,在畜牧生产中,养猪饲料成本约占生产费用的 70% 以上,而在综合养鱼系统中,猪饲料成本只占生产成本的 40% 左右,同时,一头猪的粪尿还可产鱼 50 千克。猪粪养鱼一是直接利用,二是间接利用。前者猪粪直接入池或经化粪池简单发酵后入鱼池,后者有 3 种途径:一是利用猪粪种青饲料,养草食性鱼类;二是利用猪粪培养蚯蚓、蝇蛆等活饵料,养肉食性鱼类;三是利用猪粪生产沼气,沼液、沼渣养鱼。

鱼猪综合经营的技术要点如下:

(1)猪舍的建造与施粪方法:我国综合养鱼场的猪舍建造方法有 2 种:一种是建在池埂上或架设在水面上,较分散;另一种是猪舍集中建造。前者适宜于家庭或小规模渔场综合生产,要求鱼池水面在 10 亩以上,猪粪及废弃物直接流入池塘;后者产生的猪粪较多,要集中处理,通常采用间接利用的方式。

(2)养鱼水面与养猪头数的合理搭配:猪粪施入池塘能提高养鱼产量,但粪肥过多就恶化了水质,甚至导致池鱼浮头泛池,因此,两者必须合理配置,既不败坏水质,又能维持足够的饵料基础。由于各地气候条件、水域状况、技术水平、管理能力和养鱼种类不同,每亩水面搭配的猪头数也不相同,洞庭湖地区是 2～2.5 头,无锡地区是 1～3 头。

(3)以养肉猪为主的鱼猪综合经营:肉猪每年可养两圈,仔猪进栏规格稍大些,每圈饲养期 5～6 个月。鱼池上半年施肥量在 60% 以上,其中 2 月份的基肥用量较大,肥源主要是上一年后期积存下来的。在 2 月中旬到 8 月中旬安排第 1 圈猪,随着猪粪量的增大,池塘需肥量也逐渐增加,所以,上半年猪粪基本没有剩余,8月以后,池塘需肥量逐渐减少,而此时第2圈猪的粪肥却越来越多,不能都排入池塘,要集存起来,第二年做池塘基肥用。

(4)以养鱼为主的鱼猪综合经营:主养鲢、鳙、罗非鱼,放养量占75%,混养鲤、鲫、鲴、草鱼等。鲢、鳙鱼能利用猪粪中的一些有机碎屑和猪粪培育的浮游生物,据统计,每100千克猪粪可生产鲢、鳙鱼6千克;鲤、鲫、罗非鱼主要是利用猪粪中的一些有机质及其培育的底栖动物,每100千克猪粪可产鲤、鲫鱼5千克。放养草鱼主要是控制池塘中的丝状藻类及沉水植物,放养量要少。

(5)日常管理工作:鱼猪综合经营要特别注意施肥量和施肥方法。据测定,在水温19.6~24.6℃时,池水中的总氮含量在施猪粪后的第2天达到高峰值,浮游植物的生物量第3天达到高峰,浮游动物的动物量第4天达到高峰,猪粪肥效大约为100小时。所以,水温为20~25℃时,大致每4天施一次肥,水温较低时间隔时间长,反之间隔时间短。如果猪舍建在池堤上,肥水直接入池,能够做到天天施肥更好,但每天施肥量要相应减少。总之,要保持水质肥而不恶,基本色为茶褐色,透明度在20~40厘米。

2. 鱼、鸭结合　鱼池养鸭,鸭粪直接入水,起到施肥的作用。鸭粪的肥效高于猪粪,而且鸭粪中有不少未完全消化的食料可被鱼摄取;鸭群在池水中不断地游动、嬉水、扑打,起到了搅水增氧的作用。在浅水处,鸭子会把头潜入水底,翻动底泥,觅食底栖动物,既改善了池塘物质循环,又清除了死鱼和有害水生昆虫,减少鱼病发生。所以说,鱼鸭综合经营有利于提高鱼产量,降低养鱼成本。另一方面,鸭在池塘中活动,经常清洗羽毛,增加羽毛光洁度,提高成活率,还可吃到水中动物饲料,节省蛋白饲料,鸭饲料中蛋白质的含量可由18%左右降至13%~14%,降低了养鸭成本,所以,鱼鸭综合经营是互惠互利的模式。

鱼鸭综合经营的技术要点如下。

（1）鱼鸭综合经营的方式：一是塘外养鸭，在池塘附近建设规模较大的鸭棚，棚宽 7～10 米，长度依地面和饲养量而定，棚高1.8～2 米。鸭棚外设有运动场和运动池，鸭在棚内外活动，每天冲洗场、池一次，使鸭粪、残饲等进入供肥渠道，最后流入鱼池。这种方式便于统一管理，但鱼、鸭互惠互利的关系未能充分体现。二是鱼、鸭混养，也是最普遍的经营方式，在鱼池埂上建设简易鸭棚，围圈部分埂面和池坡做运动场，接运动场再用网片圈围部分水面做运动池，网片在水面上下各有 40～50 厘米即可，这样，鱼可以从网下进入运动池，而鸭却不能外逃。

（2）鸭与水面的配比：据实践经验，仔鸭孵出后经适当驯养，20 日龄后才可入池，每亩水面可放鸭 80～100 只，这样，基本可使水色保持理想的黄褐色或黄绿色，透明度为 25～40 厘米，肥度适中。

（3）鱼种放养：鱼鸭综合经营所养鱼不能太小，否则易被鸭吞食，鱼种体重最低不能小于 5 克，要以鲢、鳙、鲷、罗非鱼、鲤、鲫为主，少放草鱼、团头鲂等。

3.鱼、牛结合　用牛粪养鱼，在我国已有悠久的历史，特别是在北方，养鱼与养牛、养马、养驴结合很普遍，它既改善了养牛场的环境卫生，又降低了养鱼成本。一般情况下，一头牛可为一亩水面提供肥料，水中以放养滤食性鱼类和杂食性鱼类为主。

4.鱼、鸡结合　鱼、鸡结合的综合经营方式在我国也很普遍，鸡粪中含有较多未消化饲料，可直接被鱼类摄取，养鱼效果很好。目前，很多地方将鸡粪发酵处理后，加入粮食饲料制成颗粒饲料养鲤鱼、罗非鱼，效益非常明显，值得推广。

5.鱼、鹅结合　鱼、鹅结合的形式同鱼、鸭结合非常相近，一般每亩水面可放鹅 50～60 只。

（三）渔、牧、农结合体系

目前，池塘综合养鱼已从渔—农、渔—牧的双元结构逐步向渔—牧—农的三元结构发展,其做法通常是将畜禽粪便做青饲料或农作物的肥料,用青饲料和粮食养鱼和畜禽,鱼塘淤泥肥田。这样,池塘以养草食性和杂食性鱼类为主,效益较高。

有些地方还将沼气加进来,形成四元结构:畜禽粪便制沼气—沼渣、沼液养鱼—池塘淤泥做青饲料和农田肥料—青饲料和粮食养鱼、养畜禽。实行鱼畜禽联养在生产上已有广泛应用,但畜禽粪便未经处理直接用于养鱼,难免要对生态环境造成不良影响。将畜禽粪便通过沼气池发酵,所产生沼气可以用作生活能源,其发酵后废弃物即沼液和沼渣由于含有丰富营养成分,用于养鱼有非常好的效果。根据有关对比试验知:用沼液代替未经发酵畜禽粪肥培育鲢、鳙成鱼,生长速度分别比对照组提高了 18.8% 和 29.8%。对于亩产 500～600 千克的鱼池,每 10 亩鱼塘可养猪 10 头,再配置 10 米^3 小型沼气池一口,每年可产沼液、沼渣约 20 吨,供 10 亩鱼塘一年养鱼之用,另外每年还可以产生沼气 2 000～3 000 米^3,可供 6～10 人全年生活所需能源。

综合养鱼涉及多学科的基本原理和实用技术,要求有较大的经营规模。目前,虽然由于经济、技术上的原因各地经营状况差别很大,效益相差悬殊,真正形成一个完整复合生态系统的并不多,往往只侧重某种经营,但综合养鱼是我国池塘养鱼业的发展方向,有广阔的前途。

思　考　题

1. 高产鱼池有哪些基本要求?
2. 购入鱼种应注意哪几个方面的问题?
3. 鱼种放养的注意事项有哪些?
4. 混养的目的是什么?
5. 概述常规养殖鱼类之间的关系。

6.影响放养密度的因素是什么？

7.确定放养密度的依据是什么？

8.概述轮捕轮放的作用与方法。

9.施肥方法与注意事项有哪些？

10.池塘浮头的原因与预测方法分别是什么？

11.综合养鱼的类型有哪几个？

第八章　网箱养鱼

导读:本章概述网箱养鱼高产的基本原理与优缺点,网箱的类型、制作与设置技术,网箱养鱼网目选择、放养规格与技术、放养比例以及网箱养鱼的管理方法、沉箱越冬等技术。

网箱养鱼是利用合成纤维网片或金属网片之类为网身材料,装配成一定形状的箱体,设置在天然大水体中,通过箱体内外水体的不断交换,使网箱内形成一个鱼类生长的适宜环境,高密度投饲精养或利用天然饵料培育鱼种或饲养商品鱼的一种养鱼方式。这种养殖技术具有机动、灵活、简便、高产及水域适应性广的特点,在海、淡水养殖业都具有广阔的发展前景。

第一节　网箱养鱼概述

一、网箱养鱼发展概况

网箱养鱼发展至今至少有 140 年的历史,最早始于柬埔寨。在 20 世纪 20～30 年代由印度和爪哇传播到东南亚各国。日本从 20 世纪 30 年代开始用网箱暂养鰤鱼,50 年代中期用网箱养殖鲤鱼、鰤鱼,产量一般为 20～30 千克/米^2。美国于 20 世纪 60 年代开展了小型吊式金属网箱养鱼试验,主要养殖对象为虹鳟鱼、斑点叉尾鮰及鲶科鱼类等,每平方米产量有的能达到 100 千克以上。苏联微流水网箱养鲤鱼或草食性鱼类,每平方米单产 60 千克。此外,荷兰、挪威、英国、法国、加拿大等一些国家的网箱养鱼规模都较大。进入 21 世纪,非洲一些国家也积极发展网箱养鱼技术,并已取得明显的经济效益。

我国当代网箱养鱼自 1973 年开始,有关研究机构分别在湖泊、水库中利用天然饵料网箱培育大规格鲢鳙鱼种获得成功。投饵式网箱养鱼是由上海市水产研究所首先引自日本诹访湖的网箱养鲤技术,1977 年网箱养罗非鱼取得每平方米 94 千克的高产。目前,这种投饵式网箱养鱼方式已遍及全国,尤以北京的网箱养鲤,上海市淀山湖的网箱养草鱼、鲂鱼规模最大,产量最高。北京市密云水库网箱养鲤产量已达到每平方米 100 千克左右。

目前,网箱养鱼已遍及全国各地的湖泊、水库、河沟、渠道及浅沟等水域,养殖品种在淡水中已扩展到鳜、鲤、虾、蟹、虹鳟、珍珠蚌等,海水中已扩展到扇贝、对虾、真鲷、石斑鱼等名贵品种。

二、网箱养鱼高产的基本原理

传统的池塘养鱼通常由于放养密度过高,鱼类耗氧增加,代谢物不能及时排除,使水质败坏或老化,从而不能达到高产,网箱养鱼则能很好地解决上述问题,因而可获得高产。网箱养鱼中,虽然放养密度较高,但是只要有充足的饲料供给,网箱设置区又有一定的微水流,网箱的箱体保持定型,网目畅通,鱼类所需氧可由流水自行补充,代谢废物也由流水带走,因此,可以获得较高的产量。网箱养鱼高产的另一个原因是箱内鱼种受到空间限制,代谢强度降低,促使脂肪积累,有利于鱼类的生长。目前,投饵式网箱养鱼单产可达 100 千克/米^2 左右,不投饵式网箱养花白鲢单产可达 30~50 千克/米^2。

三、网箱养鱼的优缺点

网箱养鱼能充分利用由于某些条件限制而不能利用的水体,能大大减少大水面养鱼中鱼类受敌害攻击和逃鱼的可能;在一个水体可开展不同类型的养殖，便于试验研究；容易控制竞争者和掠食者；具有机动灵活的特点，可随时移动位置进行"游牧式"生产；鱼容易捕捞，最适合养殖罗非鱼、鲤鱼等难以捕捞的鱼类；网箱还可作为"活鱼库"，一年四季可随时出售鲜鱼。此外，投饵式网箱养鱼生产中，大量残饵和鱼类代谢废物的生源物质排入水域，可使水质变肥，促进水域天然鱼产量的大幅度增加。总之，网箱养鱼是一项投资少、见效快、成本低、经济效益高的养殖方式，且便于管理和采取机械化措施。

网箱养鱼也具有局限性，在浅水位或波动过于剧烈的水位就难以应用。网箱养殖滤食性鱼类还常因水域水文条件的差异而丰歉不均，水域中饵料充足的年份产量很高，当因某些条件影响而造成水质清瘦时则产量很低，这种情况人为很难控制，使网箱养鱼成为一种很不稳定的靠天吃饭的事业。这种情况在北方地区由于年降雨量差别很大而比较常见，在南方则好得多。

第二节　网箱的制作与设置技术

一、网箱的结构和材料

网箱的结构一般包括箱体、框架、浮子、沉子及固定器（锚、水下桩）等。有些地区为了防止风浪对网箱的打击，还设计了可以使网箱下沉的升降设备。如网箱离岸不远，还应配备有供人行走的浮码头和栈桥，以便于养鱼操作。此外，网箱本身还有一些附属设施，用以提高养鱼效果。

（一）箱体

箱体是由网片连缀而成的长方体结构，是网箱的主体部件，是蓄鱼部分。理想的箱体材料应具备一定强度，经久耐用，不影响水体交换，价格低廉，对鱼体无伤害。

合成纤维网是目前制作箱体的主要材料,国内外常用的合成纤维有聚酰胺类(尼龙)、聚酯类(涤纶)、聚乙烯醇类(维纶)、聚丙烯类(丙纶)、聚乙烯类(乙纶)、聚氯乙烯类(氯纶)等。其中最常用的为聚乙烯类,因它相对密度小,能浮于水面,几乎不吸水,强度大,不变形,耐日光性能良好,价格也较便宜,比其他合成纤维更受欢迎。合成纤维的网衣又可分为无结节和有结节两种。无结节网衣除破损不易修补外,有较多的优越性,比如网线材料省,成本低,滤水性能良好等。目前,大多数网衣都开始采用这种编结方法,且质量逐步提高。

用金属网片做网身材料,制成的网箱挺括,滤水性能良好,且不易为敌害侵袭破坏。美国、英国、挪威等国多采用金属网衣,美国用小型(1～4 米^2)金属网箱养殖鲤、罗非鱼、斑点叉尾鮰等产量很高,可达到 300 千克/米^2 左右。目前,工厂化网箱养鱼也越来越多地采用金属网衣。镀锌或涂上油漆后,网衣强度大大提高,且具备了防锈耐磨的能力。但这种网箱造价高,装配和起吊运输、保存均不方便,因此,使用有一定的限制性,不易普及。

(二)框架

框架用以支撑柔软的用合成纤维网片缝制的箱体,使之具有一定的空间形状,同时起到提供浮力的作用。

我国目前常用的网箱框架大多为毛竹制成。一般为(3 米×3 米)～(6 米×6 米)的网箱,其框架常用 4 根毛竹,搭成"口"字形。如网箱面积为 10 米×10 米以上,则框架须搭成"田"字形。

投饲式不封盖的浮式网箱,框架也可用木头制作。在海水网箱或大型水库中,有时候为加强框架的牢度,用金属钢管制作框架,并用浮桶或塑料块作为浮子。每种框架材料都有其优缺点,毛竹浮力好,但易干裂,使用年限短;圆木成本低,使用年限适中,但易吸水,增加网箱负荷;金属钢管成本高。各地应因地制宜,选用适合的框架材料,尽量降低成本。

(三)浮子、沉子和固定器

(1)浮子:装在网箱的上纲上,可使网箱向上浮起。浮子的种类很多,常用的有木材、玻璃球、塑料、金属桶、橡皮球等。目前,我国网箱常用的浮子有球形泡沫塑料浮子和梭状硬塑料浮子。另外,部分网箱养殖场也因地制宜地采用汽油桶、橡皮球、空心玻璃球等作为浮子,也有同样的效果。

(2)沉子:使网衣下沉,与浮子共同作用使网箱浮于水体中并在水中能立体展开。沉子的种类也很多,有瓷沉子、铁块、铅块、带孔的硅块等。总之,能起到沉子作用的物体无严格的要求。

(3)固定器:用来固定网箱位置。固定式网箱一般都是用打桩的办法来固定,浮式网箱则须用重物固定。在水库中,网箱养鱼一般用投石或铁锚做固定器。在浅水湖泊中,可以打水下桩作为固定器,将绳子一端系在网箱的角上,另一端缚在水下的桩头上。在水面较窄的水域中,可在陆地上打桩作为固定器,固定桩最好在2个以上,使网箱位置不致随水流而改变。

(四)栈桥和浮码头

栈桥和浮码头是为了投饲、操作及管理上的方便而设置的。栈桥由脚桩、横梁、枕木及跳板等构成,也可用水泥桩做支撑架,上铺钢筋混凝土预制板。浮码头是用汽油桶做浮子制成的一种浮式栈桥,在水位落差较大的水域或网箱设置在离岸较远的水面上,就可以用这种浮码头代替栈桥。固定浮码头时,可在岸上打桩,将其一端固定,另一端抛锚固定,避免左右摇晃。

(五)网箱附属设施

(1)不透明箱盖:最近研究证明,在网箱顶部加一个不透明箱盖,能阻止阳光(特别是紫外线)进入网箱内以及不让鱼发现任何网箱上方的物体运动,这样便可减少不利于网箱内鱼生长的光和惊恐等应激因素,阻止或减少阳光进入网箱,还有利于鱼的免疫系统,从而提高生产性能。加盖后的网箱也减少了对肉食性鱼类的吸引力。试验证明,采用加遮光盖网箱比采用不加盖的网箱,斑点叉尾鮰的生产性能可提高 10%。

(2)密眼衬网:在投饲式网箱的底部装上一层密眼衬网,能减少饵料流失,提高饵料利用率。一般用规格为 100 目/厘米^2 的密眼网做衬网。小型网箱最好在底部全部铺上衬网,这样,在投饲时,未食的残饵能暂留网底,可重复食用。较大的网箱可仅在网底部面积的 1/4～1/2 铺上衬网,以减少成本,也能达到同样的效果。

(3)食台:是网箱中鱼类摄食的场所,一般为正方形,可用木板或密眼网制作。投饲时将饵料投入食台正中,使饵料由食台的垂直方向缓慢下沉,鱼类在食台的下方摄食。在国外,有的食台制成一种投饲筒,直伸到网箱底部不远处,鱼类摄食时多数钻入筒的正下方,这种食台也能有效地减少饵料的流失。

二、网箱的设计

1. 网箱面积　大面积网箱能节省用料,造价低,但网箱清洗、操作管理不便,同时大网箱水体交换能力弱,产量较低,而且破网率大,易引起逃鱼。小网箱虽然造价较高,但操作方便,产量较高。因此,现在国内外网箱面积在向中小型发展。在我国,生产上以 30 米^2 以下为小型网箱,30～60 米^2 为中型网箱,60～100 米^2 为大型网箱。目前,国内常用的网箱面积多为 5 米×5 米、6 米×6 米、10 米×10 米、12 米×8 米等。

2. 网箱形状　目前网箱的形状有长方形、正方形、正六边形、正八边形、圆形等。同样的网片材料,以圆形面积最大,但圆柱形网箱难以剪裁制作,多边形网箱情况同圆形差不多。长方形比正方形要浪费材料,但我国在不投饲养殖滤食性鱼类时,仍多用长方形网箱,这是因为当长方形网箱的长边垂直于水流方向时,能获得最大的过滤面积,滤到较多的浮游生物。正方体成本低,无定向水流的地方使用较合算,投饲式网箱也多为正方形。

3. 网目大小 网目适当放大可节省材料,降低成本,且水交换状况也良好。但网目过大易造成逃鱼。因此,应从两方面考虑,选择合适的网目,并随着鱼种长大,更换较大网目的网箱。但是在更换较大网目网箱时还有一个要求,就是以要换的网箱在破一目后仍能达到不逃鱼为标准。

在确定网目大小的问题上,浙江新安江水库根据经验得出,网目尺寸与鱼全长之间的关系式为 $a=0.13L$,式中 a 为网目目脚的长度(厘米),L 为鲢、鳙鱼的全长(厘米),0.13 为系数。不同的鱼类,系数是不同的,根据实践经验,鲤鱼的 a 值大小与鲢、鳙相似,也可用 $a=0.13L$;而草鱼的 a 值较小,$a=0.105L$;团头鲂 $a=0.20L$;罗非鱼 $a=0.16L$。这样,只要知道放养鱼种的全长,马上就能知道应选择多大规格的网目。

4. 网箱深度 适当增加网箱深度,可以在不必过多消耗材料的情况下增加网箱的容积。但深度过大易造成网箱底部缺氧,水温下降,浮游生物分布减少。因此,必须根据水流、水深、放养密度、养殖产量等情况设计合理的网箱深度。在静水中,溶氧的分布规律一般为:在 0~1 米深处最高,1~2 米深处下降到饱和水平的 50%~70%,水下 3 米深处则进一步下降到 20%~30%,其中以 2~3 米深处溶氧的下降最快。静水中水体温度在水下 1~5 米内变化不大,为 2~3℃,对鱼类影响不及溶氧重要。但由于水流、风浪和潮流等因素的影响,水中的溶氧、温度和浮游生物的分布变化与静水中有些差别。同时箱内鱼群的活动也混合了溶氧和水温的分层。因此,设置在湖泊中网箱的深度一般为 2~3 米,而水库网箱的深度可为 3~4 米。

三、网箱的形式

（一）封闭浮动式网箱

封闭浮动式网箱（图 8-1）框架可用毛竹或塑料管，终年漂浮于水面，浮力不足时可在四角加浮球或浮筒。上口用网片封住。沉子可用铅、锡、混凝土或废旧的电瓷瓶，缚于箱底四周。可用水下抛锚固定网箱，也可用条石或混凝土块代替锚来固定网箱。锚绳要结实，长度按水深和箱距定。

这种形式的网箱可随风浪和水流而漂动或转动，也能灵活地迁移位置，适合用机械起吊、洗刷网衣。缺点是不能抗御较大风浪，所以，多设置在水较深而风浪不大的湖汊、库湾内。这种网箱目前是我国应用最广泛的一种。

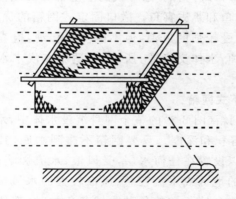

图 8-1 封闭浮动式网箱

（二）固定式网箱

固定式网箱（图 8-2）用竹桩或水泥桩固定于一定的水层。网衣悬挂在固定的撑架桩上。每根桩柱的上、下各安装一个滑轮或铁环，用绳索固定箱体，并用绳索控制网衣的升降，根据水

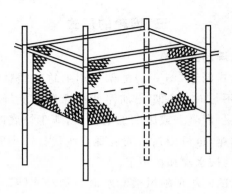

图 8-2   固定式网箱

位的变动调节箱体,网衣要离泥 0.5 米以上。这种形式的网箱
有封闭式和敞口式两种。敞口式的水上部分必须高出水面 1 米
以上,防止逃鱼和跳进害鱼。敞口固定式网箱的优点是投饲、管
理方便,能经受较强的风浪,但不能随意移动,检查网箱底及捕
鱼操作较麻烦,水体交换差,所以,只适于在浅水水域养吃食性
鱼类。

(三)沉下式网箱

沉下式网箱(图 8-3)的整个网身沉没水体中,水位变化不会
影响网身的容积和深度。只要网箱不碰到水底,其容积是不变
的。网箱可以设置在任何水层,受风浪、水流影响较小,在台风
或洪水常见的地区或水流较急、风浪较大的水域多被采用。我
国在网箱养滤食性鱼类的鱼种或越冬鱼类时,都使用沉下式网
箱。养滤食性鱼类鱼种的网箱网目小,在水下 0～1 米范围内,
网目易被堵塞,所以,一般将网箱下沉到水下 1 米以下处,这样
可减少藻类及其他悬浮物对网目的堵塞。我国北方冬季水面结
冰,可用下沉式网箱将鱼类沉入水下,安全越冬。

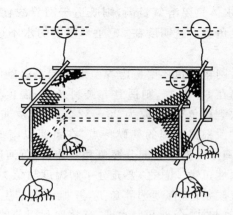

图 8-3　沉下式网箱

四、网箱设置水域的选择

从理论上讲,任何可供鱼类生长的水域都可用于网箱养鱼。然而,实践证明,在同一地区的水库,甚至同一水体的不同地点,采用同样的网箱和养殖工艺,往往取得不同的结果,除管理水平不同外,常与网箱设置地点的选择有直接关系。网箱养鱼要选择水质良好、营养丰富、生态条件好的水域,具体应考虑以下条件。

(一)网箱养鱼必须选择良好的水质环境

(1)光照和透明度:水中的绿色植物利用光能将无机物转化成有机物,这些有机物是网箱不投饲养殖花白鲢鱼类的主要食物来源,所以,光照是决定水域生产力优劣的重要因素。网箱养鱼应选择向阳、日照条件好的场所。

水的透明度是光线透入水层的深度,其大小与水中的无机物、悬浮物及藻类的多少有关。透明度大,洁净的水溶氧丰富,适合于网箱养殖吃食性鱼类,如鲤等。网箱养鲤区域透明度应大于 70 厘米,最好在 100 厘米以上。透明度在 30～50 厘米的水属于富营养化水体,这种水体只要溶氧量高,则既适于网养滤食性鱼类,又适于网养吃食性鱼类。透明度在 30 厘米以下的水不适宜进行网箱养鱼。

(2)温度:网箱养鱼还要考虑养殖地区的水温条件。若全年大多数时间水温在 8～20℃,则适宜养鲑科鱼类;温度为 15～32℃,适宜养大多数鲤科鱼类;水温为 20～32℃,可养罗非鱼、淡水白鲳等亚热带鱼类。根据我国的气候特点,在黄河以南地区以网养鲤科鱼类为主,闽江以南可养部分鲮鱼和罗非鱼,黄河以北可选择放养虹鳟等冷水性鱼类。总之,要充分了解温度与鱼类生长的关系,根据当地的气候条件,合理选养鱼类,并抓住最佳生长季节,做到及早放养,及时起捕,合理开发水域,有效地利用养殖季节。

(3)溶氧:水中氧气的存在是鱼类生存的必要条件之一。网箱养鱼密度很高,鱼类呼吸以及残饵、粪便都需大量耗氧,因此水域必须溶氧充足。有关资料表明,网箱养鲤科鱼类,水中溶氧需达到 7～8 毫克/升或以上。如水域溶氧量低于 5 毫克/升,则不易设箱养吃食性鱼类。

(4)pH 值:网箱养鱼的水应以 pH 值为 7～8.5 最好。鱼类适宜的 pH 值为 6.5～9.5,酸性或碱性过强的水都不适宜鱼类生存,酸性过强(pH 值小)时可使鱼类血液的 H^+ 浓度上升,削弱它的载氧能力,造成缺氧症,使鱼类生长受抑。碱性过强的水会腐蚀鱼类的鳃组织,影响鱼类呼吸。

(5)氨氮和营养盐类:进行网箱养鱼时,氨氮在水中的含量常作为水体污染、有机物腐败引起水质严重恶化的一项指标。当氨氮含量超过 1 毫克/升时,就应采取措施,如检查投饲是否过量,或者应该考虑移动网箱位置等。

营养盐类包括硝酸盐、磷酸盐、硅酸盐等。它们与水生植物和藻类的营养、繁殖和生长有密切的关系。氮和磷又被称为淡水水体中的生源元素,一般认为含氮量高于 0.2 毫克/升、磷酸盐含量高于0.02毫克/升的水体属于富营养型水体,对藻类生长有利。硅酸盐是硅藻壳的主要原料,通常认为水体中硅酸盐的含量最低不能低于0.13毫克/升,但网养吃食性鱼类不必考虑这一指标。

(二)网箱养鱼应选择饵料丰富的水域

这主要是针对网养滤食性鱼类而言的。因为投饵式网箱养殖吃食性鱼类,其能源物质的供给主要靠人工投喂的配合饲料或商品饲料,只要水域的理化及生态环境合适就可以设置网箱。而网养滤食性鱼类,是完全依靠水中的天然饲料,水中浮游生物的多寡和种类组成是网箱放养密度和搭配比例的主要依据。一般在富营养型水域中网养花、白鲢都能获得较好的效益。湖泊、水库等大水域中浮游生物分布的一般规律是湖湾、库汊、敞水带为多,沿岸浅水区较深水区为多,设置网箱时应考虑这些。

(三)网箱养鱼应选择生态条件好的水域

(1)水流和风浪:水流和风浪能促进网箱内外水体交换,使箱内饵料生物和溶氧不断得到补充,还便于清除残饵、粪便等,使网箱养鱼能获得高产,因此,网箱必须设置在有微流水的地方。但是鱼类对水流、风浪的适应有一定的范围,过快的水流会使鱼长时间逆水顶流,易导致鱼因体力衰竭而死亡。根据鱼类对流速的耐受力和各地养鱼的经验,设置网箱的区域微流水流速为0.1~0.2米/分钟比较合适。微流水有助于箱内外水体交换,保证箱内有充足的溶氧并及时带走残饵、粪便及被代谢物污染的水体,又不致因流速过大而消耗鱼的体力导致产量下降。

(2)水深、底质和离岸距离:水深4~5米或以上,底部平坦,离岸较近就能达到深度要求的水域,可以作为网箱养鱼的基地。这样除网箱本身的高度2~3米外,箱底距水底还可留出2米左右的空隙,使水流动,底部的粪便及残饵能随水流及时排出,水质不致恶化。

底部平坦而又深度不大的湖泊,建立固定式网箱比较方便,若底部不平或坡度很大,网箱会出现向一边倾斜的现象,容易出现溶氧不均的情况。

在离岸过远的地方设置网箱会给管理带来一些不便,因为要用船只来沟通陆上与网箱区域的联系,投饲次数必然减少,不易实施少量多次的投饲技术,一旦出现意外,也难以及时处理。

(3)交通:建设网箱养鱼基地还必须考虑交通是否方便。山区的水库,即使饲养条件好,如果饲料、苗种及其他各种材料运输不方便,鱼产品不能及时运出去销售,也不利于发展网箱养鱼。再有,网箱养殖区的水上交通也不宜过于频繁,以免造成人为的网破鱼逃,出现不应有的经济损失。

设置地点选择好后,一般将网箱呈线性排列,并横向朝向水流,这样有利于每只网箱内水的交换,以保持箱内良好的生长环境。相邻两箱间的距离宜在 15 米左右。当线性排列并非一列时,相邻两列间的距离宜在 50 米以上。网箱在水中布设的密度,一般认为应占水域面积的 $0.5\% \sim 1.0\%$,具体应根据水域的水质条件及水流情况而定,不可过于密集,否则会造成该水域局部水体的严重污染。

第三节　网箱养鱼技术

一、养殖鱼类的选择

各种鱼类都有其特定的生活环境和生长条件,并不是所有的鱼类都可以进行网箱养殖。利用网箱养殖的鱼类应具备下列条件:

①能在当地水域中顺利生长,当地水域水体的温度、盐度、pH值等理化因子均能满足养殖对象生长的生理需要,且要求生长快,一般经一个养殖周期饲养后产品即可上市,无须作跨年度的续养。

②肉味美,价格高,能获得较高利润。

③苗种来源广而且容易,最好能自繁解决。

④饵料来源容易解决,养殖鱼类的食性要广,饵料易解决。最好能适应配合饵料养殖。

⑤能适应高密度集约化养殖方式,抗病力强,通常能耐低氧,对水质的要求也不严,最好能在常温条件下自然越冬。对各种细菌、寄生虫等的感染率低,成活率较高。

目前,我国网箱养殖的主要种类有鲤、罗非鱼、鲢、鳙、草鱼、鳊、团头鲂等。

二、养 殖 方 式

网箱养鱼根据不同标准,有不同的养殖方式,除有共性的养殖技术外,各有不同的放养和管理措施。

(一)根据供饵途径划分

(1)不投饲网养滤食性鱼类:这种养殖方式主要依靠水体中的天然饵料,一般不投饲,但有时为了提高单产,也补充投喂一些商品饵料。这种养殖方式一般产量较低,为 $5\sim15$ 千克/米^2。

(2)投饲网养吃食性鱼类:指在人工投饲条件下进行高密度、精养的一种养殖方式。选择放养对象范围较广且单产水平较高,一般可达 $30\sim50$ 千克/米^2,高的能超过 100 千克/米^2。

(二)根据养殖种类的数量划分

(1)单养:指在同一网箱中养殖一种鱼类的放养方式,日常管理时饲料配方、投饲率都根据所单养鱼类的需要确定。单养不仅管理方便,鱼生长规格整齐,而且产量也较高。单养中通常也搭配少量刮食性的鱼类,如鲮、鲴鱼等,有疏通网目的作用。

(2)混养:在网箱中放养两种以上鱼类的放养方式。一般以一种鱼作为主养鱼,另外再搭养一种以上的其他种鱼。目前我国主要有鲢、鳙鱼混养,草鱼和鲂鱼的混养以及罗非鱼与其他鱼类的混养。混养能充分利用水域中的天然饵料,但是在混养情况下很难选择适合各种鱼类的配合饵料。现在这种养殖方式除用于网围、网拦养鱼外,已很少用于网箱养鱼。

(三)根据养殖目的和阶段划分

1. 网箱养殖鱼种　指利用网箱将鱼苗培育到鱼种阶段的养殖方式。我国网养滤食性鱼类一般以此为目的,然后将鱼种投入到大水面,为大水面增殖提供充足的鱼种。网养鱼种也可以继续在网箱中培育成商品鱼。主要有以下几种放养和饲养措施。

(1)单级放养:就是在整个网箱养殖的生产季节中只向网箱内投放一次鱼种。一般是7月初投放鱼种,10月下旬一次起捕。这种放养方式中为了解决鱼类生长与饵料供应之间的矛盾,通常采取两种方法:一是开始适当降低放养密度,100～200尾/米²,让部分饵料浪费掉,随鱼体的生长使饵料不致缺乏,这样通常60～80天鱼体长可达到13～14厘米;二是开始放养密度就较高,充分利用天然饵料,30～60天后加投人工饵料,以弥补后阶段饵料的不足。

(2)多级放养:指在鱼种的生长期内饲养两批鱼种。第一批鱼种6月中旬入箱,培育40～50天后达到13.3厘米以上的规格起捕出箱。第二批鱼种在8月上旬或中旬放入网箱,饲养60～80天后也能达到13厘米左右规格。这种放养方式的优点是鱼种饲养的周期短,逃鱼的可能性小,一旦网箱中的饵料不够,可立即起捕。

(3)逐级放养:指从乌仔开始用不同网目的网箱分级培养各种规格的鱼种。一般分为4级:第1级乌仔到夏花(网目1厘米),第2级夏花到小规格鱼种(网目1.1～1.3厘米),第3级小规格鱼种到大规格鱼种(网目1.5～1.8厘米),第4级大规格鱼种到成鱼(网目3.0～3.5厘米)。这种放养方式可以及时调整放养密度,更换网箱,使饵料浪费少并且网目的通透状况好。

（4）提大留小：网箱中放养鱼种初始时放养密度可稍高一点，经过一段时间的培养，随着鱼种长大而出现饵料供应不足时，鱼种生长会出现参差不齐的现象，可以用稀网目网箱过筛把较大规格的鱼种放入水库、湖泊或较大网目的网箱中饲养。较小规格的鱼种留在原箱内继续饲养。这样，鱼种的规格和密度都得到了重新调整，调整后的网箱网目畅通，密度适当，规格整齐，有利于下阶段鱼种的生长。

2. 网箱养殖商品鱼　指鱼种投入网箱后，经过 1 个养殖周期而达到商品鱼规格的养殖方式。投饲式网箱养殖一般均以养殖商品鱼为目的。这种方式又可分为单养、混养、轮养 3 种方式。

三、放 养 技 术

（一）网目大小与放养规格

网箱养鱼网目必须根据放养鱼种的大小来确定。网目过大，虽水体交换量大，但易逃鱼；网目过小，则易被堵塞，有碍水体交换，影响鱼类生长。网目大小与放养规格的关系参见表 6-5。

（二）放养规格与密度

适宜的放养密度能够取得较高的产量和经济效益。由于网箱养鱼既要生产一定尾数，还要达到一定规格，因此，确定放养密度时还应考虑鱼种的放养规格及出箱时所要求达到的规格。

不投饲网箱养殖滤食性鱼类，关键是水质的肥瘦。由于不同湖泊、水库具体的理化性质、饵料丰度等都不相同，所以，放养密度在不同的水域就有所不同；即使是同一水域的不同位置，有时也有所不同。在网箱内外水流畅通、管理技术良好的条件下，根据饵料生物数量、水流等因素，可制订出湖泊、水库网箱培育鱼种放养密度参照表（表 8-1）。此表仅作参考，各地在放养时应因地制宜地进行。

表 8-1　湖泊、水库网箱培育鱼种放养密度参照表

水体类型	浮游植物数量（6～10月份）（万个/升）	浮游动物数量（6～10月份）（个/升）	7月份开始，水温15℃以上的天数	水流和滤水量情况	放养密度（尾/米²）
1	500～1 000	8 000～12 000	120天左右	有机物不断冲入，有定向水流，网箱内外水流交换量大	300～500
2	200～500	5 000～8 000	120天左右	有定向水流，网箱内外水流交换量大	200～300
3	100～200	3 000～5 000	120天左右	有定向水流，网箱内外水流交换量中等	100～200
4	50～100	1 000～3 000	100～120天	无定向水流，网箱内外水流交换量很小	60～100
5	＜50	＜1 000	80～100天	无定向水流，网箱内外无水流交换	40～60

　　在实际生产中，可用下面简单方法测试放养密度：在养殖水体中设置 4 只 0.5 米² 的网箱，选择晴朗的日子上午 8:00 左右，将在清水中静养了 8 小时以上处于空肠状态的鲢、鳙鱼种（各占 50％）放入 4 只网箱中，数量分别为 50、100、150 及 200 尾。放入网箱的同时解剖鲢、鳙各 5 尾，记录肠的初始充塞度。然后每隔 2 小时，从各网箱分别抽取鲢、鳙鱼种各 5 尾，解剖并记录肠的充塞度。若某一只箱，鱼入箱后 4 小时，极大部分肠内食物很多，几乎充满全肠，表明该箱内放养密度与水体供饵能力相适应。

　　投饵式网箱养鱼，在溶氧不低于 3 毫克/升，氨氮含量不超过 0.3～0.5 毫克/升，饵料配方良好，供饵充足的条件下，可以适当增加放养密度以求获得高产。放养密度随放养规格的大小而变，一般夏花养到鱼种，放养规格为 1～2 克/尾，放养密度可达 250～

500 尾/米²,经 120～150 天饲养,起捕时可达到 50～100 克/尾的水平。仔口鱼种养成商品鱼时,放养密度可为 100～300 尾/米²,放养规格为 10～50 克/尾,经 150～180 天饲养,起捕时可长到 250～500 克/尾。老口鱼种养成商品鱼时,放养规格可为 250～500 克/尾,放养密度为 20～40 尾/米²,经 150～180 天饲养,起捕时商品鱼规格可达 1.5～2.5 千克/尾。

生产实践中,可在估算网箱生产能力的前提下,依据要求达到的出箱规格,参考鱼种成活率,推算出相应放养密度,经验公式为

$$放养密度(尾/米²)=\frac{估算鱼产力(千克/米²)}{出箱规格(千克/尾)×成活率(\%)}$$

(三)搭配比例

投饲式网箱养鱼中,绝大部分饲料来自人工配合饵料,所以,箱中鱼类的摄食能力与生长情况密切相关。一种配合饵料不可能同时恰好满足两种鱼类的营养要求,因此,最好进行单养,但可搭配少量的滤食性或刮食性鱼类,用来清除残饵及除去网眼上的附着物,有利于水体清洁及水流畅通。所以,网箱养殖给食性鱼类不存在搭配比例的问题。网箱养殖滤食性鱼类时,为充分利用箱内饵料生长,发挥水域最大生产力,则须进行混养,一方面使网箱中各种环境条件都能被充分利用,另一方面又不至于使具有相同的生态要求的两个或两个以上的品种处于同一网箱中而造成种间竞争,降低产量。

鲢、鳙鱼的放养数量要有主次。鲢主食浮游植物,鳙主食浮游动物。一般湖泊、水库的浮游生物都以动物为主,所以大多数湖泊、水库以放养鳙鱼为主,可以占放养总量的 75%～90%。个别以浮游植物为主的水体,以放养鲢鱼为主,鲢鱼占放养量的 75%～90%,鳙鱼占 10%～25%,另外,可搭配少量不与鲢、鳙争食的能清除网衣藻类的刮食性鱼类,如细鳞斜颌鲴、罗非鱼等。

第四节　网箱养鱼的管理

一、放 养 方 法

　　鱼种入箱时间一般在春、秋两季。我国北方多在春季，可免去越冬管理，南方多在秋末冬初。

　　入箱前，若是池塘养的鱼种，则需拉网锻炼二三次，视距离远近而定。鱼种要求体格健壮、无损伤、个体规格一致。选择春、秋两季天气晴朗、无风的上午，用3％～5％的盐水给鱼种消毒后，放入网箱。刚放入网箱的鱼群由于一时不能适应新的水域环境，往往出现鱼群蹦跳或沿着网箱四周不停地游动等反常现象，经过2～3天后，待鱼群正常摄食时就会好转。

二、投 饲 技 术

（一）投饲标准

　　根据生长过程中鱼的体重、水温、溶氧及其季节变化，确定并随时调整每天的投饲率、投饲量、投饲次数和投饲时间等有关管理技术问题。

　　正常的摄食状态是指摄食量以某一种增加率递增而使网箱内的鱼群获得良好生长率的状态。这种状态下的投饲量与网箱内鱼群总体重的百分比称为投饲率，通常指日投饲量和日投饲率，以下式计算：

$$R = \frac{W_1}{W_0} \times 100\%$$

　　式中：R 为日投饲率；W_0 为网箱中鱼群的总体重；W_1 为日投饵量。

　　投饲率除因鱼类的生物学特性不同而有差异外，还与鱼类的规格大小及水的温度有关。通常在性成熟前的幼鱼阶段,投饲率随鱼体生长而下降,这主要是因为幼鱼阶段鱼类的生长代谢旺盛。相同规格的鱼种,高温时的投饲率大于低温时。根据日本对鲕鱼和鲤鱼的研究,相同规格的鱼种,在适宜生长温度范围内,当饲养环境中温度相差 10℃时,其投饲率相差 1 倍左右。

通常网箱养鱼日投饲量可分 6～8 次投喂,如有条件,也可以增加到 8～12 次,晚上也可投饲。这样每次投喂日投饲量的10％～15％,能马上被集群的鱼抢光,既避免了饵料散失,又保证了鱼类摄食(表 8-2,表 8-3)。

表 8-2 网箱养殖鲤鱼的投饲率与温度、鱼规格的相关情况 ％

水温	鱼体重(克)					
(℃)	50～100	101～200	201～300	301～700	701～800	801～900
15	2.4	1.9	1.6	1.3	1.1	0.8
16	2.6	2.0	1.7	1.4	1.1	0.8
17	2.8	2.2	1.8	1.5	1.2	0.9
18	3.0	2.3	1.9	1.7	1.3	1.0
19	3.2	2.5	2.0	1.8	1.4	1.0
20	3.4	2.7	2.2	1.9	1.5	1.1
21	3.6	2.9	2.3	2.0	1.6	1.2
22	3.9	3.1	2.5	2.2	1.7	1.3
23	4.2	3.3	2.7	2.3	1.8	1.4
24	4.5	3.5	2.9	2.5	2.0	1.5
25	4.8	3.8	3.1	2.7	2.1	1.6
26	5.2	4.1	3.3	2.9	2.3	1.7
27	5.5	4.4	3.5	3.1	2.4	1.8
28	5.9	4.7	3.8	3.3	2.6	1.9
29	6.3	5.0	4.1	3.5	2.8	2.0
30	6.8	5.4	4.4	3.8	3.0	2.2

表 8-2 反映了鲤鱼投饲率与规格大小及温度的关系。可以看出,在规格相同的情况下,随着温度的上升日投饲率相应上升。而在温度相同的情况下,日投饲率随着鱼体规格增大而下降。

表 8-3　青鱼、草鱼、团头鲂的日投饲率与规格和饲养季节的相关情况

日期		青鱼		草鱼		团头鲂	
月	日	规格（克）	投饲率（%）	规格（克）	投饲率（%）	规格（克）	投饲率（%）
4 月	1～10	500	0.9	25	1.2	16	2.2
	11～20	520	1.2	26	1.8	18	2.6
	21～30	540	1.5	28	2.1	20	3.6
5 月	1～10	570	1.8	31	2.6	23	4.1
	11～20	610	2.2	35	4.2	27	4.4
	21～31	660	2.4	42	4.3	32	5.5
6 月	1～10	730	2.8	50	5.1	40	5.9
	11～20	810	2.9	65	5.2	50	5.8
	21～30	900	2.9	80	5.2	60	5.4
7 月	1～10	1 000	2.8	100	4.9	64	5.2
	11～20	1 120	2.8	120	4.8	80	4.7
	21～31	1 250	2.7	150	4.5	90	4.5
8 月	1～10	1 380	2.7	180	4.3	105	4.2
	11～20	1 530	2.6	220	4.2	120	3.8
	21～31	1 700	2.5	260	4.0	140	3.6
9 月	1～10	1 870	2.3	310	3.5	160	3.1
	11～20	2 050	2.1	370	3.0	180	2.6
	21～30	2 200	1.8	420	2.5	200	2.3
10 月	1～10	2 380	1.5	470	2.1	225	1.9
	11～20	2 500	1.2	515	1.8	230	1.4
	21～31	2 640	1.0	560	1.3	245	1.0
11 月	1～10	2 750	0.8	600	0.8	255	0.7

　　表 8-3 反映了青鱼、草鱼、团头鲂在饲养条件下日投饲率和饲养鱼类规格及季节的关系。

(二)投饲方法

　　鱼种放入网箱后 1～2 天才能适应新的环境,这时才能开始投饲。初期投饲,当水温达到 15～16℃ 时,可以在第一、二天投喂鱼体重量的 0.5%～1%,第三、四天投喂 1%～1.5%,第五、六天投喂 1.5%～2.0%,自第七天起,如鱼群已养成密集争食的习惯,则可以按表 8-2 或表 8-3 进行投喂。鱼密集争食的情况可以在鱼饥饿状态下训练,用适度的响声将鱼诱集到水面或食台附近投食。一般罗非鱼在第二天就能养成集群的习惯,其他鱼类需要 7～10 天。在鱼群聚集良好的情况下,即使一开始就投喂每次投喂量的 40%～50%,所投饲料也能很快地被摄食完,不致流失,但是剩下的饲料应慢慢地投喂。

　　饲养后期的大中型鱼类,立秋后水温下降时或放养密度过稀的情况下投饲时鱼往往不再浮到水面来争食,此时应适当减少投饲量,拉长投饲间隔。如果前一天还正常摄食的鱼群不再对声响产生反应,投饲后不浮在水面来集群摄食,应赶快检查网箱有无破损或其他的外界刺激、水流不畅通、溶氧过低等因素。

　　遇到大风浪、水流急、水质浑浊、水温急剧下降、阴天无风、溶氧量降低等异常情况时,应减少投饲量,防止饲料浪费。遇到大风、急流时,为防止饲料外溢,应适当加高食台的周边,还可在食台一边的网箱底部铺设一层细网布,这样既可以防止或减少饲料翻出食台,又可以截留已散失在网箱内的饲料,让鱼继续摄食,减少浪费。

三、日 常 管 理

　　1. 定期检查鱼群　　一是观察鱼类的生长,及时调整投饲率,或者及时了解滤食性鱼类的鱼种是否已达到预定规格，以便转入下阶段饲养或准备逐级分养或争取提大留小等措施；二是检查病况，及时采取防治措施；三是了解有无被盗或逃鱼现象。建立完整的生产记录，编号登记网箱、记录鱼种放养量、生长情况、投饲量等，以便发现问题及时解决。

2. 及时检查网箱　目的是检查网箱有无破损、防止鱼只偷逃，以减少损失。时间最好在每天傍晚或早晨。方法是饲养人员站在小船上将网箱的四角轻轻拉起，仔细察看网衣是否有破损的地方。水位变动剧烈时，如洪水期、枯水期都要检查网箱的位置。

3. 勤洗网衣，保持网目畅通　网箱放入水中很快就会被藻类或低等的无脊椎动物附着，堵塞网目，影响水体交换，使鱼类生长不良。清除网衣附着物有下面几种方法。

(1)涂抹法：在网衣上涂上一层碳酸钙粉或其他钙化合物，能使网变得柔软，使污物不易附着。网线涂上沥青，也可防止藻类附着。

(2)生物法：网箱中放入一些刮食性鱼类，可以除去部分藻类或无脊椎动物。

(3)曝晒法：定期将网衣上提曝晒，可以将附着的藻类晒死。

(4)下沉法：有些藻类在1米以下就难以生长和繁殖。因此，将网箱沉到1米以下就可杀死某些藻类。

(5)冲洗法：使用喷水枪、潜水泵以强大的水流把污物冲掉。

4. 鱼病的防治　网箱养鱼是一种高密度养殖方式，一旦发病，很容易蔓延。做好预防工作，能达到最满意的经济效果。苗种进箱前要严格挑选，并进行药浴消毒。在疾病多发季节，每隔4～5天在网箱的四角挂篓、挂袋进行消毒，每隔半个月左右还要投喂大蒜药饵。对鱼类的外伤，要用凡士林或青霉素软膏涂抹。必要的时候，还可将未发病的鱼起箱消毒。

四、沉箱越冬

当年未养成要求规格或第二年要继续在网箱中养成商品鱼的鱼,都要在网箱中越冬。鱼的越冬期是指冬季水温下降到6～8℃至次年春季水温上升到8℃以上,鱼种停止摄食到开口摄食为止的这段时间。此期间,鱼主要依靠消耗体内积累的营养来维持新陈代谢。网箱越冬成本低,简便易行,既减轻了池塘鱼类越冬的负担,又可为水库、湖泊及池塘提供春片鱼种和2龄大规格鱼种。

1. 越冬前的准备工作　沉箱越冬是将网箱下沉到水下一定深度并使网箱平衡悬浮水中,让鱼种在网箱中安全越过冬季。为了使鱼种能获得足够的氧气,网箱上下四周的水体应较宽敞,以利于水体交换。同时为了使鱼种免遭冻伤,应在相对水温较高的水域中越冬。因此,网箱越冬的水域应选择水面稍宽,避风向阳,水质清新,溶氧丰富,水深8～10米及以上的库湾。

为了使越冬鱼种肥壮,增强御寒越冬能力,减少病患,提高越冬成活率,降低越冬期体重损耗,越冬前应坚持投饲至鱼种不再摄食为止。

2. 越冬方法　北方地区冰封期一般为100～110天,冰厚30～40厘米,鱼种越冬期为120～130天。入箱时间在表层水温6～8℃时,因为进入冬季后,底部水温常是4℃,若表层水温过高时,上、下水层温差超过了3～5℃,易使鱼患病。若在温度过低时沉箱,网箱数量较大,库面会很快结冰,操作匆忙、粗暴,沉箱效果不好,成活率会下降。沉箱深度一般在水面下2～3米。

沉箱的具体方法是:先用细竹竿或荆条绑扎在网箱盖的四周以代替框架,使网箱形状固定,不致变形,然后从框架上解下网箱,再在箱的四角系上绳索,绳索长度以网箱下沉到所需深度为准。

当网箱下沉到所需深度时,将绳索一端系于框架四角。这样框架浮于水面,而网箱悬浮水中,沉箱便告完成。如竹竿等因浮力影响网箱下沉,可在四角绑上沉石。如框架需拆卸收藏,则可将绳索系于缆绳上,缆绳系上浮标。

3. 沉箱越冬注意事项　主要有以下 4 项。

(1)每箱中的鱼种规格整齐,体质肥壮。大小不一的鱼混在一起越冬,既影响越冬成活率,又不利于翌年春季起箱后的饲养。

(2)北方冰封以后,一旦下雪,要立即清扫掉冰面上的积雪,清扫面积宜稍大于网箱面积,以利增强冰下光照,加强水中浮游植物的光合作用,增加水中的溶氧。

(3)越冬期间,应有专人管理,勤于检查。检查箱内外的水体交换情况与箱中的溶氧状况,必要时可定期抽查。方法是打开冰面,将网箱提起检查。如有死鱼,及时捞出掩埋。

(4)沉箱的冰面上严禁行人行走,以保证冰下的鱼安全越冬。

五、起 网 收 捕

起捕的时间应根据水温、箱中鱼群的生长状况和市场的需要来决定。一般水温下降到 15℃ 时就可起捕,因为此时鱼群已趋向生长减缓或停止阶段,再投喂饲养往往是得不偿失。如果鱼体重量提前达到某一预定的商品规格,可以立即起捕。但是如遇产品大量集中,售价又不高时,也可暂养一个阶段。

起捕的方法是两人将网箱的两个角提起,不断收网使鱼群集中到对面的角落里,对面的人用抄网或捞海将鱼捕起;也可以将网箱从框架上解下来,用船拖向岸边,然后用吊车吊起称重过数。

思 考 题

1. 网箱养鱼高产的原理是什么?
2. 网箱有哪些类型?
3. 如何选择网箱设置水域?
4. 网箱养殖鱼类应具备什么条件?
5. 网箱养鱼放养密度如何确定?
6. 网箱养鱼投饵率的确定方法是什么?
7. 网箱养鱼日常管理工作有哪些?

第九章　鱼病防治

导读:养殖水体中鱼类饲养密度大,投饲多,水质易肥变坏,容易引起鱼病且传染快。一旦鱼病蔓延开来,就会给渔农带来重大经济损失。因此,鱼病防治是养鱼过程中非常重要的工作。本章讲述鱼类患病的主要原因、鱼病诊断的一般方法、渔药基础知识、鱼病预防知识,详细介绍了鱼类常见疾病发生的原因、诊断及防治方法。

第一节　鱼类患病的原因

鱼类患病是鱼体与其生活的水环境不协调的结果,可能因为鱼体质差、抗病力弱,也可能因为水体、水质不适合鱼类生活或存在危害鱼类的病原体。

(1)鱼抗病能力差:由于饵料质量差(如腐败变质等)或投饲不当等,鱼类吃食量小,生长不良、瘦弱,则很容易感染鱼病;有时由于拉网、运输操作不当,致使鱼体受伤严重,一时难以恢复,则病菌乘虚而入,使鱼得病。另外,有的鱼类对某种病原体特别敏感,很容易患该病原体所引起的鱼病,如草鱼易患烂鳃病,鲢、鳙鱼易患打印病。

(2)水质不良:每一种鱼对水质都有一定的要求,如果水质的变化经常超出鱼类所要求的适宜范围,鱼类长期生活在不适宜的环境中,则吃食量减少,抗病力降低,很容易患病死亡。广义上,水质不良的标志有水温不适宜,水温剧变,pH 值过高或过低,溶氧长期偏低,水质过肥,水中含有有毒的化学物质,如氨、硫化氢、重金属等。对温带鱼类,水的硬度一般不很重要。

(3)生物侵害:水中存在着各种各样侵害鱼类的生物,我们把能引起鱼类生病的生物称为病原体。鱼类的病原体基本可分为微生物和寄生虫两大类,微生物病原体有病毒、细菌、霉菌等;寄生虫病原体有原生动物、蠕虫、甲壳动物以及水蛭等。另外,还有些生物,如水鸟、蛙类、凶猛鱼类、水生昆虫、水螅、水网藻等,会直接吞食或间接危害鱼类,被称为鱼类的敌害生物。

第二节 鱼病诊断的一般方法

鱼病发生后是否能尽快地得到控制,对鱼病迅速地做出正确的诊断是首要步骤。只有先确定鱼患何种疾病,才能对症下药,取得好的治疗效果。因此,能否正确诊断鱼病,是鱼病防治工作中的关键问题。

诊断鱼病应从以下三个方面进行。

一、调查询问

在诊断某种疾病之前,首先应进行调查询问,调查询问的内容是现场观察无法得到的。

在多种鱼的混养池塘,如果仅是草鱼得病,首先应怀疑是"草鱼三病"——赤皮病、烂鳃病、肠炎;如果仅是鲢、鲫鱼得病,应怀疑是鲢鱼出血病;如果池中鱼类均得病,而且没有一定次序,可能是淡水鱼类细菌性败血病。如果鱼在池中狂游或蹿跳,可能是有寄生虫;如果仅是鲢鱼狂游、蹿跳,则可能是白鲢疯狂病。如果鱼类平时表现正常,只在拉网后一段时间出现出血症状或不耐运输,可能是喹乙醇中毒。如果各种混养鱼类按照鲢、草、鲤、鲫顺序先后全部死亡,应考虑泛池的可能性。怀疑泛池时,还应调查放养密度、施肥情况、天气变化和死鱼前浮头情况。如泰安某小型水库

1.25 万千克商品鱼 3 天内全部死亡。据调查,该水库放养个体规格 100 克的鱼种 200 千克/亩,经 4 个多月的养殖,个体规格已达 0.5 千克以上,粗算起来该小型水库成鱼密度可达 1 200 千克/亩以上,在养殖过程中,又经常投放未经发酵的厩肥,在雨季时连续几天的连绵阴雨,又无增氧和注水设备,最终导致第一天鲢鱼陆续出现成批死亡,第二天草鱼和鲤鱼也开始出现批量死亡,下午鲫鱼也有死亡现象,至第三天晚间,水库中鱼已死亡 90% 以上。综合调查分析,基本可诊断为缺氧泛池死亡

调查中还应注意病鱼是陆续少量死亡,还是死亡有明显的高峰期,前者应考虑是寄生虫侵袭的可能,而后者可能是传染性鱼病。

调查中还应了解以前治疗的情况,应详细询问曾用过何种药物,效果如何,这些情况都有助于对鱼病的正确诊断。

二、现 场 观 察

现场观察首先要注意观察水体透明度、肥瘦情况,必要时可测定水体 pH 及溶氧量;其次观察池中鱼类动态,通常先沿池塘四周巡视一遍,观察濒死鱼的游泳姿态和体色变化等。有些鱼病,病鱼一旦离开水体或死亡后,一些极其重要的症状就看不到了,这会给正确诊断鱼病造成极大困难。比如,患白头白嘴病的草鱼和患白云病的鲤鱼,在水中时白头白嘴症状或全身覆盖白色薄膜症状极其明显,可当病鱼离开水体时,白头白嘴现象或全身覆盖白色薄膜症状就不太明显了。又如,患白鲢疯狂病的病鱼在水中时表现为狂游乱窜,时而蹿出水面,时而在水中打圈圈或钻入水底。根据这些特有的症状,诊断者很容易地就能做出判断。

三、鱼 体 检 查

通过以上的调查询问和现场观察,只是对于与鱼病有关的外

部环境有了初步的了解,要对鱼病做出正确的诊断,还要靠对鱼体的检查。检查病鱼时,最好捞取濒临死亡而未死的病鱼进行检查,如果达不到这一要求,也要尽可能选用刚刚死亡且体色未变、尚未腐败的鱼进行检查(受检鱼至少 3～5 尾)。需要带回实验室检查时,受检鱼应放在盛有水的水桶内。如果病鱼已死,盛水带回时可能某些寄生虫就会离开鱼体而影响检查,此时可用湿布或湿纸将鱼包裹后带回实验室。

(一)肉眼检查

肉眼检查是诊断鱼病的主要方法之一,有些鱼病仅通过肉眼就可诊断。由于有些病原体的寄生部位往往呈现出一定的病理变化,有时症状还很明显,例如,水霉以及一些大型的寄生虫(如蠕虫、甲壳动物、体型较大的原生动物等),用肉眼就可能识别出来,而有些病原体(如细菌、体型较小的寄生虫等)用肉眼是看不到的,必须通过显微镜或通过特殊的方法培养鉴定后才能确诊。但是一般细菌性鱼病常常表现出各自不同的症状,如出血、发炎、脓肿、腐烂、蛀鳍等,而寄生虫病,常表现出黏液分泌增多、发白、有点状或块状的胞囊等症状,通过肉眼观察其不同的症状,对于某些鱼病就可做出初步的诊断。所以,肉眼检查法是一种较为方便并能收到较好效果的方法。

对患病鱼体进行检查,一般要检查体表、鳃、内脏等 3 部分,检查顺序和方法如下:

1.体表检查　将病鱼放在解剖盘内,按顺序从病鱼的头、嘴、眼、鳞片、鳍条等部位逐个仔细观察。在体表的一些大型病原体(水霉、锚头蚤、鱼鲺、钩介幼虫等)很容易看到,但有些肉眼看不见的小型病原体则需要根据所表现出的症状来判断。如车轮虫、口丝虫、斜管虫、三代虫等,一般会引起鱼体分泌大量黏液,或者头、嘴以及鳍条末端腐烂,但鳍条基部一般无充血现象。如有角膜混浊、白内障,很可能是复口吸虫病。草鱼赤皮病鳞片脱落,局部出血发红。鲢鱼打印病在鱼腹部两侧或一侧有圆形红色腐烂斑块,像盖过的印章。如果鱼体发黑,背部肌肉发红,鳍基充血,肛门红肿,剥皮可见肌肉出血,可能是患有病毒性出血病或肠炎病。

2. 鳃部检查　鳃部检查重点是鳃丝。首先注意鳃盖是否肿胀,鳃盖表皮有没有腐烂或变成透明现象;然后用剪刀将鳃盖除去,检查鳃丝是否正常。如鳃丝腐烂、发白带黄色,尖端软骨外露,并沾有污泥和黏液,多为烂鳃病;鳃丝末端挂着似蝇蛆一样的白色小虫,常常是寄生了中华鱼蚤;鳃部分泌大量的黏液,则可能是患有鳃隐鞭虫、口丝虫、车轮虫、斜管虫、三代虫、指环虫等寄生虫病;鳃片颜色比正常的鱼白,并略带红色小点,多为鳃霉病。

3. 内脏检查　内脏检查要检查的内容很多,要做好记录。

将病鱼放在解剖盘内,用剪刀或手术刀将一侧鱼鳞去掉一些,在去鳞处剪开皮肤,剥去一部分皮肤,看皮肤是否变红色;再从肛门处下剪,一路向上剪至体腔背部,再转向前剪,一直剪至鳃盖后缘,另一路沿腹中线向前剪,至鳃盖后下缘,最后将这一侧皮肤整个去除,露出内脏器官。

先观察腹内是否有腹水,腹水的颜色如何,有无肉眼可见的寄生虫,如鱼怪、线虫、舌状绦虫、长棘吻虫等;然后仔细地将体内各器官用剪刀分开,分别仔细观察各器官有无患病症状。

肝胰脏:是否肿胀,是否有变色,是否呈花斑状,是否有脓包。

胆囊:是否肿大,颜色是否变淡,胆汁是否变稀薄。

肾脏:是否肿胀,是否有变色,是否呈花斑状,是否有脓包。

心脏:是否肿胀,是否有变色,是否呈花斑状,是否有脓包。

肠道:取出肠道,从前肠至后肠剪开,分成前、中、后三段,放在解剖盘中,轻轻把肠道中的食物和粪便去掉,然后进行观察。如发现肠道全部或部分出血呈紫红色,则可能为肠炎病或出血病;前肠壁增厚,肠内壁有散在的小白点或片状物,可能是黏孢子虫病或球虫病。在肠内寄生的较大的寄生虫,如吸虫、绦虫、线虫等,都容易看到。

（二）显微镜检查（镜检）

肉眼检查主要是以症状为依据，如果同一尾鱼并发两种以上的症状，就很难确定鱼患何病。还有的症状好几种鱼病都存在，如体色变黑、蛀鳍、烂尾、鳞片脱落、鳃丝分泌黏液增多等症状。在这种情况下，仅靠肉眼检查是不能确诊的，必须进一步用显微镜或解剖镜检查，方可做出进一步的诊断。

一般肉眼不能看到病鱼的症状或病原体，必须借助于显微镜或解剖镜来进一步诊断。

镜检一般先要用目检来确定病变部位，然后再用显微镜做细微的全面检查。镜检的重点同样是鱼的鳃丝、体表、内脏等病变部位。

检查方法是：先从患病部位取少量组织或黏液放在载玻片上。如果取体表或鳃组织的黏液，应在载玻片上滴加少量清水；如取的是内脏组织，应滴加几滴生理盐水（0.85%的食盐水）。盖上盖玻片，从低倍镜到高倍镜依次观察。如果没有显微镜，也可以用高倍放大镜检查。

（1）体表检查：刮取体表少量黏液镜检。生长在体表的白点或黑色胞囊，压碎后放在显微镜下检查，可以看见黏孢子虫或吸虫的囊蚴。从整个病变部位或器官来说，显微镜检查只能检查到很少的面积，因此，每个病变部分或器官最好要检查几个不同点的组织，一般至少检查 3 个不同点。

（2）鳃部检查：在载玻片上滴加少量清水，取部分鳃丝涂于载玻片上，用盖玻片压片观察。一般可见到鳃隐鞭虫、口丝虫、车轮虫、斜管虫、毛管虫、黏孢子虫、舌杯虫、三代虫、指环虫、血居吸虫卵等寄生虫。

（3）肠道检查：刮取肠壁黏液检查，但要分前、中、后 3 段肠管进行检查，可检查到肠袋虫、六鞭毛虫、复殖吸虫、线虫、球虫等。

必要时可进一步检查心脏、脑、眼、肾脏、胆囊、肝脏等器官。

镜检的准确率取决于制片的技巧、显微镜使用和对各种病原体外部特征的识别。制片厚薄要适当,先用低倍镜找到病原体,然后再用高倍镜仔细观察,以识别病原体的类型。如在检查中发现某种寄生虫大量寄生,可确定为某种疾病;如有几种寄生虫同时寄生,可根据虫体数量和危害程度的不同来诊断。同时,还要根据病鱼的症状和水体环境等因素,进行比较和分析,找出主要病原体和次要病原体。常见鱼类寄生虫镜检方法见表9-1。

表9-1　常见鱼类寄生虫镜检方法

检查方法	寄生虫
肉眼	头槽绦虫、锚头鱼蚤、鱼鲺、舌状绦虫、毛细线虫、红线虫、棘头虫、长棘吻虫、中华鱼蚤、鱼怪等
低倍镜	黏孢子虫、车轮虫、斜管虫、毛管虫、舌杯虫、小瓜虫、三代虫、指环虫、复口吸虫、钩介幼虫、血居吸虫卵等
高倍镜	鳃隐鞭虫、口丝虫、黏孢子虫、青鱼艾美虫等

(三)实验室检查

对于细菌性疾病和病毒性疾病来说,仅通过以上几步,还是无法确定是由哪一种细菌或病毒引起的,属于何种疾病,这些病原体对哪一些药物敏感,可以用哪些药物来治疗该种疾病。实验室检查的目的是对细菌性疾病和病毒性疾病的病原体进行分离、培养与鉴定、药敏试验,以确定致病病原体以及它们对哪些药物敏感,可以用哪些药物来治疗这种鱼病。

实验室检查是一项复杂而耗时的科学研究工作,一般养殖户或养殖场很难实施,因此这里就不详细讲述其过程步骤了。

调查询问、现场观察、鱼体检查是诊断鱼病缺一不可的整体步骤,只有将各方面所得到的材料进行综合分析,去粗取精,去伪存真,才有可能做出正确的判断。在日常生产中,只要掌握了调查询问、现场观察、鱼体检查中的肉眼检查和镜检等方法,再加上多年来总结积累的经验,就可以对鱼病做出初步诊断,从而辩症施药了。

第三节 渔药知识

渔药是防治鱼病的物质基础,了解渔药知识,对于正确使用渔药,做到对症治疗是非常重要的。目前,我国生产渔药的厂家很多,渔药种类繁多,用户在使用时要注意其主要成分和功效。

一、常 用 渔 药

(一)抗菌类药物

(1)抗生素类:常用的有土霉素、青霉素、强力霉素(多西环素)、金霉素、甲砜霉素、氟苯尼考等。

(2)磺胺类:常用的有磺胺嘧啶、磺胺甲基嘧啶、磺胺间甲氧嘧啶、甲氧苄氨嘧啶等。

(3)喹诺酮类:常用的有氟哌酸(诺氟沙星)、氟嗪酸(氧氟沙星)、吡哌酸、噁喹酸、萘啶酸等。此类药物抗菌效果普遍较好,具有抗菌范围广、杀菌能力强等优点,是防治水产动物细菌性疾病的有效药物。

在抗菌类药物中,抗生素类中的红霉素、氯霉素、泰乐菌素、杆菌肽锌已被禁止用于鱼病防治及作为饲料药物添加剂。磺胺类中的磺胺噻唑(消治龙)、磺胺咪(磺胺呱)被禁用。喹诺酮类中的环丙沙星已被禁用,恩诺沙星药残已作为限制鳗鱼出口日本的一个主要因素。另一类抗菌药物硝基呋喃类中的呋喃唑酮(商品名为痢特灵)、呋喃西林(又名呋喃新)、呋喃它酮、呋喃那斯也已被禁用。在生产过程中用其他抗菌药物代替。

（二）水体消毒剂

常用的水体消毒剂有以下几类：

（1）卤素类：聚维酮碘（碘伏）、二氯异氰尿酸钠、三氯乙氰尿酸、溴氯海因、二溴海因、二氧化氯、漂白粉等。

（2）醚类、醇类：甲醛溶液（福尔马林）、戊二醛、乙醇（酒精）等。

（3）碱类：氧化钙（生石灰）、氢氧化铵溶液（氨水）等。

（4）氧化剂：高锰酸钾、过氧化钙、过氧乙酸、过氧化氢（双氧水）等。

（5）重金属盐类：螯合铜、硫酸铜等。高浓度的重金属盐有杀菌作用，低浓度具有抑制酶系统活性基团的作用，表现为抑菌效果。

（6）表面活性剂：新洁尔灭、季铵盐类等。

（7）染料类：甲紫、亚甲基蓝、吖啶黄等。染料可分为碱性和酸性两大类，影响生物代谢。

（三）抗寄生虫药物

（1）染料类药物：常用的有亚甲基蓝等，可防治鱼卵的水霉病，幼鱼和成鱼的小瓜虫病、车轮虫病、斜管虫病等。

（2）重金属类：硫酸铜、硫酸亚铁合剂。

（3）有机磷杀虫剂：如敌百虫。

（4）拟除虫菊酯杀虫剂：如溴氰菊酯等。

（5）咪唑类杀虫剂：甲苯咪唑（甲苯达唑）、丙硫咪唑（阿苯达唑）等。

必须注意过量的铜可造成鱼体内重金属积累，敌百虫在弱碱性条件下形成敌敌畏，对人的危害极大。

在抗寄生虫药物当中，孔雀石绿具有强毒，有致癌性，已被禁用，在生产中可用亚甲基蓝代替。汞制剂杀虫剂如硝酸亚汞、氯化亚汞、醋酸汞、甘汞（二氧化汞）、吡啶基醋酸汞等各个种类已被禁止使用。拟除虫菊酯中氟氯氰菊酯（又名百树得、百树菊酯）、氟氰戊菊酯被禁用,此类药物虽未全禁,但还是少用为好。另外多种农药如地虫硫磷、六六六、毒杀酚、滴滴涕、呋喃丹(克百威)、杀虫脒、双甲脒等被禁用。生产中应杜绝使用这些种类药物。

(四)抗真菌药物

抗真菌药物有制霉菌素、克霉唑等,另外食盐、亚甲基蓝等也可起到抗真菌作用。

(五)抗病毒药物

病毒性疾病的症状经常是在病毒增殖高峰过去后才表现,用药效果往往不明显,防治效果多不突出。常用的有病毒灵(盐酸吗啉胍)、金刚烷胺、碘伏等。目前还未能找到真正有效的药物。

(六)环境改良剂

环境改良剂包括益生素、沸石、麦饭石、膨润土、三氧化二铁、过氧化钙、三氧化二铝、氧化镁及各类氧化降解型底改产品等,主要作用是改善水质、底质,调控微生态平衡和生物指标。

(七)调节代谢及促生长药物

这类药物包括激素、酶类、维生素、矿物质、微量元素及其他化学促生长剂等。

(八)生物制品和免疫激活剂

生物制品包括各类菌苗、疫苗,如光合细菌、EM 菌、草鱼灭活疫苗等,可起杀虫效果的有苏云金杆菌、阿维菌素等。

(九)中草药

养鱼生产中使用的中草药主要有大蒜、大黄、五倍子、水辣蓼、菖蒲、黄芩、苦参等。将中草药原料煎汁提取有效成分泼洒鱼池或粉碎拌入饲料,可以防治鱼类细菌性和寄生虫类疾病等。中草药相对其他药物安全环保,品种功能多样,应作为防治鱼病的首选。

二、用 药 方 法

在鱼病防治中,不仅要做到对症下药,而且还要了解正确的用药方法,才能做到事半功倍。

(一)注射法

注射抗生素或疫苗,对于预防和治疗鱼类传染病非常有效。但由于鱼是水生动物且个体较小,特别是鱼种,逐一注射不仅工作量大,对鱼伤害也大,且拉网操作常常会使鱼体受伤,所以在生产上很难应用,只是对于产后亲鱼,结合捕捞回塘,才使用注射法预防病菌感染。另外,对于草鱼出血病,目前免疫注射是唯一有效的预防方法。

(二)涂抹法

涂抹法是将药物直接集中施于病鱼患处,对于治疗鱼的体表疾病非常有效。原因同注射法一样,在生产中这种办法很难应用,多半是结合拉网捕鱼进行。

(三)拌饵投喂法

拌饵投喂法又称内服法,它将药物和饵料混合在一起,鱼类吃食时药物被摄入体内,对于防治体内寄生虫和肠炎等疾病效果很好。但生产中应用该法要注意:

(1)拌饵方法:药物必须是粉状,能均匀拌在饵料内。如果饵料也是粉状,最好是药物和饵料混合均匀后,制成颗粒饲料投喂,如果没有颗粒饲料机,也可在饲料中加入淀粉和水,用小型绞肉机制成颗粒饲料,晾干后投喂。

(2)用药量:事先要充分估计鱼的摄食量,以确定药饵比例,使鱼摄入体内的药物既能起到防病治病的效果,又不致中毒死亡,特别是对于毒性较大的药物。对于异味较大的药物可在停食一段时间后投喂。

(四)全池泼洒法

全池泼洒法是将药物用水稀释后,在全池均匀泼洒,使池水成为该药物的稀溶液,它对于防治体表及鳃部寄生虫病或细菌性疾病有很好的效果。由于用药量较大,所以多使用一些价格低廉的药物,如生石灰、漂白粉等。该法应用时,要注意按水的体积正确计算用药量和将药物泼洒均匀。

(五)浸泡法

浸泡法又称浸洗法或洗澡消毒法。该法是将药物配制成浓度较高的水溶液盛于小型容器内,把鱼放入溶液中浸泡一段时间,以达到杀虫、灭菌、消毒的目的。生产上鱼种入塘前,特别是从异地新购入的鱼种下塘前,都要用浸泡法进行鱼体消毒,以防体表和鳃部寄生虫在池塘中传染开来。应用该法要注意水温、药物浓度和浸泡时间,并随时观察容器中鱼的活动情况,发现异常及时捞出,放入清水中,有条件的要设气泵在容器中吹气,以防鱼缺氧浮头。

有的渔农将池塘中的鱼拉网至池一角圈起来,然后在密集处泼洒较高浓度的药物溶液消毒,以达到防病治病的目的。事实上,它是介于全池泼洒法和浸泡法之间的一种方法,其优点是对鱼伤害较小且用药量较小。

(六)挂篓挂袋法

挂篓挂袋法是将药物装于竹篓或布袋内,然后悬入鱼经常活动的水域内,如食场、食台附近,使这里一直保持较高的药物浓度,鱼在该区域活动,即达到杀虫消毒目的。此法安全、有效且用药量少,在生产中经常应用。应注意的是有的药物异味较大,挂在食场附近会影响鱼的摄食量,投饲时应适当减量。

三、科学使用渔药　生产绿色水产品

我国是水产大国,但水产养殖中渔药滥用现象十分普遍,严重威胁着水产品的安全和人们的健康,直接影响了我国水产品的对外出口贸易,同时也污染了环境,妨碍了整个产业的持续发展。下面针对这一现状,从生产绿色水产品的角度出发,介绍如何科学合理使用渔药。

(一)预防为主,治疗为辅

渔药多数具有一定毒性,其毒性一方面会直接影响养殖动物的生理和生活,另一方面可能杀灭水体中的有益生物,扰乱生态平衡,诱发全池性的动物死亡。生产上应从绿色、健康养殖的角度出发,坚持以综合预防为主的方针,采取有效措施对疾病进行防控,最大限度地减少用药,实现高产、丰收、绿色养殖。

(1)科学养殖(生态防病):根据动物不同生长阶段的特点,采取适宜的措施,提高水产动物的抗病能力;加强卫生管理,搞好池塘卫生,改善水产动物生存环境,及时清除残余饵料,定期消毒池水;建设饲养场要符合防疫要求,在无工业污染、环境安静之处建场,标准化设计和施工,做到保水性好,排灌水方便,光照充足,有利于防暑防寒,预防各种传染性疾病。

(2)疾病预防:采用科学的免疫程序、用药程序、消毒程序和对患病动物的处理程序,及时搞好消毒、驱虫等工作,推广使用微生物和中草药制剂,改善水体生态环境。有些重大传染病现在尚无有效的治疗方法,只能进行早期预防,要做到有计划、有目的、适时使用疫苗,搞好疫情监测,避免严重流行病的发生。

(二)明确诊断,对症用药

只有在正确诊断的基础上,选用合适的药物才能发挥药效,否则不仅不能收到应有的防治效果,反而造成人力、物力、财力的浪费,甚至导致对原来某种疾病有较好效果的药物也产生了怀疑或得出相反的结论。因此,施用渔药前必须先对养殖对象的主要疾病、病原体进行准确诊断,制订治疗方案,再选择药品,做到对症下药。

(1)辩证思想查病因:查病因、病源、病症,要用辩证的思想去审查特定水体病源、寄主、环境三要素之间相互制约、相互作用的动态平衡关系,查清是哪一环节失去平衡引起鱼病。先检查养殖水体(环境)的基本指标;其次检查病鱼(寄主)的病症部位,识别病源种类;再查找传播途径,查看周边鱼塘是否同时有同种鱼患同种病,还是不同种鱼同时在患病。

(2)综合分析定方案:对各种可能引起发病的因素加以分析、比较、综合、确诊,分别采取不同的方法。如是水体问题,可通过物理、化学、生物的方法进行改良;如确诊病原,应依据病原体的种类与特性,采用针对性疗法,暂时性、阶段性寄生可尽量少用药,经常性、终身寄生必须用药,藻类寄生虫引起的鱼病要防治结合,病毒、细菌、真菌引起的传染病要以防疫为主,不流行病例可以不用药;同一养殖水体同时出现几种疾病时,依发病情况先对比较严重的一种使用药物,好转或痊愈后,再针对其余的疾病用药。

(三)科学选药,合理用药

1.正确选药

(1)选用安全可靠,高效、长效、速效药。选择生产规范、技术力量强、质量可靠的厂家生产的渔药,杜绝使用高毒、高残留渔药,禁止使用有致癌、致畸、致突变作用的药物,选用的渔药不能污染水体,不毒害水生生物。另外,治疗一种疾病常有多种药物可供选择,但各种不同的药物,甚至同一药物的不同剂型,或由不同原料制成的同一药物,可能在疗效上存在较大差异,因此,选择同类药时要选用高效、速效、长效药。

(2)慎用抗菌药,选用绿色生物药。抗菌药使用不当,在杀灭病原生物的同时,会抑制有益微生物的生存,减弱鱼体的抗病能力,而且可引起病原体对药物的耐药性增强。选择渔药时,应尽量使用一些绿色生物药,如鱼用疫苗、抗菌肽制剂、免疫促进剂、养殖环境改良剂以及中药制剂,慎用抗菌药,确实必须使用时,要针对性地选用那些对致病菌有专一性的药物。

2.适时用药

水产养殖对象的整个生长周期都在水体中,不易观察到发病征兆,一旦发现病鱼,往往食欲已下降,如不马上采取措施,病鱼很可能因病情加重而死亡,病原也会大量繁殖。所以,在养殖过程中应多巡塘,多观察,发现问题及早制订方案采取措施,及时用药防治病害。

水温高、溶氧丰富、光照强的状况下,水产动物的生命活动处于旺盛状态,病原体受到抑制,药物生效速度加快,药效得到提高,副作用被降低。因而夏季高温季节应在上午 9:00 前或傍晚施药,雷雨、低气压天气和清晨低氧尤其是浮头、缺氧时,不能施药;春秋季节应在晴天上午 11:00 或下午 3:00 后施药。酸性药物宜在上午使用,碱性药物要在下午使用。选择风浪较小时投喂药饵。对较难治疗的寄生虫病,选择虫体对药物的敏感期施药;对能形成胞囊并具有极强抗药能力的寄生虫,必须长期用药。

3.确定疗程　施用内服药,首先要确定每天的用药次数,内服药一个疗程的用药天数应依据用药后病情的控制情况来定,一般用药数天后病情得到基本控制,再继续使用 2～3 天为宜。外用药一个疗程为 1～2 次,若一个疗程连用 2 次,2 次用药的间隔时间应根据不同治疗对象或药物来决定。使用疗程的多少,应以病情轻重和病程缓急而定,对于病情重、持续时间长的疾病就有必要使用 2～3 个疗程,一个疗程的用药天数为 7～10 天,内服药间隔时间为 2～3 天,外用药两个疗程之间需停药 3～5 天。否则治疗不彻底,同时也会使病原体产生抗药性。另外,当一种药物未能在一次或一个疗程内治愈时,最好在下一次治疗时改用另一种药物。

4.适量用药　科学用药就是在保证药物疗效的同时确保食品安全,降低用药成本,减少药物对环境的污染。有研究和大量生产实践表明,不同养殖对象对药物的敏感性与养殖种类、个体规格以及养殖环境和用药方法有关。

一般认为,药效随盐度的升高而降低,随温度的升高而增强,同时某些药物的毒性也会增加。pH 对绝大多数药物的药效、毒性都有影响,酸性药物、阴离子表面活性剂以及四环素等药物,在碱性水体中作用减弱;而碱性药物及阳离子表面活性剂和磺胺类药物等的药效,则随水体 pH 值的升高而升高。许多药物会与池水中的有机物发生反应,减弱药物的抗菌效果。此外金属离子、氨、悬浮物等也会影响药物作用。确定用药量时必须考虑各种环境因素对药效的影响,同时,根据养殖对象的种类和各生长阶段的增重比例,以及不同的给药方式分别加以准确计算,病情比较严重时,内服药物应该增加 20%~50%,重症可以加倍,外用药一个疗程的用药次数应增加 1~2 次,切忌随意增减,盲目滥用。

5.正确的用药方法 根据鱼病的种类、病情、药物的性质以及饲养方式的不同,采用不同的给药方法,降低药物毒性和对水体的污染,兼顾使用方便和价廉。内服药是目前最常用的给药方法,除驱肠虫药及治疗肠炎药外主要是发挥全身作用,一般拌饵投喂;外用药主要发挥局部作用,一般采用泼洒或药浴的方法。其他方法有用于亲鱼催产和消炎的注射法,用于创口消炎的涂抹法,施用中草药的浸沤法以及挂袋法等。封闭式水体养殖用药采取泼洒等常规方式,开放式水体宜采取特定的挂袋、挂篓、浸浴等方式。

6.联合用药与穿梭用药 当前渔药联合使用非常普遍,合理科学地联合用药可以提高防治效果,减小药物残留,降低生产成本。药物联合使用可产生协同作用或拮抗作用,使用渔药前要先掌握其特性,避免配伍禁忌。同时,要注意避免长期使用单一药物来防治某一种或某一类疾病,以免使病原体产生抗药性,导致药效减退甚至无效。再者,经常使用同一种药物易造成残毒在防治对象体内大量富集,降低其免疫力,导致慢性中毒,影响水产品的质量安全。因此,要适当合理地、有规程地进行穿梭用药和联合用药。

7.正确用料,安全施药 生产健康安全水产品还应按照不同水产动物、不同生长阶段,正确使用饲料,保证原料安全。应用微生态制剂、低聚糖、酶制剂、中草药等绿色添加剂,不将含药的前、中期饲料错用于饲养后期,不将成药或原药膏按拌料使用,不在饲料中自行再添加药物或含药饲料添加物。注意饲料成分与药物的相互作用,杜绝使用过期药、过期料。

目前渔药的生产管理还不完善,检测可靠性手段方面也不先进,而水产新药的品种递增速度却很惊人。对于诸多新药,如条件允许,用户使用前最好做一下药物试验。水体是水生动物赖以生存的环境,也是人类赖以生存的必要资源,水生生物对维持水体和整个地球的生态平衡扮演着不同的角色。在进行水产养殖时尽可能地降低渔药对水环境的破坏,防止出现大规模的环境事故。

(四)重视休药,控制残留

药物在水产动物机体内代谢、排泄都需要一定的时间。生产绿色水产品,要严格遵守休药期制度,在休药期后方可上市销售,做到适时起捕,安全上市;休药期未到,不可因市场供求或其他原因将刚使用过药物的水产品上市销售,供人食用。整个水产养殖过程中,也要定期对水样、饲料、粪便、血样及有关样品进行药物残留监测,及时掌握用药情况和药物蓄积情况,以便正确采取措施,控制药物残留。按照有关规定,根据药物及其停药期的不同,在水产动物起捕或上市前,或其产品上市前及时停药,以避免残留药物污染水产动物及其产品,保证残留量降到规定的指标内,防止药物残留危害人体健康事件的发生。

第四节　鱼病预防概论

鱼生活在水中,它们的活动人们不易察觉,一旦生病,及时准确地诊断比较困难,治疗起来也比较麻烦,基本上都是群体治疗,内服药一般只能让鱼主动吃入,所以当病情比较严重时,鱼已经失去食欲,即使有特效药物,也达不到治疗的效果,尚能吃食的病鱼,由于抢食能力差往往也吃不到足够的药量而影响疗效。体外用药一般只采用全池泼洒或药浴的方法,这仅适用于小水体,而对大面积的湖泊、河流及水库就难以应用。所以,多年的实践证明,只有贯彻"全面治疗，积极预防，以防为主，防重于治"的方针，采取"无病先防，有病早治"的策略，才能达到减少或避免鱼病发生的目的。

在预防措施上，既要注意消灭病原，切断传播途径，又要十分重视改善生态环境，提高鱼体的抗病力，采取全面的综合防治措施。同时，鱼病预防工作又是一项系统工程，必须从养殖地点的选择、网箱设置、池塘建设及产前、产中、产后的各个生产环节加以控制，才能达到理想的预防效果。

（一）养殖设施建设中应注意的问题

为了减少养殖中鱼病的发生，在鱼病发生时避免鱼病快速蔓延，在养殖设施建设中应注意以下的问题：

1.选择良好的水源　水源条件的优劣，直接影响养殖过程中的鱼病发生的多少。因此，在建设养殖场时，首先应对水源进行周密调查，要求水源清洁，不带病原及有毒物质，水源的理化指标应适宜于养殖鱼类的生活要求，不受自然因素及工农业及生活污水的影响；其次应保证每年的水量充足，一些长期有工农业污水排放的河流、湖泊、水库等不宜作为养殖水源。如果所选水源无法达到要求，可考虑建蓄水池，将水源水引入蓄水池后，使病原在蓄水池中自行净化、沉淀或进行消毒处理后，再引入鱼池，就能防止病原从水源中带入。

2.科学设计养殖池塘　养殖池塘的设计，关系到池塘的通风、水质的变化、季节对养殖水体的影响等，是万万不可忽视的。在我国北方地区，东西走向的池塘与南北走向的池塘相比较，鱼病发病率就较低；能够将池水全部排出的池塘，相对于常年不干、渗水严重的池塘，便于管理，鱼病发生时药效容易发挥，因此疾病死亡率较低。另外，每个池塘设计上独立的进排水设施，即各个鱼池能独立地从进水渠道得到所需的水，并能独立地将池水排放到总的排水沟里去，而不是排放到相邻的鱼池，就可以避免因水流而把病原带到另一个池塘去的可能性。虽然这样的设计工程量较大,但对防止鱼病蔓延和扑灭疾病都很有利,所以从长远的经济上考虑还是合算的。但这方面现在尚未引起足够的重视。

3. 合理确定网箱养鱼的养殖面积　　网箱养鱼在我国发展很快,目前大、中、小型水库和湖泊都设置了数量巨大的养鱼网箱。从理论上来讲,一个自然水体放置网箱的面积最好不要超过水体的 0.5%～1%,如果超出这个面积,从长远来看很容易导致水体的富营养化,使水体污染,从而造成水体在夏季高温季节缺氧,致使养殖鱼类大面积死亡,这就是我们所说的"泛库"。从 20 世纪 90 年代以来,这种现象在我国许多省份已经频繁发生,应该引起管理部门和养殖户的足够重视了。这种水体的富营养化也容易导致鱼病的发生和蔓延,降低水库和湖泊的生产力。最重要的还在于水体的富营养化,使水体生态平衡受到破坏,水体自净能力减弱,许多年难以恢复。

因此,在网箱养鱼生产中,各水库和湖泊的管理部门应该对所属水库和湖泊设置的网箱面积有宏观的掌控,超出的面积应坚决予以取缔。另外,还应注重滤食性鱼类网箱与吃食性鱼类网箱的混合设置,利用滤食性鱼类滤食浮游生物,净化水体。

(二)放鱼前的准备

池塘是鱼类生活栖息的场所,也是鱼类病原体的滋生场所,池塘环境的好坏直接影响到鱼类的健康,所以放鱼前一定要彻底清塘。通常所说的彻底清塘,包括两个内容,一是清整池塘,二是药物清塘,都是改善池塘环境条件,清除敌害,预防疾病发生的有效措施。

1. 清整池塘　　淤泥不仅是病原体滋生和贮存场所,而且淤泥在分解时要消耗大量氧,在夏季容易引起泛池;在缺氧情况下,淤泥分解产生大量氨、硫化氢、亚硝酸盐等,引起鱼中毒。

清除池底过多的淤泥,或排干池水后对池底进行翻晒、冰冻,可以加速土壤中有机物质转化为营养盐类，并达到消灭病虫害的目的；对湖边或库边常年有水渗入、无法排干池水的池塘，可以用泥浆泵吸出过多淤泥。同时拔除池中、池周的多余水草，以减少寄生虫和水生昆虫等产卵的场所。清除的淤泥和杂草不要堆积在池埂，以免被雨水重新冲入塘中，应远远地搬离池塘。

2.药物清塘　塘底是很多鱼类致病菌和寄生虫的温床，所以药物清塘是除野和消灭病原的重要措施之一。目前生产中常用的清塘药物有以下几种：

(1)生石灰清塘：方法有两种，一种是干池清塘，排干池水，或留水 6～9 厘米，每亩用生石灰 75 千克，视塘底淤泥多少增减。清塘时，在池底挖几个小坑，将石灰放入，用水乳化，趁热立即均匀全池泼洒。第二天早晨用长柄泥耙耙动塘泥，充分发挥石灰的药效。清塘后一般 7～8 天药力消失，即可注水放鱼。加注新水时，野杂鱼和病虫害可能随水进入池塘，因此要在进水口加过滤网过滤。第二种是带水清塘，每亩(水深 1 米)用生石灰 150 千克，将生石灰放入船舱或木桶内，用水乳化，趁热立即均匀全池泼洒。带水清塘后 7～8 天药力消失，可直接放鱼，不必加注新水，就可防止野杂鱼和病虫害随水进入池塘，因此防病效果比干池清塘法更好。

(2)氯制剂清塘：目前，市场上销售的氯制剂有漂白粉、优氯净(也叫漂白精、二氯异氰尿酸或二氯异氰尿酸钠)、强氯精(三氯异氰尿酸或三氯异氰尿酸钠)、二氧化氯、溴氯海因、二溴海因等。各种氯制剂有效氯含量不同，使用浓度也不同。漂白粉使用量为每立方米水体 20 克，其他制剂可按说明书使用。使用时，先用水溶化，立即用木瓢全池泼洒，然后用船桨划动池水，使药物在水中均匀分布。施药后 4～5 天药力消失，即可放鱼。

(3)茶籽饼清塘：茶籽饼又名茶粕，是两广、湖南、福建等南方省份普遍采用的清塘药物。使用量为每亩(水深 1 米)40～50 千克，先将茶籽饼粉碎，放入木桶中，加水调匀后，立即全池泼洒。清塘后 6～7 天药力消失。

除了以上介绍的几种清塘药物外,还有氨水、鱼藤酮等,各地可因地制宜,斟酌使用。

(三)购买苗种应注意的问题

1. 建立检疫制度 为了防止鱼类疫病从国外传入,我国特制定了专门的检疫制度,对从国外进口的鱼类品种实行严格的检疫,对检疫范围、检疫对象、具体检疫方法(现场检疫、实验室检疫、隔离检疫)和处理意见,都做了详细规定。

另外,我国地域广阔,很多地方都有特殊的地方性鱼病,如广东、广西 1 龄草鱼所患的九江头槽绦虫病、饼形碘泡虫病,鲮鱼苗的鳃霉病;浙江地区的青鱼球虫病和草鱼、青鱼肠炎、鲢、鳙鱼疯狂病;江西和广东连州市的打粉病以及湖南、湖北等地的小瓜虫病等。这些病都在一定地区范围内流行,近年来随着我国淡水渔业的发展,鱼苗、鱼种的地区间相互调运十分频繁,一些地方性鱼病有传播蔓延的趋势,如目前在新疆、山东等北方地区场已发现九江头槽绦虫病,不仅危害当地养殖鱼类,同时对野生鱼类构成严重威胁。因此,如果不重视起运前的检疫,把病鱼运到外地放养,就会使地区性鱼病逐渐扩展成全国性鱼病。在生产中,要尽量控制地区间运输,而且运输前要进行严格检疫。

2. 选用国家级或省级良种场生产的鱼苗 许多小型苗种场常年使用自留亲鱼进行苗种生产,很容易造成近亲繁殖,使得苗种生产力、生活力、抗病力下降,在养殖期间生长速度下降,容易感染疾病。而国家级或省级良种场生产苗种时,经常到各种鱼类的原产地采捕野生鱼作为亲鱼,能够保证后代的生产力、抗病力。因此,在选购苗种时应尽量选用国家级或省级良种场生产的鱼苗。

3. 购苗时要做疫情调查,选择那些最近一年内无重大疾病发生的苗种场购苗 一些苗种场在一年内有重大疾病发生,后来由于水温下降或药物抑制等原因,疾病已经不表现出症状。但是,当我们买回该场的苗种后,很可能会引起大规模疾病发生。因此,对于那些在一年内有重大疾病发生的苗种场销售的鱼种,最好不要购买。

4.重视苗种起运前和放养前的消毒工作,注意消毒药物的浓度、消毒水温和时间的关系　苗种起运前和放养前的消毒工作是杜绝病原进入池塘的重要措施之一。常用鱼种消毒药物参见附录中"渔用药物使用方法"。对苗种进行消毒时,药效的发挥与消毒药物的浓度、消毒水温和时间密切相关。一般来说,水温高,药物浓度可低一些,浸泡时间可短一些;水温低,药物浓度要高一些,浸泡时间要长一些。否则,药效无法发挥,反而使病原产生抗药性,起到相反的作用。

另外,在消毒过程中,还应注意以下几点:

(1)一次消毒鱼不要太多,以免缺氧。

(2)浸泡时间与水温有关。

(3)药浴后不用捞海捞鱼,以免受伤,可将药水同鱼一起轻轻倒入池中。

(4)一盆药一盆鱼,不要重复用,以免药液稀释失效。

(5)不用金属容器。

(6)溶解药物使用清水。

5.检查苗种　对所购买的苗种要求体色正常,体型饱满,体态优雅,无伤无病无残,同一品种规格一致。

(四)养殖期间的防病措施

1.提早放养,提早开食　把春季放养改为冬季放养,是总结过去春季放养多发鱼病后的重要改革措施。因为春季放养时水温已上升,病原体开始生长繁殖,而鱼类经过越冬,体力消耗太大,体质瘦弱,鳞片松动,鱼体易受伤,病原菌就容易乘虚而入,使鱼发病;而冬季水温低,鱼类体质肥壮,鳞片紧密,不易受伤。即使有些鱼体在运输、放养时受伤,但这时病菌也处在不活跃状态,鱼类有充足的时间恢复创伤。到春季水温上升时,放养鱼类便会提早开食,进入正常生长,增强了抗病力,也就不易发病了。

2.合理混养和密养　合理混养和密养是提高单位面积产量的技术之一,也是预防鱼病发生的重要措施。在放养鱼种密度相同、环境条件相同、管理水平相当的条件下,放养单一鱼种的池塘比多种鱼类混养的池塘发病率高,而且鱼病发生后较难控制。因为不同鱼种的寄生物不完全相同,某些寄生物只能寄生于某种寄主,由于混养的原因,就使得这种鱼的个体密度小了,相互之间传染性也降低了。所以无论从提高单产或是预防鱼病的角度来看,都应该改提倡鱼类的混养。

在密养的情况下,特别在过密的水体内,鱼类容易接触而使病原体互相传染。在有病原体的情况下,鱼类密度大的比密度小的水体内,鱼病更容易发生和发展。因此,在高密度养殖的池塘中,养殖者应掌握适当密度,并严格执行卫生防疫措施。高度密养而相应措施(如投饲量、增氧设备等)跟不上的话,常常会适得其反,使鱼类生长缓慢,鱼体消瘦,抗病力降低,容易感染各种疾病而造成大量死亡,在炎热的夏季,更会因氧气供应不足而引起"泛池"。至于怎样的密度和混养搭配比例是比较合适的,应该根据鱼池的深度、水源条件、水质好坏、饵料供应情况和饲养管理水平等来决定。

3.鱼种放养时注意事项　鱼种放养时应注意池水、天气和鱼种三方面的情况。

首先,放养时池水透明度为25厘米左右,水质肥沃,水色正常,以绿藻、硅藻、金藻为优势藻种而呈绿色、黄绿色和褐绿色,且不含敌害生物,无丝状体藻类过量繁殖。池水pH值应在7.5左右,超过此范围应以换水方法解决,或以生石灰调节。鱼池水温与运输水温尽量一致,温差一般不超过3℃。用充氧鱼苗袋运输时,如果池水水温过低,应将运输鱼苗袋不开口直接放入鱼池,15~20

分钟后,待运输水温与鱼池水温基本一致时再开口放鱼;若用敞口容器运输,必须先用池水慢慢向运输容器中兑水,待运输水温与鱼池水温基本一致时再放鱼。这一点是必须要注意的,尤其对于放养乌仔更为重要,笔者在多年的工作过程中多次遇到因放养时不注意水温差而导致鱼苗大量死亡的现象。1999 年,山东新泰市东周水库有一个养殖户购买了 20 万尾鲤鱼乌仔,5 月上旬正午运输,下午 2:00 多放入水库网箱。放养时没有调温,结果当天下午开始出现死亡,三天内全部死光。

其次,放养时气温要适宜,无寒流,无大雨,无大风。最好选择晴天的上午,有微风时,要在池塘的上风头放苗。千万不要在傍晚放养,傍晚放养会使鱼苗在半夜因缺氧而死亡。

放养时,还要注意鱼苗或鱼种规格达到养殖的要求,体色正常,体表干净,无黏附物,游动活泼,反应灵敏,无伤无病无残。大小整齐,同一鱼池要放同一来源的鱼种。如同一鱼池的来源有困难,也最好是同一地区的,千万不要一池鱼七拼八凑;否则,因各地运来的鱼体大小、肥满程度、抗病力等都不同,造成饲养管理上的困难,容易导致鱼病。

4.做好"四消"　即"鱼体消毒、饵料消毒、工具消毒、食场消毒"。

(1)鱼体消毒:多年来的实践证明,即使最健壮的鱼种,也或多或少地带有一些病原体。为防止这些病原体在新塘中传播开来,鱼种入塘前必须进行浸泡消毒,以杀灭皮肤和鳃部的细菌和寄生虫。3%～5%的食盐水对水霉有一定的预防效果。用漂白粉与硫酸铜混合使用,除对小瓜虫、黏孢子虫和甲壳动物无效外,大多数寄生虫和细菌都能被消灭;高锰酸钾和敌百虫对单殖吸虫和锚头蚤有特效。消毒药物、浓度和浸泡时间前面已有介绍。

(2)饵料消毒:除商品饵料外,病原体往往随饵料带入,因此投放的动植物饵料必须清洁、新鲜,最好能先进行消毒。一般植物性饵料,如水草,可用 6 克/米³ 漂白粉溶液浸泡 20～30 分钟；动物性饵料如螺蛳等一般采用活的或新鲜的,洗净即可；肥料最好先进行腐熟或加入 1% 的生石灰处理一段时间后,再投入池塘。

(3)环境卫生和工具消毒:经常捞除池中草渣、残饵、水面浮沫等,保持水质良好。及时捞出死鱼和敌害生物并妥善处理。渔场中使用的工具如果不能做到分塘使用,则应在工具用后放入 10 克/米³ 的硫酸铜溶液中浸泡 5 分钟或在阳光下曝晒一段时间,再妥善收藏,防潮防虫。

(4)食场消毒:食场内常有残渣剩饵,残饵的腐败常为病原体的滋生繁殖提供有利条件,尤其在水温较高时,最易引起鱼病流行发生。所以除了经常注意投饲量应适当、每天清洗食场外,在鱼病流行季节,每周要对食场进行一次消毒。

食场消毒多用漂白粉,方法一是挂篓(袋)法,二是撒播法。挂篓法是用密的竹篓(或密眼筛绢袋,布袋易腐烂)装漂白粉 100～150 克,分散挂于食场附近,如草鱼的三角草框、青鱼的食台等。为使竹篓能沉于水中,可在篓底放一小石头,沉入水中的竹篓要加盖,以防漂白粉溢出。每天换一次漂白粉即可。撒播法是将漂白粉直接撒在食场周围,其用药量没有严格规定,可根据食场大小、水的深浅等酌情放药,多放些一般不会危害鱼类,因为如果鱼忍受不住,即自行游开。食场消毒要根据水质、季节定期进行,鱼病流行前,要勤消毒。

采用挂篓(袋)法进行食场消毒时应注意:

①选择药物时,鱼对该药物的回避浓度要高于治疗浓度。如鲢对 50% 硫酸铜的回避浓度为 0.3 克/米³ 水体,而全池遍洒的治疗浓度一般 0.7 克/米³ 水体,所以此法就无效,挂篓(袋)法不应选择硫酸铜,而敌百虫和漂白粉则可用。

②浓度要合适,太高鱼不来吃食,太低不起作用。所以第一次挂篓或挂袋后,应在池边或网箱边观察 1 小时左右,看鱼是否来食

场吃食,如果不来吃食,表明药物浓度太高,应适当减少挂篓或挂袋的数量。一般挂 3～6 袋,每袋装漂白粉 150 克或晶体敌百虫 100 克。

③为提高治疗效果,挂袋前一天要停食,并在挂袋几天内喂鱼最喜欢吃的食物。而且,投饲量应比平时略少一些,以保证鱼在第二天仍来吃食。

④如果鱼平时没有定点摄食的习惯,那么应先培养定点摄食的习惯再用药,一般驯化鱼定点摄食需要 5～6 天。

5.投饲应"四定"　即"定时、定点、定质、定量"。投饲时坚持定时、定点、定质、定量,不仅能有效地防止饵料浪费,也避免了残渣剩饵污染水质,起到了改善环境、预防疾病的作用。

定质,是指投喂的饵料要新鲜和有一定的营养,不含病原体和有毒有害物质。近几年由于饲料中添加的喹乙醇引起的鱼类应激性出血病已屡见不鲜,商品饵料中的有害添加剂问题应引起足够的重视。

定量,是指每次的投饲量要均匀适当,一般应以 3～4 小时内吃完为标准,如果有剩余的饵料,应及时捞出,不能任其在池中腐败变质,败坏水体。

定位,是指投饲地点要相对固定,使鱼养成到固定地点(即食场)摄食的习惯,既便于观察鱼类动态,检查池鱼吃食情况,又便于在鱼病流行季节进行药物预防。

定时,是指同一池塘每天投喂时间要相对固定,使鱼形成定时摄食的习惯。当然,定时投喂也不是机械不变的,可随季节、气候作适当调整。如网箱养鱼,一般春季一天喂 4 次,而夏季一天喂 6～8 次,在时间上就应有不同;如果早晨有浓雾或鱼类浮头或下大雨,就应适当推迟投饲时间。

6.日常管理　养殖期间,每天要多次检查鱼池,注意"三看",即"看水、看天、看鱼"。

看水,要看水的透明度的变化、看水色的变化、看水中动植物的变化,对养殖不利的变化,要及时采取措施。如透明度低于25厘米,说明水太肥,要及时加注新水;水太清,则要及早施肥。

看天,要看天气变化,如夏季高温季节,傍晚蚊蝇低飞、天气闷热,可能要下雨,就要预备半夜为鱼池增氧;连绵阴雨,就需要准备好随时增氧。

看鱼,要看鱼的活动情况、摄食情况、体色情况、体表状况等,如果有鱼在水中频繁跳动,或沿池边狂游,或头上尾下游泳,可能是有寄生虫;有鱼在投喂时不摄食,沿池边漫游,可能是饵料不适口,或投喂量过大,或身染疾病等原因;有鱼头部发黑,或体色有异常,可能是患病。这些情况都应及时诊断,及时采取补救措施。

要经常注意水质,定期加注清水及换水,保持水质肥、活、嫩、爽及高溶氧;定期遍洒生石灰、小苏打,调节水中 pH 值(生石灰还有提高淤泥肥效、杀菌和改善水质的作用);勤除杂草,勤除敌害和中间寄主(螺类等),及时捞取残渣剩饵和死鱼;定期清理和消毒食场,防止病原体的繁殖和传播;在主要生长季节,晴天的中午开动增氧机,使池水充分混合,让上层的溶氧到下层去,下层淤泥无氧分解产生的有害气体(如氨气、硫化氢等)逸出水体,防止鱼类中毒;在主要生长季节,晴天的中午还可以用泥浆泵吸出部分淤泥,以减少水中耗氧因素,或将塘泥喷到空气中再洒落在水的表层,每次翻动面积不超过池塘面积的一半,以改善池塘溶氧状况,提高池塘的生产力,形成新的食物团,供滤食性鱼类利用,增加池水透明度。

7. 利用水质改良剂改良水质　有条件的养殖户可以经常用光合细菌、玉垒菌、麦饭石(每亩 50 千克)、沸石(每亩 20～30 千克,严重污染的每亩 50～500 千克不等)、膨润土(每亩 50～100 千克)、明矾、钢渣(高温且污染严重的池塘每平方米 1～2 千克)、过氧化钙(每 10 天 5～10 克/米^3)等水质改良剂改良水质。

8. 小心操作,防止鱼体受伤　　鱼体受伤通常是鱼病发生的直接原因。所以,在日常生产中,拉网、倒池、放养、运输过程中,一定要动作轻巧、快捷,小心操作,尽量避免鱼体受伤,杜绝病原菌或寄生虫侵袭的机会。对受伤的鱼,一定要挑出,浸泡消毒后另池饲养,直至痊愈后才放回正常饲养池。

9. 定期药物预防　　养殖过程中,定期进行药物预防是必不可少的。池塘中,每隔 10～15 天,每亩(水深 1 米)使用 20～25 千克生石灰,既可改良水质,又可杀菌防病,是通常使用的预防措施。用中草药扎成小捆,放在池中沤水,也是不错的选择之一。如:乌桕叶沤水防烂鳃,楝树枝沤水防车轮虫病等。使用挂篓(袋)法,在食场周围形成一个消毒区,利用水产动物来摄食,反复通过数次,达到预防目的。在网箱养鱼中,使用此法比其他方法方便。

鱼病多发季节,还需经常使用体内药物预防。一般采用口服法,将药物拌在饵料中投喂。注意:

(1)饲料必须选择鱼最爱吃、营养丰富、能碾成粉末的,而且制成药饵后的浮沉性和鱼的习性相似。比如,草鱼要用浮性的米糠等,青鱼要用沉性的菜粕等。

(2)颗粒料要有足够的黏性,在水中 1 小时左右不散开,鱼吃下后又易消化吸收。

(3)饵料颗粒要大小适口。

(4)在计算药量时,除了尽可能地估计病鱼的体重外,对食性相同或相似的其他种类的鱼也要计算在内;而大小相差悬殊的,即使是同一种鱼,大鱼的体重也可不算在内,但在投喂药饵的周围必须设置栅栏,只允许小鱼进入药饵区。

(5)投喂量要比平时少 2～3 成,以保证鱼天天都来吃药饵,并将药饵吃完,连喂 3～6 天。

10. 人工免疫　　人工免疫就是用给鱼注射、喷雾、口服、浸泡疫苗等人工方法,促使鱼获得对某种疾病的免疫力。目前,在草鱼的出血病、鳖的各种细菌和病毒病、对虾的疾病以及淡水鱼类细菌性出血败血病的防治过程中,免疫法得到了广泛的应用。

11.越冬前要作严格处理 鱼种越冬前要大小分养,严格消毒,加强投喂。有伤、有病个体要挑出单独养伤、养病,痊愈后再入冬池或网箱。如果不加处理,让养殖鱼在池塘或网箱中自然越冬的话,第二年一开春,一定会发生各种各样的疾病,导致养殖鱼陆续死亡。这种事件在以前已经无数次地发生过了。

第五节 常见鱼病的防治

一、病毒性疾病

(一)草鱼出血病

【病原体】草鱼呼肠孤病毒。

【症状】病鱼体内、外各器官和组织表现斑点状或块状充血。6~10厘米的草鱼种,在水温适宜的情况下症状最典型,即肌肉严重充血,同时伴有其他组织和器官充血,严重者全身因充血而呈红色。13厘米以上的鱼种,多以肠道、鳍基和口腔充血为主,即"红鳍红鳃盖"型。

【危害】对草鱼鱼种饲养阶段危害较大,3厘米以上的草鱼都可发生,而以6~10厘米的当年鱼种最为普遍和严重,青鱼、麦穗鱼也可感染。每年6~9月份、水温25~30℃流行,死亡率很高。

【防治】预防可用接种疫苗的方法,免疫效果可达80%以上。目前尚未有行之有效的治疗方法。

(二)鲤痘疮病

【病原体】尚不清楚,通常认为是一种病毒。

【症状】发病初期,体表出现乳白色小斑点,并覆盖有一层较薄的白色黏液,以后小斑点逐渐扩大,蔓延全身,患病部位表层增厚而形成石蜡状增生物,增生物长到一定程度后自动脱落,重生。

【危害】如果增生物较少,对鲤鱼危害不大;如果增生物占了体表大部分,则会严重影响鱼正常发育,甚至引起死亡。该病只危害鲤鱼,且不常见。

【防治】没有很好的方法。保持水质良好,经常冲水,有一定效果。

(三)鲤春病毒病

【病原体】鲤弹状病毒。

【流行情况】此病为全球性鱼病,尤其是欧洲最为流行,我国也流行。主要危害1龄以上的鲤鱼,鱼苗、鱼种很少感染。只流行于春季,发病后2~14天可造成大量死亡。流行水温为13~20℃,亲鲤鱼死亡率极高,在水温超过22℃时就不再发病,所以叫鲤春病毒病。病鱼和死鱼是主要传染源,可通过水传播,病毒可经鳃和肠道入侵,人工感染还可使狗鱼鱼苗及草鱼等发病,也可由鱼鲺吸食鲤鱼血液时传播。死亡率最高可达到50%。

【症状】此病潜伏期6~11天,发病后体色变黑,呼吸缓慢,侧游,突眼,腹部膨胀,腹腔内有渗出液,最后失去游泳能力而死亡。目检病鱼可见两侧有浮肿红斑,体表轻度或重度充血,鳍基发炎,有肠炎症状,肛门红肿、突出,常排出长条黏液。随着病情的发展,腹部明显肿大,眼球外凸,鳃苍白,造血组织坏死,肝脏及心肌也局部坏死,心肌炎,心包炎,肌肉也因出血而呈红色,有时可见竖鳞。解剖病鱼可见腹腔有血水,肠道、肝、脾、肾及鳔等器官充血、发炎。

【诊断】根据症状及流行情况进行初步诊断。用尾柄细胞株或上皮瘤细胞株分离病毒,观察细胞病变可做进一步诊断。确诊也可用抗鲤弹状病毒血清进行中和试验。

【防治】①加强综合防治措施,严格检疫和用消毒剂彻底消毒。②水温提高到22℃以上。③可采用聚维酮碘(10%PVP-1)拌饲投喂,100千克鱼用药2~5克,10~15天为一个疗程。同时采用浓度为 0.7 克/米³ 的硫酸铜全池泼洒,每亩用 10~15 千克生石灰石灰浆水泼洒。④选育有抵抗力的品种。

(四)传染性胰脏坏死症

【病原体】传染性胰脏病病毒。

【流行情况】传染性胰脏坏死症发生于欧洲及加拿大、美国、日本等,20 世纪 80 年代传入我国。流行水温为 10~15℃。敏感鱼类有虹鳟、红点鲑、河鳟、克氏鲑、银大麻哈鱼、大口玫瑰大麻哈鱼、大西洋鲑、大鳞大麻哈鱼等,主要危害 14~70 日龄的鱼苗和幼鱼,发病率极高,在水温 10~12℃时死亡率可高达 80%~100%,越小死亡率越高。最重要的传染源是病鱼,也可通过卵、精子、粪便及污染的水和渔具传播。

【症状】特征之一是苗种突然死亡。病鱼首先游动缓慢,动作失调,或顺流漂起,常作垂直回转游动,不久便沉入水底而死。病鱼体色发黑,眼球突出,腹部膨大,腹部及鳍条部充血,鳃呈淡红色,肛门处常托着一条长而较粗的白色黏性粪便。解剖病鱼进行检查,可见有腹水,病鱼胰脏充血,幽门垂出血,组织细胞严重坏死;肝、脾、肾苍白贫血,也有坏死病灶;胃出血,肠道内无食物而有乳白色透明或淡黄色黏液,这些黏液样物在 5%~10% 的福尔马林中不凝固是重要依据,这具有诊断价值。

【诊断】根据症状及流行情况进行初步诊断。观察发病的鱼是否是容易感染的种类,然后结合病鱼游动行为及特有的内外部症状做出初步判断。肠道内黏液是否在 5%~10% 的福尔马林中凝固是重要依据。目检病鱼的内部器官通常苍白,最明显的特征是胰脏坏死。用直接荧光抗体法、中和试验法、补体结合法和酶联免疫吸附试验能迅速、正确地检测出在组织及培养细胞内的病毒。

【防治】①加强综合防治措施,建立严格检疫制度,严格隔离病鱼,不得留作亲鱼。②发现疫情要进行严格消毒,切断传染源,防治水污染,建立独立水体,强化鱼卵孵化和鱼苗培育的消毒处理。③鱼卵(已有眼点)用浓度为 50 克/米³ 的聚维酮碘浸浴 15 分钟。④将大黄研成末,按每千克鱼用药 5 克的剂量拌入饲料中投喂,连喂 5 天为一个疗程。⑤把水温降低到 10℃ 以下,可降低死亡率。⑥发病早期用聚维酮碘拌饵投喂,每千克鱼每天用药 1.64～1.91 克,连喂 15 天。⑦每千克仔鱼投喂 3 毫克植物血凝素,分两次投喂,间隔 15 天,据报道对预防该病有一定效果。

(五)传染性造血组织坏死症

【病原体】传染性造血组织坏死病病毒。

【流行情况】此病最早流行于美国、加拿大,1971 年传入日本等国,1985 年传入中国东北地区。主要危害虹鳟、大鳞大麻哈鱼、红大麻哈鱼、马苏大麻哈鱼、河鳟等鲑科鱼类,水温 4～13℃ 时发病,以水温 8～10℃ 发病率最高,刚孵化出的鱼苗到摄食 4 周龄的鱼种最易感染,病程急,死亡率高。15℃ 时自然发病现象消失。病鱼是主要传染源,也可借助鱼卵、精液、排泄物、水等多种媒介传播。

【症状】病鱼游泳失调,游动缓慢,旋转游动,时而出现痉挛,不久便沉入水底,间歇片刻后又重复以上游动,直至死亡。出现狂游是病鱼的特征之一。病鱼体色发黑,眼突,腹鳍基部充血,贫血,腹部膨胀,有腹水,肝、脾水肿并变白;口腔、骨骼肌、脂肪组织、腹膜、脑膜、鳔和心包膜常有出血斑点,肠出血,鱼苗的卵黄囊也会出血,胰脏坏死,消化道的黏膜发生变性、坏死、剥离。

【诊断】根据症状及流行情况进行初步诊断,该病特征之一是苗种突然死亡,病鱼肛门托一条黏液便,比较粗长。也可对病鱼的肾脏和胃肠道进行石蜡切片观察,还可以进行病毒的分离培养。确诊需用中和试验、荧光抗体试验或酶联免疫吸附试验。

【防治】①加强综合防治措施,严格执行检疫制度,不将带有病毒的鱼卵、鱼苗、鱼种及亲鱼运入。②鱼卵(已有眼点)用碘伏(10%聚维酮碘溶液)水溶液消毒,浓度为 10 升水中加碘伏 50 毫升,药浴 15 分钟。③用传染性造血组织坏死病组织浆灭活疫苗浸泡免疫,保护率可达 75%。④鱼卵孵化及苗种培育阶段将水温提高到 17～20℃,可防治此病发生。⑤用大黄等中草药拌饲投喂,有防治作用。

(六)病毒性出血性败血症

【病原体】艾特韦病毒。

【流行情况】主要流行于欧洲及我国东北等地。主要危害虹鳟、溪鳟等的 1 龄鱼,人工感染可使河鳟、美国红点鲑、鲖鱼鱼苗、白鲑、湖鳟发病,但虹鳟与大麻哈鱼杂交的三倍体不感染,据报道温水性鱼类中的银鲫也感染。冬末春初水温 6～12℃为流行季节,8℃左右时最容易发病,15℃时零星发生。病鱼是重要的传染源,也可通过病鱼的排泄物等从水中传播。

【症状】本病有三种类型。

(1)急性型:发病迅速,死亡率高。病鱼体色发黑,贫血,眼球突出,眼和眼眶四周以及口腔上颚充血或出血,胸鳍基部及皮肤出血,鳃苍白或呈花斑状充血,肌肉脂肪组织、鳔、肠均有出血症状,肝、肾水肿,变性坏死,骨骼肌有时发生玻璃样变、坏死。

(2)慢性型:感染后病程较长,死亡率低。病鱼体色发黑,眼显著突出,严重贫血,鳃丝肿胀,苍白贫血,很少出血,肌肉和内脏均有出血症状,并常伴有腹水,肝、肾、脾等颜色变浅。

(3)神经型:主要表现为病鱼运动异常,在水中静止、旋转运动,时而狂游、跳出水面或沉入水底,有时侧游。目检观察,腹腔收缩,体表出血症状不明显。病程较慢,在数天内逐渐死亡,死亡率低。

【诊断】根据症状及流行情况进行初步诊断,确诊需用直接或间接荧光抗体法或抗血清中和试验。

【防治】①加强综合防治措施,建立严格的检疫制度,严格隔离病鱼,不得留作亲鱼。②发现疫情要进行严格消毒,切断传染源,防治水污染,建立独立水体,强化鱼卵孵化和鱼苗培育的消毒处理。③鱼卵(已有眼点)用浓度为 50 克/米^3 的聚维酮碘浸浴 15 分钟。④将大黄研成末,按每千克鱼用药 5 克的剂量拌入饲料中投喂,连喂 5 天为一疗程。⑤把水温降低到 10℃以下,可降低死亡率。⑥发病早期用聚维酮碘拌饵投喂,每千克鱼每天用药 1.64～1.91 克,连喂 15 天。⑦每千克仔鱼投喂 3 毫克植物血凝素,分两次投喂,间隔 15 天,据报道对预防该病有一定效果。

(七)鳗狂游病

【病原体】鳗冠状病毒样病毒。

【流行情况】主要危害鳗鱼,尤其是欧洲鳗和非洲鳗,我国广东、福建等地也流行此病。夏季是发病的主要季节,又叫鳗夏季狂游病。从开始发病到高峰期约 1 周,发病急,蔓延速度快,死亡率高。

【症状】病鳗在水中狂游、侧游或翻滚旋转,有时伴随阵发性痉挛,嘴张开,直至死亡。

【诊断】根据症状及流行情况进行初步诊断。确诊需用中和试验、荧光抗体试验或酶联免疫吸附试验。

【防治】①加强综合防治措施,严格执行检疫制度。注意保持水环境的相对稳定,防治水温变化较大。②在鳗池上设置遮阳棚,避免阳光直接照射。③定期用优氯净或漂白粉消毒。同时,饲料中拌抗菌药和驱虫药。

(八)鳗出血性张口病

【病原体】一种披膜病毒。

【流行情况】主要危害鳗鱼,日本鳗鱼最易感染。日本和我国广东、福建等地流行。多数呈散在性零星暴发,大范围流行比较少见。发病后死亡率低。

【症状】病鳗口张开后不能闭合,然后上下颌、鳃盖、胸鳍及皮肤充血,臀鳍充血最为明显,严重者上下颌萎缩变形。

【诊断】根据症状及流行情况进行初步诊断。确诊需用中和试验、荧光抗体试验或酶联免疫吸附试验。

【防治】以预防为主,防治方法同鳗狂游病。

(九)斑点叉尾鮰病毒病

【病原体】斑点叉尾鮰病毒,属疱疹病毒,病毒粒子直径是175～200纳米。

【流行情况】该病最早在美国流行,洪都拉斯和我国也流行此病。主要危害斑点叉尾鮰的鱼苗和鱼种。流行适温是28～30℃。病鱼是主要传染源,此外,病鱼的排泄物也可以传播此病。

【症状】此病主要危害当年鱼,水温25℃时会突然暴发,发病急,死亡率高。病鱼游泳失调,游动缓慢,旋转游动,时而出现痉挛等神经症状,不久便沉入水底,间歇片刻后又重复以上游动,直至死亡。病鱼的鳍基部、腹部和尾柄处出血,腹部膨大,突眼,鳃苍白。肝、肾、脾、骨骼肌、胃肠道出血。

【诊断】根据症状及流行情况进行初步诊断。确诊需用中和试验、荧光抗体试验或DNA探针技术。

【防治】①加强综合防治措施,严格执行检疫制度。严禁在加水时带入野杂鱼。②把水温降到20℃以下,可降低感染率和死亡率。

(十)鲑疱疹病毒病

【病原体】鲑疱疹病毒。

【流行情况】该病只在北美流行,在日本的鲑科鱼类中也发现有疱疹病毒感染,但与此不同。主要危害虹鳟、大麻哈鱼和大鳞大麻哈鱼的鱼苗、鱼种。在10℃以下最易感染。

【症状】病鱼食欲减退,消化不良和不吃食。阵发性狂游,临死前呼吸急促。病鱼大多数体色正常,眼突、口腔、眼眶、鳃和皮肤出血。肝呈花肝状,肾苍白、不肿大,心肿大、坏死。

【诊断】根据症状及流行情况进行初步诊断。确诊需用中和试验、荧光抗体试验或 DNA 探针技术。

【防治】①加强综合防治措施，严格执行检疫制度，定期消毒。②提高鱼类孵化和鱼苗培育温度。

(十一)鲤鳔炎病

【病原】属弹状病毒。

【流行情况】1958 年在苏联发生流行，以后主要在德国、匈牙利、波兰、荷兰等欧洲国家流行。流行温度为 15～22℃。主要危害鲤、野鲤等，2 月龄以上最易感染，发病急，死亡快，死亡率高，最高可达 100%。

【症状】病鱼体色发黑，贫血，消瘦，反应迟钝，有神经症状，狂游、侧游，腹部膨大。鳔组织发炎、增厚，鳔内腔变小，内充满黏液。

【诊断】根据症状及流行情况进行初步诊断。确诊需用病毒分离和中和试验。

【防治】①加强综合防治措施，严格执行检疫制度，定期消毒。②亚甲基蓝拌饵投喂有效，用量为 1 龄鱼每尾每天 20～30 毫克，2 龄鱼每尾每天 40 毫克。③腹腔注射甲砜霉素，用量为每千克体重 40 毫克。

(十二)鳜暴发性传染病

【病原体】鳜鱼病毒或鳜传染性肝、肾坏死病毒。

【流行情况】主要危害鳜鱼的鱼苗和鱼种。在我国 5～10 月是流行季节。

【症状】病鱼上、下颌及口腔周围、鳃盖、鳍条基部、尾柄处充血，眼突；贫血，剖检可见肝、肾、脾上有出血点，肝大坏死，胆囊肿大。

【诊断】根据症状及流行情况进行初步诊断。确诊需用中和试验、荧光抗体试验或 DNA 探针技术。

【防治】加强综合防治措施，严格执行检疫制度，定期消毒。目前尚无治疗方法。

二、细菌性疾病

(一)淡水鱼类暴发性败血症

【病原体】嗜水气单胞菌。

【流行情况】该病是我国养鱼历史上危害鱼的种类最多、年龄范围最大、流行养殖水域最广、造成损失最大的一种急性传染病。该病在20世纪70年代末至80年代初曾在个别渔场(北京、江苏、浙江)发生,但未引起人们足够重视。从1987年起,江苏、浙江、上海开始流行此病,1991年已在江苏、上海、浙江、安徽、广东、广西、福建、江西、湖南、湖北、河南、河北、北京、天津、四川、陕西、山西、云南、内蒙古、山东、辽宁、吉林等20多个省(自治区、直辖市)广泛流行。危害鱼的种类有鲫、白鲫、异育银鲫、鳊、团头鲂、鲢、鲮、鳙等大多数池塘养殖鱼类。在苏南及上海地区从2月底至12月初,水温10~36℃均有流行,其中以水温持续在25℃以上时最为严重。从2月龄的鱼种至成鱼均受害。不仅精养池塘易发病,各种养殖水体中都有发生,严重发病的养鱼场发病率高达100%,死亡率达95%以上,尤其是在放养密度过大、鱼池水质恶化、溶氧低、有害物质多时,鱼的抵抗能力下降,更容易暴发此病。

【症状】此病早期及急性感染时,病鱼的上下颌、口腔、鳃盖、眼睛、鳍基轻度充血,鱼体两侧肌肉亦轻度充血,鳃丝苍白等。随着病情的发展,体表各部位充血症状加剧,眼球突出,腹部膨大,肛门红肿。解剖病鱼可见鳃灰白,有时紫色,严重时鳃丝末端腐烂,腹腔内有黄色或红色腹水,肝、脾、肾肿大,脾呈紫黑色,胆囊肿大,肠系膜、腹膜及肠壁充血,肠管内无食物,肠内积水或有气,有的鳞片竖起。

【诊断】①根据症状及流行情况做初步诊断。②镜检,从病灶处或肝、胰脏分离细菌,显微镜检查,其要点为:革兰氏阴性短杆菌,菌体非常直,两端钝圆。据此可基本确诊。③根据病理变化可做进一步诊断。

【防治】

1.预防措施　①彻底清塘。②严禁近亲繁殖,提倡就地培育健壮鱼种。③鱼种下池前用暴发病疫苗浸泡 10～30 分钟,可减少发病,保护期为 3 个月以上,可帮助鱼种安全度过高温季节。④加强饲养管理,多投喂天然饲料及优质饲料,正确掌握投饲量,提倡少量投多次喂。⑤在该病流行季节 5 月底至 8 月底,每月使用生石灰一次,每亩水面(水深 1.5 米)用 15 千克,6～8 月份每月使用水体消毒剂一次,每亩水面(水深 1.5 米)用 500 克,再投喂鱼血宁一次,每 1 000 千克吃食鱼投喂 1 千克。⑥发病鱼池用过的工具要进行消毒,病死鱼要及时捞出深埋,不能到处乱扔。⑦放养密度及搭配比例应根据当地条件、技术水平和防病能力而定。⑧加强巡塘工作,每月对鱼进行抽样检查 2 次。

2.治疗措施　①用内外结合办法,外用水体消毒灵全池遍洒,使池水成 0.3 克/米^3 浓度,杀灭鱼体外寄生虫;内服鱼康达Ⅱ号,用量为每千克饲料加药 20 克拌饵投喂,每天 1 次,连喂 5 天。②每100 千克鱼用鱼血散 100 克拌入饲料或制成粉末状药饲投喂,连用 3～5 天。③每 100 千克鱼用氟哌酸 1 克拌在饲料中投喂,连喂 3～5 天。④每亩水面(水深 1 米)用贯众 1 500 克,切片,加开水 5～7 千克,浸泡 12 小时,再加明矾 500 克、生石灰 30 千克,化浆兑水全池泼洒。⑤治疗 10 天左右后,全池遍洒生石灰一次,以调水质。

(二)罗非鱼溃烂病

【病原体】国内外报道的病原有嗜水气单胞菌嗜水亚种、荧光假单胞菌、迟缓爱德华氏菌和链球菌等。

【流行情况】

(1)体表溃烂型:主要危害工厂化养殖和越冬加温养殖的罗非鱼,鱼种、成鱼和亲鱼均可发病。养殖密度大、池水污浊、溶氧偏低、温差较大的鱼池容易发生此病。严重的感染率可达50％以上，从越冬开始，至来年4～5月份，均可流行。

（2）肠炎型：主要危害罗非鱼稚、幼鱼，100克以下的罗非鱼幼鱼常受其害，10克以下的罗非鱼鱼种最为严重。

【症状】按症状表现可分为两个类型。

（1）体表溃烂型：主要表现为体表鳞片竖起，并逐渐脱落，病灶溃烂成鲜红的斑块状凹陷，肌肉外露，严重时深入骨骼，溃烂成洞穴。患处无特定部位，可分布于头部、鳃盖、鳍条及躯干等各个部分，病灶多时可达数十个。解剖可见肝发生病变，由肉红色变成褐色，胆由淡绿透明变成墨绿色，体积可增大1倍。

（2）肠炎型：主要表现为肛门及肛门附近的皮肤发红，解剖可见肠也发红，症状较轻。

【诊断】根据症状和病理变化及流行情况可初步诊断。若从病灶部位分离到病原菌或镜检观察到病原菌即可确诊。

【防治】①越冬池要清洗后彻底消毒。②罗非鱼进入越冬池前用3％～4％食盐溶液浸浴5～10分钟。③加强越冬管理，定期泼洒石灰乳，浓度为15～20克/米³，保持水质微碱性，水温控制在20℃左右，投饲宜少而精，注意经常换水，保持水质良好。④发病时可用优氯净全池泼洒，使池水成0.3～0.4克/米³浓度。⑤每100千克饲料加恩诺沙星20克拌饲投喂，连喂3～5天。

（三）赤皮病（赤皮瘟或擦皮瘟）

【病原体】荧光极毛杆菌。

【症状】鱼体出血、发炎，鳞片脱落，特别是鱼体两侧及腹部最明显，部分或全部鳍基部充血，鳍的末端腐烂，常烂去一段。鱼上下颌及鳃盖部分充血，呈现块状红斑。

【危害】该病在草鱼、青鱼、鲤鱼中很普遍，终年可见，与鱼体受伤有一定关系，发病8～10天鱼即死亡。在草鱼，常与烂鳃病、肠炎病并发。

【防治】鱼种放养前用生石灰彻底清塘消毒,鱼种放养时,用 5～8 克/米³ 漂白粉溶液浸洗半小时,在运输和饲养过程中,防止鱼体受伤等,均有较好的预防效果。发病时,用漂白粉挂篓法或全池泼洒法(1 克/米³)治疗,有一定效果。

(四)烂鳃病

【病原体】鱼害黏球菌。

【症状】鳃丝腐烂,带有污泥,鳃盖骨的内表皮往往充血,中间部分表皮常腐烂掉,形成一个圆形不规则的透明小窗,俗称"开天窗"。镜检鳃丝,可见其骨条尖端外露,附有许多黏液和污泥。

【危害】该病可危害草鱼、青鱼、鲢鱼、鳙鱼、鲤鱼等,全国各地终年可见,但水温在 15℃ 以下少见,28～35℃ 最流行。

【防治】保持水质清洁,不施未经发酵的粪肥,特别是牛、羊粪;有发病预兆的池塘,用漂白粉全池泼洒,浓度为 1 克/米³。治疗方法是全池泼三氯异氰尿酸(15～33 克/米³),有一定效果。

(五)肠炎病

【病原体】肠型点状产气单胞菌。

【症状】病鱼腹部膨大,体色发黑,离群缓游,肛门外突、红肿,严重时鳍条腐烂。剖开鱼腹,内有很多腹腔液,肠壁呈红褐色,肠内无食物,充满淡黄色液体。

【危害】最易感染草鱼、青鱼,鲤鱼偶尔也有发现。死亡率很高,可达 90%。该病在全国各地均有发生,流行季节为 5～6 月份和 8～9 月份。

【预防】①彻底清塘消毒,保持水质清洁,投喂新鲜饲料;②适当稀养,经常冲水;③每隔 15～20 天,用生石灰水泼洒全池,用量为 20～35 克/米³;④对鱼体进行免疫注射。

【治疗】内服与外用药结合进行,全池泼洒漂白粉,用量为 1 克/米³,或生石灰 20～35 克/米³ 冲水消毒;投喂大蒜,每 10 千克鱼用大蒜 50 克,每天一次,连喂 3 天。

(六)疖疮病（瘤痢病）

【病原体】疖疮型点状产气单胞杆菌。

【症状】病鱼皮肤及肌肉组织发炎，有脓疮，手摸有浮肿的感觉，脓疮内充满脓汁、血液和大量细菌，鱼鳍基部充血，鳍条开裂，严重时肠也充血。

【危害】该病可危害草鱼、青鱼、鲤鱼，全国各地均有发现，但较少见，无明显流行季节。

【防治】同赤皮病。

(七)白皮病

【病原体】白皮极毛杆菌。

【症状】初始时，鱼背鳍基部或尾柄处显露一白点，迅速扩大，以致背鳍与臀鳍间的体表至尾鳍全部呈现白色，不久鱼即头部朝下，尾鳍朝上，与水面垂直，很快死亡。

【危害】主要危害当年鲢、鳙鱼种，有时在1夏龄草鱼也可发现，发病后2天或3天即死亡，死亡率很高，多发生在5月份或6～8月份。

【预防】①在迁捕、运输等操作时，防止鱼体受伤；②鲢、鳙鱼夏花放养前，每升水放12.5毫克金霉素或25毫克土霉素制成药液，浸洗半小时。

【治疗】全池泼洒漂白粉，用量为1克/米^3。

(八)打印病（腐皮病）

【病原体】点状产气单胞菌点状亚种。

【症状】初期皮肤及其下层肌肉组织出现红斑，随着病情的发展，鳞片脱落，肌肉腐烂，直至烂穿露出骨骼和内脏。病灶呈圆形或椭圆形，周缘发红充血，似打了一个红色印记，故称打印病。重者体瘦，食欲减退，游动缓慢，最后衰竭而死。

【危害】此病是鲢、鳙鱼的主要病害，鱼种、成鱼患病部位多在肛门附近的体侧或尾鳍基部，亲鱼没有固定部位。全国各地均有发生,无明显流行季节,死亡率较高,严重者可达 80%。

　　【防治】放养前用生石灰清塘,饲养过程中,保持水质清新,避免鱼体受伤,是预防打印病的关键。治疗多用全池泼洒法,常用药物有漂白粉(1 克/米³)和五倍子(10 克/米³)。还可以喂服四环素,按每千克体重 2 毫克,同时用 10%的高锰酸钾溶液涂抹患处。

(九)白头白嘴病

　　【病原体】黏球菌属的一种。

　　【症状】病鱼自吻端至眼前一段皮肤变为乳白色,上、下颌肿胀,张闭失灵,造成呼吸困难。口周围皮肤溃烂,有絮状物黏附其上,在池边观察水面浮动的病鱼,可见"白头白嘴"的症状,出水后则该症状不明显。个别病鱼的颅顶和眼瞳孔周围有充血现象而呈现"红头白嘴"症状;还有个别鱼体表有灰白色毛茸物,尾鳍边缘有白色镶边或尾尖蛀蚀。严重者体瘦、色黑,常在下风处浮游,不久即死。

　　【危害】该病危害草鱼、青鱼、鲢鱼、鳙鱼、鲤鱼等的夏花鱼种,对草鱼危害最大。其发病之快,来势之猛,实为罕见,常常是一天之内,使上万条夏花草鱼死亡,严重的池塘,即使麦穗鱼、蝌蚪等也会感染死亡。全国各地均有发现。

　　【防治】夏花培育期经常冲水,保持水质清新,多投些适口新鲜的天然饵料并及时分养,此病可减少或不发生。其他防治方法参见烂鳃病。

(十)竖鳞病(鳞立病、松鳞病)

　　【病原体】水型点状极毛杆菌。

　　【症状】病鱼鳞片基部的鳞囊水肿,内部聚集着半透明或含有血的渗出液,以致鳞片竖起呈松球状,在鳞片上稍加压力,液状物就从鳞片基部喷射出来。有时还伴有鳍基和体表充血,眼球突出,腹部膨胀等。病鱼游动迟钝,呼吸困难,腹部向上,不久即死亡。

【危害】该病主要危害鲤、鲫和金鱼,草鱼、鲢鱼也有发现。多发生在北方地区,以春季较多。

【防治】①防止鱼体受伤,可很好地预防该病;②每立方米水中放硫酸铜 5 克、硫酸亚铁 2 克和漂白粉 10 克,浸洗病鱼;或每 50 千克水中放 1 千克食盐和 1.5 千克小苏打,浸洗病鱼,有一定疗效。

(十一)罗非鱼链球菌病

【病原体】一种链球菌。

【症状】病鱼体色发黑,游动缓慢,多数失去平衡,常在水中翻滚,有的侧身作转圈运动,眼外突,单眼或双眼浊白,胃肠内无食,充满淡黄色液体,胆囊显著增大。

【危害】多发生在网箱、流水养鱼池内,无明显季节性,是危害罗非鱼养殖的主要疾病,发病率为 20%～30%,致死率为 95%以上。

【防治】①保持水质清新,适当稀养,对该病有一定的预防作用;②每 100 千克饲料中加粉剂青霉素 8 000 万单位,制成颗粒饲料投喂,有较好的治疗效果。

三、真菌性疾病

真菌病有肤霉病和鳃霉病两种。

(一)肤霉病(水霉病或白毛病)

【病原体】肤霉在我国鱼体上常见的有 13 种,其中以水霉、绵霉、细囊霉和丝囊霉最为常见。

【症状】水霉和绵霉主要寄生在淡水鱼受伤的坏死组织上,初时肉眼看不出什么症状,随着病情的发展,鱼体伤口处向外生长出棉毛状菌丝,使组织坏死,鱼体负担过重,游动失常,食欲减退,最后瘦弱而死。

【危害】霉菌最初从伤口侵入时,吸取坏死细胞的养料,向内、外生长,后来菌丝向肌肉伸展,并与伤口组织缠绕黏附,使其坏死。该病在各种淡水水体内均可发生,可危害各种淡水鱼,包括鱼卵阶段,是一种常见病,一年四季均可发生,以晚冬早春较为流行,特别是在扦捕、运输后。

【防治】①防止鱼体受伤,可杜绝该病发生;②鱼体受伤后,应用食盐和小苏打合剂浸泡,一般每立方米水体放食盐和小苏打各40克,浸泡时间宜长不宜短,最好能维持3~4天,或全池泼洒五倍子,用药量为4克/米³;③对于受伤的亲鱼,用5％~10％的孔雀石绿、5％的碘酊或5％重铬酸钾涂抹伤口,也有一定的预防效果;④鱼体发病早期,用上述两种预防方法治疗尚有一定效果,发病后期药物不能控制。

（二）鳃霉病

【病原体】鳃霉。

【症状】鳃霉的繁殖是菌丝体产生大量孢子散布于水中,孢子与鱼鳃接触即附着在上面,发育成菌丝体,贯穿在鳃组织中,堵塞鳃血管,使鳃瓣失去正常的鲜红色而呈粉红色或苍白色,随着病情的发展,鳃丝腐烂,呼吸困难,病鱼分散浮于水面,不时狂游2~3圈,身体失去平衡,头部朝下,不久死亡。

【危害】该病多发生在南方,广东渔农称"青疳病",是危害较严重的一种疾病,从鱼苗到成鱼都可感染,鱼苗对这种病最敏感,发病率达70％~80％。每年5~10月份最为流行,尤其是5~7月份,常造成大量死亡。

【防治】①用生石灰代替茶粕清塘,用混合堆肥代替大草施肥,经常冲水,保持水质清新,可很好地预防该病发生;②发病初期,迅速加入大量清水,或将鱼移入清瘦水的池塘中、流动水体中,病可停止。

四、寄生原生动物疾病

原生动物是最简单的动物,多为单细胞,体型微小,仅几十微米,通常须借助显微镜才能看清,但它却具有执行各种功能的类器官或细胞器。原生动物通常被分为4大纲:鞭毛虫纲、肉足纲、孢子纲和纤毛虫纲。各纲中都有部分种类可引起鱼病。

鞭毛虫纲的虫体体表有角质膜,体外生有1~4条或稍多鞭毛,借助鞭毛运动。体内一般只有一个细胞核,无性生殖是纵分裂,主要寄生在鱼的皮肤和鳃上,其次是血液和消化道中。对鱼类危害严重的有隐鞭虫和口丝虫。

肉足虫纲的主要特征是身体没有固定的形状,从身体的任何部位都可伸出伪足进行运动和摄食,无性生殖为二分裂,有的种类能进行有性繁殖,形成孢囊者较普遍。能够引起淡水鱼得病的只有鲩内变形虫,危害并不十分严重。

孢子虫纲中的所有种类均营寄生生活,有两种生殖方式:无性阶段的裂殖生殖和有性阶段的孢子生殖,两种生殖方式可在一个寄主体内完成,也可在两个寄主体内完成。孢子虫在鱼体上寄生非常普遍,我国淡水鱼常感染的孢子虫可分为4类:球虫、黏孢子虫、微孢子虫和单孢子虫,其中前两者对鱼的危害最大。球虫又叫艾美虫,在其发育过程中要形成卵囊,成熟的卵囊随寄主的粪便排出体外,被另一寄主吞食而使之感染。球虫中以青鱼艾美虫和陈氏艾美虫对鱼的危害最大。黏孢子虫是孢子虫的一大类,虫体由两块大小和厚度相同的壳片套合而成,在其发育过程中,都会产生孢子,孢子从病鱼身上落入水底或悬浮在水中,与其他鱼接触后就黏附在体表或鳃上,侵入组织细胞内定居下来,不断生长、繁殖,刺激寄主组织而产生一层膜将寄生虫包住,形成肉眼可见的白色孢囊。少数种类的黏孢子虫对鱼的危害较大,且治疗困难,另外,有些黏孢子虫有一种特殊构造,即在孢核下有一个圆形的嗜碘泡,遇碘会变成棕色,故这类黏孢子虫又称为碘泡虫。

纤毛虫纲的特征是虫体外具有许多纤毛,用于运动和摄食,纤毛比鞭毛纤细、短小,但结构相似。许多种类的纤毛虫具有两种细胞核:一个大核和一个或几个小核,大核营正常代谢作用,小核则与生殖有关。整个虫体大小在 50 微米左右。到目前为止,在我国淡水鱼身上发现的纤毛虫大约有 50 种,有些种类,如小瓜虫、车轮虫和斜管虫大量寄生时,可严重影响仔幼鱼的成活率。

(一)颤动隐鞭虫病

【病原体】颤动隐鞭虫,固着在寄主身上时常作挣扎状颤动,离开寄主后即很活泼地游动前进。

【症状】少量感染时症状不明显,严重感染时鱼体色变黑,消瘦,皮肤和鳃瓣多黏液。显微镜下观察,可见大量虫体。

【危害】病原体主要寄生在鱼皮肤上,其次是鳃瓣上,可感染各种淡水鱼,特别是鲮和鲤的鱼苗最易被感染。大量寄生时,可引起鱼苗身体瘦弱,甚至死亡;鱼种阶段主要寄生在鳃瓣上,危害也小;成鱼鳃上也有发现,但不会引起鱼病。

【防治】①生石灰清塘消毒;②鱼苗或鱼种入池前仔细检查,发现病原体时要对苗种进行药物浸泡,可用硫酸铜和硫酸亚铁,浓度为 8 克/米³(二者比例为 5:2);③池塘发现该病后,可用硫酸铜和硫酸亚铁,0.7 克/米³(二者比例为 5:2),全池泼洒。

(二)鳃隐鞭虫病

【病原体】鳃隐鞭虫。

【症状】病鱼鳃部黏液较多,显微镜下观察鳃瓣,可见大量虫体。

【危害】鳃隐鞭虫能侵袭多种淡水鱼,但能引起大量死亡的主要是夏花草鱼。幼小的鱼苗和 2 龄以上的大鱼鳃上,虽然也经常发现病原体,但数量不多,不致引起死亡。在冬、春两季,有时可发现鲢、鳙鱼鳃上有大量的鳃隐鞭虫,但并不发病,可能是鲢、鳙鱼对这种病原体有天然的免疫性。

【防治】同颤动隐鞭虫病。

(三)口丝虫病

【病原体】漂游口丝虫。

【症状】漂游口丝虫寄生于鱼的体表和鳃瓣上,初期没有明显症状,但当大量寄生于皮肤上时,可形成一层蓝灰色的黏液(故有"白云病"之称),刮下黏液在显微镜下观察,可见到很多红细胞大小的口丝虫和破坏掉的表皮细胞。被口丝虫侵袭的鱼体组织往往可感染水霉。口丝虫寄生于鱼皮肤时,也寄生于鱼鳃上,造成部分鳃丝坏死,鱼呼吸困难,浮于水面,体瘦黑。

【危害】全国各地均有发现。流行季节为春、秋两季,水温12~20℃时最流行。可危害多种淡水鱼,但最易感染的是鲤和鲮的幼鱼,且年龄愈小,对这种虫愈敏感。另外,春花鱼种也非常容易感染,往往引起大批死亡。2龄以上的大鱼大量感染时通常不会引起死亡,但会影响摄食。

【防治】同颤动隐鞭虫病。

(四)锥体虫病

【病原体】寄生在血液中的锥体虫。

【症状】少量寄生时无症状,大量寄生时可造成鱼体贫血。

【危害】全国各地养殖场都有发现,可感染各种淡水鱼,一年四季均可找到病原体,而以春、秋两季较多。锥体虫对鱼的感染,是通过中间寄主水蛭。一般寄生数量不大,引起严重流行病的情况尚未发现。

【防治】目前尚未找到有效的方法,生产上多用硫酸铜、浓盐水或敌百虫等药物杀灭水蛭,以防止传染。

(五)六鞭虫病

【病原体】中华六鞭虫和鲴六鞭虫。

【症状】鲴六鞭虫主要寄生在鲴亚科鱼类,如细鳞鲴、银鲴、黄尾密鲴的后肠、胆囊和膀胱内,往往大量出现,但对寄主没有致病的征象。中华六鞭虫除青鱼体内未发现外,其他各种淡水鱼均可感染,特别是草鱼最易被寄生。寄生部位在距肛门 3.5～6.5 厘米的直肠内,以食物残渣为营养,不会引起鱼病,但在寄主患有严重肠炎时,往往使病情恶化。

【危害】全国各地养殖场都有发现,夏、秋两季最常见。对鱼危害较小或没有危害性。

【防治】目前尚未进行具体研究。

(六)变形虫病

【病原体】鲩内变形虫。

【症状】鲩内变形虫寄生于成年草鱼近肛门一段直肠肠黏膜或其下层。开始时黏膜表面溃疡,继而逐渐深入黏膜下层,然后向周围发展而形成脓肿。

【危害】到目前为止,这种病只在成年草鱼身上发现。流行于广东、广西、江苏、浙江等省(自治区),特别是广东顺德较为严重。夏、秋两季流行,冬、春两季较少见。

【防治】生石灰清塘有一定的预防作用,治疗方法有待于进一步研究。

(七)球虫病 (艾美虫病)

【病原体】艾美虫。我国淡水鱼中已发现的有近 20 种,其中以青鱼艾美虫和陈氏艾美虫危害最大。

【症状】艾美虫主要寄生在淡水鱼的肠管内,在不同程度上使鱼体受害。青鱼肠管被青鱼艾美虫和陈氏艾美虫侵袭后,肠管内壁形成许多灰白色的瘤状肿块,其周围组织溃烂,有白色脓液,甚至使肠壁溃疡穿孔,肠外壁也出现瘤状脓肿。严重感染者,肾、肝、胆、生殖腺等也被大量病原体侵害,鳃丝因贫血而呈粉红色。

【危害】全国各地均有发现,其中能造成严重流行、大量死亡的只有青鱼艾美虫和陈氏艾美虫。流行于 4～7 月份,适宜水温是

24～30℃。在江浙一带每年因此病而死的 2 龄和 3 龄青鱼约达
30％,严重者可达 90％。

【防治】①用生石灰彻底清塘和换塘轮养是减少发病的有效
方法。②在 4 月份开始发病前,按每 50 千克青鱼用 4％的碘液 30
毫升拌入豆饼中,连喂 4 天,有明显预防效果。③每 50 千克青鱼
用硫黄粉 50 克拌入豆饼中,连喂 4 天,有治疗效果。具体做法是:
每 5 千克豆饼配面粉 250 克,事先将面粉加热调成薄糊状,然后加
入硫黄粉约 200 克调匀,再与碎干豆饼拌匀,即可投喂。

(八)黏孢子虫病

黏孢子虫病的病原体是黏孢子虫纲双壳目中的很多种原生动
物,目前已发现的有 500 多种。几乎每种鱼都有寄生,可侵袭鱼体
内外多种器官和组织,但其中大多数种类寄生的数量不大,危害较
小。下面按侵袭部位将危害较大的几种黏孢子虫病分开阐述。

1.黏孢子虫引起的皮肤病

【病原体】种类较多,以野鲤碘泡虫和鲤单极虫危害最为严
重。另外还有鲤肠碘泡虫、巨间碘泡虫、椭圆碘泡虫及中华尾孢
虫等。

【症状】野鲤碘泡虫经常侵袭鲤、鲫、鲮等的皮肤,使其出现白
色孢囊,病情越重,孢囊越大越多,严重影响鱼体生长发育,引起消
瘦、死亡。鲤单极虫常大量寄生于鲤、鲫、鲮的体表和体内各器官,
在体表同样形成孢囊,孢囊逐渐增大,迫使被侵袭处的鳞片局部
竖起。

【危害】在广东和广西地区,放养 6～7 天的鲮苗往往被侵袭,
而且鱼体身上同时寄生有鳃霉、微小车轮虫、颤动隐鞭虫和口丝虫
等,形成复杂的并发症,使仔鱼大批死亡。鲤单极虫大量寄生在一
定程度上影响鱼的生长发育,但一般不会引起大量死亡。

2.黏孢子虫引起的鳃病

【病原体】种类较多,除上所述能侵袭鱼皮肤的黏孢子虫也能

引起鳃病外,还有异型碘泡虫、肌肉碘泡虫、变异碘泡虫和黑龙江球孢虫。

【症状】大量黏孢子虫侵袭鳃瓣时,鳃表有时形成点状或瘤状孢囊,使鳃组织受到破坏而影响鱼体呼吸;有时以渗透方式大量散布于鳃丝的组织细胞内,甚至侵入微血管中。

【危害】后一种方式对鱼的危害更大。在养殖鱼类中,鲢、鳙、鲤、鲫、鲮等的幼鱼更易受感染,严重影响生长发育,有时可导致大批死亡。

3. 黏孢子虫引起的肠道病

【病原体】鲢黏体虫、中华黏体虫、对称碘泡虫、饼形碘泡虫、草鱼碘泡虫等。

【症状】病原体主要侵袭鱼的肠管,形成孢囊,有时还可穿透肠壁,在肠外壁上形成大量孢囊。

【危害】严重影响鱼体的生长发育,特别是草鱼饼形碘泡虫病,每年在广东、福建等养鱼区,大量流行,往往造成夏花草鱼大量死亡。

4. 黏孢子虫引起的神经系统病(鲢、鳙疯狂病)

【病原体】鲢碘泡虫。

【症状】病鱼极度消瘦,头大尾小,尾部上翘,体色暗淡,有的下颌歪斜,行动异常;有的作波浪式旋转活动,表现出极度疲乏无力的样子;有的独自狂游乱窜,抽搐打转,经常跃出水面,又钻入水中,如此反复多次,终至死亡。

【危害】鲢碘泡虫大量侵袭鱼的中枢神经系统和感觉器官,主要发生在鲢、鳙。

5. 黏孢子虫引起的黄胆病

【病原体】主要有椭圆四极虫、多态两极虫、鳢两极虫、鲫楚克拉虫和微小楚克拉虫。

【症状】病原体大量寄生在胆囊内、外壁和胆汁里。严重时,胆囊肿大,胆汁变为淡黄色或无色,有时胆汁外溢,沾染肝和肠。

【危害】主要危害幼鱼。常见养殖鱼类均可感染。

6.黏孢子虫引起的其他器官病

黏孢子虫种类多,除引起上述几种器官病外,还可寄生在鱼的肝、肾、脾、心、生殖腺、膀胱、鳔及肌肉、脂肪组织内,引起病变,数量多时对鱼产生一定危害。

【防治】鱼池使用前要进行严格清塘,鱼种入塘前,每千克水中放高锰酸钾500毫克制成药液,浸泡鱼种30分钟;发现病鱼,及早捞出并妥善处理;防止病鱼池的水进入健康鱼池,防止病鱼池渔具在健康鱼池使用。目前尚未找到十分有效的治疗方法,有报道,内服和全池泼洒敌百虫对于治疗体内外黏孢子虫有一定效果。

(九)微孢子虫病

【病原体】赫氏格留虫、肠格留虫、异状格留虫和长丝匹里虫。

微孢子虫的孢囊一般呈灰白色,圆球形,比较小,形状也比较规则,多出现在生殖腺和脂肪组织上,比较容易同黏孢子虫的孢囊区别。

【症状】病原体寄生于鱼的皮肤、鳃、肠以及其他器官和组织,特别是脂肪和生殖腺,产生孢囊,使组织遭受破坏,严重时引起器官发炎,机能失调,使鱼发育不良,特别是生殖腺被严重感染时,使生殖力减退。

【危害】全国各地均有此病,但一般不会引起严重流行而造成大批死鱼。

【防治】方法尚不清楚。

(十)单孢子虫病

【病原体】鲈肤孢虫、广东肤孢虫和肤孢虫(未定种)。

【症状】肤孢虫侵袭鱼的皮肤和鳃的上皮组织,形成囊孢状病灶,病灶内部,肉眼可看到香肠状或卷成一团的带状或线状灰白色孢囊。病灶周围组织腐烂,发炎充血。严重者皮肤、尾鳍、鳃瓣上都有孢囊。鱼体极度消瘦。可引起死亡。

【危害】该病主要危害草鱼、青鱼和鲤鱼，全国各地都有发现，但往往在局部地区造成严重死鱼。

【防治】方法尚未研究。

(十一)小瓜虫病（白点病）

【病原体】多子小瓜虫。

【症状】小瓜虫主要侵袭鱼的皮肤和鳃。它在组织内剥取细胞作为营养，引起组织坏死，形成白色脓包，呈细小白点状。白点愈多，病情愈严重，有时覆盖全身，形成白色黏液层。鳃组织被大量寄生时影响呼吸，使鱼窒息。

【危害】所有淡水鱼，从鱼苗至成鱼都可发生该病，所有淡水水体都有发现，适宜水温是 15～25℃，所以春、秋两季最为流行。常造成仔幼鱼大批死亡，使成鱼的生长发育受到严重影响。在水族箱或小池中饲养的观赏鱼也常被感染，造成死亡。

【防治】①小瓜虫的幼虫如果找不到鱼做寄主，时间一长，即自行死亡。因此，鱼池清塘时消灭池中一切鱼类，经 10 多天后再放养；②如果池鱼发生严重的小瓜虫病，可拉网捕出，剔除死鱼，其余可按每立方米水体用 3～5 克石灰硫黄合剂，加 0.3 克敌百虫，进行全池泼洒，连续 5 天，有一定治疗效果；③对于水族箱或小水体中饲养的观赏鱼，可用加热棒使水温控制在 30～32℃，4 天后小瓜虫病即可自愈；也可使用硝酸亚汞（仅用于观赏鱼，食用鱼禁用）进行治疗，效果较好，但用量不可太大，浸洗每升水用药 2 毫克，泼洒用药量为 0.1～0.2 克/米^3。

(十二)斜管虫病

【病原体】鲤斜管虫。

【症状】在鱼苗，鲤斜管虫只侵害皮肤；在鱼种和成鱼，则侵害皮肤和鳃，使鱼的皮肤和鳃大量分泌黏液，致使呼吸困难，鱼体消瘦变黑，游近岸边，不久死亡。

【危害】一般淡水鱼都可感染,但会引起严重死亡的是草鱼及鲢、鳙、鲤、鲫的仔幼鱼。斜管虫病适宜的发生温度是 10～18℃,流行较广泛。

【防治】①鱼种入塘前,严格检查,如发现鲤斜管虫,用硫酸铜药液浸洗 30 分钟,药液的浓度是 8 克/米^3;②在饲养过程中,发现斜管虫病后,用硫酸铜和硫酸亚铁合剂(5∶2)0.7 克/米^3,全池泼洒,能根除病原体。

(十三)车轮虫病

【病原体】车轮虫。目前我国已发现 21 种,其中危害较严重的有 8 种:显著车轮虫、粗棘杜氏车轮虫、中华杜氏车轮虫、东方车轮虫、卵形车轮虫、微小车轮虫、球形车轮虫和眉溪车轮虫,前 4 种侵袭鱼的皮肤和鳃,而后 4 种只侵袭鱼鳃。

【症状】在池塘苗种培育过程中,往往大量发生,车轮虫剥取鱼皮肤或鳃上的组织细胞作为营养,严重影响鱼的生长发育,被大量感染的鱼,身体瘦黑,游动迟缓,不久即死亡。

【危害】车轮虫除广泛地寄生在各种鱼类身上外,还可寄生在其他水生动物身上。它对仔幼鱼的危害较严重,常造成严重死亡,而对体长 5 厘米以上的,一般不会引起严重疾病。车轮虫病是鱼类苗种培育阶段危害较大的疾病之一,全国各地都有流行。

【防治】①鱼苗、鱼种放养前用生石灰彻底清塘,在培育过程中保持水质清新;②发现车轮虫病后,可用硫酸铜 0.7 克/米^3 或硫酸铜和硫酸亚铁合剂(5∶2) 0.7 克/米^3 全池泼洒,可有效地杀灭车轮虫,控制疾病。

(十四)杯体虫病(舌杯虫病)

【病原体】种类很多,在我国淡水鱼身上发现的有 10 多种,最常见的是筒形杯体虫。

【症状】杯体虫附着于鱼的体表或鳃上,摄取周围水体里的食物颗粒作为营养,对鱼没有直接破坏作用,但对于仔幼鱼,大量附着时可严重妨碍鱼的正常生长发育，鱼体消瘦，甚至死亡。

【危害】对成鱼一般危害不大。各地养鱼场一年四季均有出现，以夏、秋两季较普遍。

【防治】同车轮虫病。

（十五）毛管虫病

【病原体】中华毛管虫和湖北毛管虫。

【症状】毛管虫大量寄生时，有时把身体贴在鳃瓣上，有时身体的一端延长呈柄状，伸入鳃丝的缝隙里，另一端露在外面，像一束花簇。

【危害】可感染多种淡水鱼，最易感染的是夏花草鱼。大量寄生时可使鱼死亡。流行季节是 6～10 月份。

【防治】同鳃隐鞭虫。

五、寄生蠕虫病

蠕虫是靠体部肌肉收缩而蠕动的一类动物，在动物学上，包括扁形动物门、原腔动物门、棘头动物门、纽形动物门和环节动物门，其中危害较大的有以下 5 类动物：

（1）扁形动物门的吸虫纲：虫体较小，背腹扁平，身体不分节，常呈树枝形或卵圆形。它包括两个亚纲：单殖吸虫亚纲和复殖吸虫亚纲。单殖吸虫亚纲的吸附器在体后部，上有小钩，幼体发育时无变态，多寄生于鱼体表和鳃部，如指环虫、三代虫、双身虫。复殖吸虫亚纲的吸附器有口吸盘和复吸盘两个，幼体发育时有变态，成虫或幼虫寄生于鱼体内。

（2）扁形动物门的绦虫纲：虫体呈带状，背腹平。多数种类虫体分头、颈、体 3 部分。头部有吸盘或吸沟等附着器；颈部与头部分界不明显；体部多分节，节片由几个至数百个不等，每一节片内部都有雌雄生殖器官一套。绦虫呼吸系统、循环系统、消化系统都已退化，借体表的渗透作用吸取寄主营养。绦虫在发育过程中要经过变态并更换 2～3 个宿主,第一中间宿主多为水生无脊椎动物,如水蚤;第二中间宿主多是鱼类、两栖类和爬行类。绦虫对鱼类的危害不是很大。

(3)原腔动物门的线虫纲:虫体呈圆筒形或线形,雌雄异体,雄虫尾部卷曲,较小,雌虫尾部平直,较大,生殖方式为胎生或卵生,幼虫必须经过几次蜕皮才能变成成虫,有的种类必须通过中间寄主才能完成发育。

(4)棘头动物门:虫体呈圆筒形或纺锤形、分吻、颈、躯干 3 部分。吻位于身体前端,能伸缩,上有刺,颈很短,躯干部粗大,体表光滑或有体刺。棘头虫雌雄异体,发育过程中必须通过中间宿主(如软体动物、甲壳类或昆虫)来完成。棘头虫寄生在鱼类肠道内,能引起组织坏死,直至肠穿孔。

(5)环节动物门的蛭纲:虫体背腹扁平,身体由 34 个体节组成,前 6 节形成前吸盘,后 7 节形成后吸盘。蛭类雌雄同体,危害鱼类的只有 3 种,多在鱼鳃或鱼体表吸食鱼血。

(一)指环虫病

【病原体】鳃片指环虫、鲩指环虫、鲢指环虫、鳙指环虫、坏鳃指环虫。

【症状】春末夏初,当水温 23℃ 左右时,常使 1 龄或 2 龄草鱼大量感染,有时一个鳃片上的虫体在 60 个以上,它们在鳃上不断爬动,锚钩和边缘小钩钩伤鳃组织,吸食鳃表皮组织、黏液及血液,妨碍鱼类呼吸。当鱼苗被大量寄生后,则鳃部浮肿,鳃盖张开,鳃丝灰暗。病鱼游动缓慢,不久即死亡。

【危害】鳃片指环虫寄生在草鱼和青鱼的鳃上,轻度感染时,对鱼的危害不大。大量感染时,危害严重。其他指环虫分别危害鲢、鳙、鲤、鲫、鲂等。指环虫病全国均有发现。

【防治】①生石灰彻底清塘。注水 1 周后再放鱼种,以使随水入塘的指环虫幼虫因找不到寄主而自行死亡;鱼种入塘前,按高锰酸钾 20 克/米³ 制成药液,浸洗鱼种 30 分钟,有较好的预防效果。②用晶体敌百虫(含 90％)面碱(Na_2CO_3)合剂(1：0.6)全池泼洒,用药量为 0.1～0.2 克/米³;或晶体敌百虫单独泼洒,用药量为 0.2～0.3 克/米³;或敌百虫粉剂(含 2.5％)单独泼洒,用药量为 1.5～3.0 克/米³,能杀灭各种指环虫。

(二)三代虫病

【病原体】鲩三代虫、鲢三代虫、舒氏三氏虫、中型三代虫、秀丽三代虫。

【症状】寄生于鱼的体表和鳃上,利用锚钩钩住寄主表皮组织,刺激寄主分泌过多的黏液。三代虫以寄主表皮组织细胞及黏液为食,使鱼体逐渐瘦弱。

【危害】鱼苗、鱼种被大量寄生时,可造成死亡。三代虫适宜的水温是 20℃左右。全国各地均有发病,以湖北、广东最严重。

【防治】同指环虫。

(三)双身虫病

【病原体】日本双身虫、鲩双身虫、鳙双身虫、鳊双身虫等。

【症状】双身虫通常寄生于 2 龄以上的成鱼鳃间隔膜上,吸食鱼血,破坏鳃组织,使鳃分泌黏液增多,污物附着,影响呼吸,对鱼生长不利。

【危害】该病广有发现,但一般寄生数量不多,故危害不大。

【防治】用敌百虫粉剂(含 2.5％)2 克/米³ 和硫酸亚铁 0.02 克/米³ 全池泼洒,有一定效果。

(四)复口吸虫病(害眼睛病)

【病原体】复口吸虫。

【症状】复口吸虫的成虫寄生在鸥鸟的肠道中,第一中间宿主是椎实螺,鱼是第二中间宿主,尾蚴接触鱼体后即钻入内部,最后到达眼球水晶体内,发育成后囊蚴,致使水晶体混浊,呈乳白色,严重者水晶体脱落。若进入鱼体的尾蚴数量较多,尾蚴在鱼体内穿行时,对鱼刺激较大,使鱼在水面乱窜,有时头下尾上失去平衡,有的头部充血,有的反应迟钝,身体弯曲,不久死亡。

【危害】复口吸虫病在全国均有发现,以长江中下游最普遍,特别是靠近湖泊椎实螺较多的渔场。可感染多种鱼,特别是上层鱼类,流行于5~8月份,8月份后症状多表现在水晶体上。

【防治】用药物杀灭鱼体内的尾蚴和后囊蚴是很难办到的,生产上多采用杀灭中间宿主(椎实螺)的办法来预防该病的发生。用硫酸铜0.7克/米^{3}全池泼洒2次,间隔24小时,或用二氯化铜0.7克/米^{3}全池泼洒1次,可杀灭椎实螺而不损伤鱼体。

(五)侧殖吸虫病(闭口病)

【病原体】日本侧殖吸虫,虫体大小(0.5~1.3)毫米×(0.2~0.5)毫米。

【症状】日本侧殖吸虫在鱼肠道内产卵,卵在水中发育成毛蚴,毛蚴钻入沼螺、田螺或旋纹螺体内发育成雷蚴和尾蚴,当螺被大鱼吞食后,发育成成虫。鱼苗也会吞食日本侧殖吸虫的尾蚴,结果尾蚴在鱼苗体内发育成成虫,严重阻塞鱼苗肠道,致使鱼苗闭口不食,体色发黑,随水漂浮,3~5天后死亡。

【危害】成虫在大鱼体内,通常不会引起明显的病理变化或死亡,但对于夏花鱼种,则会影响其生长发育。日本侧殖吸虫病在我国分布很广,长江中下游及两广、福建尤为普遍。

【防治】药物治疗困难,通常用杀灭中间宿主(螺蛳)的方法来预防。具体方法参见复口吸虫病。

(六)血居吸虫病

【病原体】有刺血居吸虫、无刺血居吸虫、大血居吸虫、山村血居吸虫、龙江血居吸虫、鲂血居吸虫。

【症状】成虫寄生在鱼的心脏动脉球内,虫卵在鳃血管内孵育成毛蚴,毛蚴钻出鱼体落入水中,遇到白旋螺则钻入其体内,发育成胞蚴、尾蚴,成熟尾蚴钻出螺体,遇到鱼即钻入体内,发育成成虫。如果成虫数量少,鱼的病症不显著,但若寄生数量多,虫卵大量堆积在鳃组织中,使血管梗塞,鳃丝变形、变肿,形成所谓的鳃肿病或炸鳃病,致使鱼体窒息死亡。虫卵随血液进入其他组织,也会影响鱼体新陈代谢,导致病变。

【危害】该病主要出现在夏季的鱼苗、鱼种身上。世界各地均有发现,但不常发生。

【防治】可用杀灭中间宿主的方法来预防,具体方法同复口吸虫病的防治。

(七)九江头槽绦虫病

【病原体】九江头槽绦虫。虫体乳白色,长 35～80 毫米,宽 0.53～1.17 毫米。

【症状】虫体寄生在鱼肠道内,吸收寄主养料,使其营养不足,发育迟缓,严重者导致死亡。

【危害】主要危害草鱼的夏花和春花鱼种。主要流行于广东、广西,但现已传播到不少地区。在广东,小草鱼因患该病而死的极为普遍。

【防治】①用生石灰彻底清塘或撒漂白粉 100～200 克/米³,可彻底杀灭虫卵和中间宿主(剑水蚤),起到预防作用;②用硫双二氯酚(硫氯酚,每片含 0.25 克)与米糠按 1：400 混合后,连喂 4 天,治疗效果很好。

(八)舌状绦虫病

【病原体】舌状绦虫和双线绦虫的裂头蚴,虫体肉质肥厚,白色,长带状,俗称"面条虫"。

【症状】病鱼腹部膨大、失衡、体瘦弱,不久死亡。解剖后可见虫体充满鱼体腔,致使内脏器官受压迫而萎缩。

【危害】寄生于多种淡水鱼体内。

【防治】驱赶鸥鸟,杀灭剑水蚤,有一定预防效果。治疗方法尚未研究。

(九)毛细线虫病

【病原体】毛细线虫,雌虫长 6.2～7.6 毫米,雄虫 4～6 毫米。

【症状】毛细线虫以头部钻入肠壁黏膜层,破坏组织而使致病菌侵入肠壁,引起发炎并可致鱼死亡。如果单纯患毛细线虫病则仅是鱼体瘦弱,生长不良。

【危害】毛细线虫可寄生在多种养殖鱼类体内,广东、南海一带夏花草鱼、鲮常患这种病。

【防治】①发过病的池塘用生石灰清塘可杀死虫卵,起到预防作用;②每 10 千克鱼用晶体敌百虫(90％)2～3 克,拌入 300 克豆饼粉中做成药饵,连用 6 天,有较好的治疗效果。

(十)嗜子宫线虫病

【病原体】嗜子宫线虫,常见种类有鲫嗜子宫线虫(寄生于鲫的鳍及其他器官)、鲤嗜子宫线虫(雌虫寄生于鲤的鳞片下,雄虫寄生于鳔)、藤本嗜子宫线虫(雌虫寄生于乌鳢的背鳍、臀鳍和尾鳍上,雄虫寄生于鳔、肾)。

【症状】成虫寄生在鱼的鳞片下或鳍膜内,吸取寄主营养。由于虫体经常蠕动,可对组织造成伤害,引起发炎和出血,严重时造成病鱼死亡。

【危害】该病一般不会流行。

【防治】①对发过这种病的池塘,要用生石灰彻底清塘,以杀灭幼虫,预防传染;②对于患病的大鱼,剔除虫体后,用1％～5％的高锰酸钾溶液涂擦患部;③对于发病率较高的池塘,可用晶体敌百虫和面碱混合(10∶6)全池泼洒,第 1 天用药 0.2 克/米³,第 2 天用 0.3 克/米³。

(十一)鳗居线虫病

【病原体】球头鳗居线虫,雌虫体长 44 毫米。

【症状】寄生在鳗鱼鳔内,数量较大时,引起鳔发炎或鳔壁增厚,病鱼活动受到影响。有时虫体充满鳔囊,压迫内脏器官和血管,致使鱼后腹部肿大,肛门扩大,深红色。

【危害】可造成仔幼鳗大批死亡。

【防治】目前尚无有效的防治方法,通常是全池泼洒晶体敌百虫,用药量为 0.2～0.4 克/米^3。

(十二)棘头虫病

【病原体】鲤长棘吻虫和乌苏里似棘吻虫及多刺棘环虫。

【症状】虫体寄生在鲤、草鱼、鲢、鳙的肠道里,吻部牢固地钻入肠黏膜之内,造成部分组织坏死,严重时造成肠穿孔。有时寄生数量很大,致使肠阻塞。病鱼腹部膨大,身体瘦黑。

【危害】病鱼大量死亡。

【防治】①生石灰彻底清塘,以杀灭剑水蚤、气泡介形虫、野杂鱼等中间宿主,预防传染;②用晶体敌百虫遍洒法和内服法相结合进行治疗:泼洒药物 0.7 克/米^3,同时按 1：30 的比例将药拌入麸皮内,连喂 4 天,效果较好。

(十三)蛭病

【病原体】中华颈蛭和尺蠖鱼蛭。

【症状和危害】中华颈蛭寄生于鲤和鲫的鳃盖内和鳃上,吸取寄主血液为营养,严重时,病鱼因呼吸困难和失血过多而死亡。

尺蠖鱼蛭寄生于鲤、鲫的体表、鳃和口腔内,吸取血液为营养,造成鱼体消瘦,贫血,死亡。

【治疗】用浓盐水或二氯化铜溶液浸洗病鱼,100 千克水中放药 5 克,浸洗 15 分钟,鱼蛭即可脱落。

六、鱼类软体动物病

由软体动物引起的鱼病只有一种,即钩介幼虫病(由在水中的钩介幼虫、寄生在鳃丝上的钩介幼虫和寄生在鳍条上的钩介幼虫寄生所致)。

【病原体】钩介幼虫。

【症状】在母蚌外鳃瓣发育成熟的钩介幼虫被排放到水中,遇到鱼类即黏附其上,用壳钩钩住鱼的鳃、鳍条等,鱼体组织受到刺激,引起周围组织增生,微血管阻塞、积血,逐渐形成包囊。

【危害】成鱼寄生有十几个影响也不大,而夏花以下的苗种被寄生后,则会影响摄食生长,严重者常表现为红头白嘴现象,造成大量死亡。

【防治】①彻底清塘,杀灭河蚌,春夏季节不要以有河蚌的湖水做水源,要引水灌塘;②发病初期,人工摸蚌,清出池外,可减轻病情。

七、鱼类甲壳动物病

由节肢动物门甲壳纲的动物寄生于鱼体上而引发的疾病称甲壳动物病。甲壳动物一般寄生在鱼的鳍条、体表和鳃上,肉眼可见虫体,整个发育过程有复杂的变态现象。甲壳动物对敌百虫敏感,生产上常用敌百虫进行治疗。

(一)中华鳋病

【病原体】大中华鳋和鲢中华鳋的雌体。

【症状】大中华鳋寄生于个体大的草鱼和青鱼以及赤眼鳟的鳃上,当寄生数量较多时,阻碍鱼正常呼吸,使鱼不安跳跃,与其他疾病并发时,可加速病鱼死亡。取下鱼鳃观察时,可见鳃丝肿胀、发白,有数十个至数百个虫体。鲢中华鳋寄生于个体较大的鲢和鳙的鳃上,病鱼整天在水面打转或狂游,鱼尾鳍上叶往往露出水面。流行季节6~8月份。

【防治】①生石灰彻底清塘;鱼种入塘前用硫酸铜和硫酸亚铁合剂浸洗鱼种 20~30 分钟,药液浓度为硫酸铜 5 克/米^3 和硫酸亚铁 2 克/米^3。如不能清塘,次年要换养其他种鱼,以避免此病发生。②治疗时全池泼洒硫酸铜 0.5 克/米^3、硫酸亚铁 0.2 克/米^3、粉剂敌百虫 2 克/米^3,或粉剂敌百虫 1.2 克/米^3 和硫酸亚铁

0.2 克/米³,效果均很明显。

(二)狭腹鳋病

【病原体】狭腹鳋,我国已发现 8 种。常见的有 2 种:鲫狭腹鳋和中华狭腹鳋,其雌体永久性地寄生在鱼鳃上,前者体长 1.3～2.15 毫米,寄主是鲫;后者体长 2.4～4.09 毫米,寄主是乌鳢和月鳢。

【症状】虫体寄生在鱼鳃上,以鳃组织及血液为营养,可使鳃丝烂掉。

【危害】寄生较多时寄主死亡,特别是乌鳢,可导致大量死亡。

【防治】见中华鳋病。

(三)锚头鳋病

【病原体】锚头鳋的雌体体长 6～12 毫米。危害较大的种类有多态锚头鳋(寄主是鲢、鳙)、草鱼锚头鳋(寄主是草鱼)和鲤锚头鳋(寄主为多种鱼类)。

【症状】锚头鳋前半部钻入寄主组织内,后半部露出体外,致使寄生部位组织红肿,鱼不安,食欲不振,游动迟缓。有时鱼的体表、鳍上寄生有很多锚头鳋,好似披着蓑衣,故又名"蓑衣病"。

【危害】2 龄以上的鱼一般不会引起死亡,但影响生长和繁殖,幼鱼可导致死亡。

【防治】①生石灰彻底清塘,杀灭锚头鳋幼虫及带有成虫的鱼和蝌蚪。放养的鱼种如寄生有锚头鳋,可根据水温用高锰酸钾溶液浸洗 1～2 小时后再放养。②90％晶体敌百虫全池泼洒,用药量 0.3～0.5 克/米³,可杀死池中锚头鳋,控制病情。

(四)鲺病

【病原体】种类很多,危害最大的是日本鲺,体长 6.72～8.3 毫米。

【症状】日本鲺寄生在多种淡水鱼的体表,它在鱼体表不断爬动,撕破皮肤,吸食血液,同时注射毒液,对鱼刺激很大,另外伤口容易感染细菌、水菌等。大鱼被寄生后,表现为跳跃、狂游、极度不安,食欲减退,日久则鱼体消瘦。

【危害】大鱼被寄生后一般不会死亡,幼鱼被寄生后常导致死亡。

【防治】同锚头鳋。

(五)鱼怪病

【病原体】最常见的是鲤怪,雌虫体长 14～30 毫米,雄虫体长 6～20 毫米。

【症状】主要危害大水体中的鲫和雅罗鱼。成虫寄生于胸鳍基部附近,围心腔后的体腔内,有一孔与外界相通,与鱼的内脏有一层薄膜相隔,形成寄生囊,囊内往往有一对鱼怪,也有一只的。

【危害】鱼被鱼怪寄生后完全丧失生殖能力。鱼苗、鱼种被鱼怪幼虫侵袭后,很容易造成死亡。

【防治】目前尚无十分有效的防治方法。多是在鱼怪释放幼虫高峰期,在近岸带幼虫密集的区域,泼洒敌百虫以杀灭幼虫,切断其生活史,有一定效果。

八、其他因素引起的鱼病

(一)水质不良引起的鱼死亡

(1)泛池:泛池是指由于水中缺氧而引起的鱼类窒息死亡。鱼类泛池前常有一段时间的浮头。鱼长期处在低氧环境中,则摄食量减小,抗病力降低,下颌突出呈簸箕状。四大家鱼的溶氧窒息死亡点是 0.4～0.6 毫克/升,鲤、鲫的窒息点是 0.1～0.4 毫克/升。防止泛池应降低放养密度,改善池塘水质,发现浮头及时采取措施。

(2)气泡病:水中某种气体过饱和,可引起鱼气泡病。该病主要危害鱼苗。当水色浓绿,天气晴好,水中氧气过饱和或施肥过多,水中产生较多的甲烷、硫化氢气泡时,仔幼鱼很容易患气泡病死亡。当发现气泡病时,应立即加注清水,并排出部分老水,或将鱼移入清水中,轻者可排除气泡,恢复正常。

(3)麻痹病:由于水中二氧化碳浓度过高而使鱼类中枢神经麻痹,出现昏迷。这种情况多出现在密封式尼龙袋长途运输鱼苗时。出现这种情况时,不要将鱼苗直接放入塘中,而应将鱼苗先放入用筛绢制成的小网箱中,待鱼苗苏醒后再放入池塘。

(4)弯体病(畸形病、龙尾病):确切病因尚未搞清,一般认为是水中有重金属或鱼类营养中缺乏某种维生素或钙等。鱼体表现为身体发生"S"形弯曲,鳃盖凹陷或上下颌和鳍条等出现畸形,严重者可引起死亡。各地渔场都有出现,但发病率不高,危害不大。

(二)饵料不足引起的疾病

(1)跑马病:鱼苗下塘后,阴雨连绵,水温较低,池水肥不起来,鱼苗缺乏食场,致使成群结队绕鱼池边缘狂游,长时间不停,最后体力衰竭,大批死亡。这种病多发生在全长 18～28 毫米的草鱼、青鱼身上,在湖南被称为"车边病"。预防方法是减少放养数量,鱼苗下塘 10 天后,适当投喂些精料;治疗方法是用芦席隔断鱼苗狂游路线,并投喂精料,或把鱼移入大型浮游动物较多的池塘中去。

(2)萎瘪病:原因是鱼饵料不足,鱼因长期饥饿而身体萎瘪致死,表现为头大身小,体色发黑,背脊薄如刀刃,游动迟缓,不久即死。饲养过程中及时投喂、加强饲养管理,即可防止该病发生。

(三)敌害生物引起的鱼病

水中的一些生物会与鱼争夺饲料和氧气,施放毒素,直接吞食鱼苗,或有改变水体状况,危及鱼类正常生长。

(1)蚌虾:蚌虾又称蚌壳虫,外形很像小蚌,壳长不足 10 毫米,多栖息于小水塘、小水沟等浅水水体中,常常是突然大量出现,不久又突然消失,若出现在鱼苗池中,对鱼苗可造成危害,特别是刚下塘的鱼苗,常造成大量死亡。蚌虾的数量大,与鱼苗争夺饲料和氧气,其活动严重干扰鱼苗的正常生活。可在没有放鱼苗的池塘中泼洒漂白粉 10 克/米^3,在有鱼苗的池塘中泼洒晶体敌百虫 0.15 克/米^3,防治蚌虾。

(2)水生昆虫:许多水生昆虫如水蜈蚣(龙虱幼虫、水夹子)、红娘华(水蝎子)、水斧虫(水螳螂)、田鳖、水蚤(蜻蜓幼虫或豆娘虫)、松藻虫(仰泳虫)等都能捕食鱼苗,造成危害。防治方法是用生石灰彻底清塘;注水时,水渠安装纱网,防止水生昆虫随水入池;发现池中有水生昆虫后,全池泼洒晶体敌百虫 0.4~0.5 克/米^3。

(3)蝌蚪:蝌蚪对鱼苗的危害主要是与鱼苗争夺饵料和氧气,影响鱼苗生长。在鱼苗池中,蝌蚪往往长得很肥大,有的蝌蚪还能吞食鱼苗。防除方法是彻底清塘,防止青蛙进入鱼苗池产卵,及时捞出青蛙卵块,结合拉网将池中蝌蚪清除出池。

(4)湖靛:是微囊藻大量繁殖而形成的,在碱性较高(pH 值为 8~9.5)、水温 28~32℃时最易发生,往往在水面上成片漂浮。它不易被鱼类消化,很容易死亡,死亡后分解产生有毒物质。当池水中微囊藻的数量达到每升 50 万个时,会使草、鲢、鳙等死亡,尤其是鳙鱼,如果达到 100 万个,鱼类会大量死亡。防除方法是发现微囊藻大量繁殖时,全池泼洒硫酸铜 0.7 克/米^3,杀灭微囊藻,同时,由于铜离子的作用,微囊藻分解后也不再产生毒素。

(5)青泥苔:指水绵、双星藻和转板藻 3 种丝状绿藻,喜欢生长在浅水处,像毛发一样附着在池底,以后逐渐长大,像罗网般悬张在水中;衰老时变成棉絮状,漂浮到水面上,颜色由深绿变成黄绿。青泥苔对鱼的危害是大量吸收营养盐使水体变瘦,使鱼苗所需浮游生物不能大量繁殖生长,影响鱼苗生长;其次是早期的鱼苗往往钻入青泥苔中被缠住而游不出来,造成死亡。防除方法是使池水保持在 1 米以上,这样青泥苔就很难产生;另外,全池泼洒硫酸铜 0.7 克/米^3,可杀死已生的青泥苔。

(6)水网藻:一种绿藻,喜欢生活在浅水中,对鱼苗的危害是像网一样缠绕鱼苗而使之死亡。防除方法同青泥苔。

　　(7)甲藻:包括多甲藻和裸甲藻,在有机质多、硬度大、微碱性的池塘中较多,鱼类大量食之,往往导致死亡。防除方法是在它们大量繁殖时换水,使池水的水温、水质突然改变而抑制其发展,令其逐渐死亡。全池泼洒硫酸铜 0.7 克/米^3,可以有效地杀灭甲藻。

　　(8)金藻:包括舞三毛金藻和小三毛金藻,它们多在低盐海水中或咸淡水中大量繁殖,它能分泌溶血素和鱼毒素,当池水中密度大于每升 3 000 万个时,水呈浓黄绿色,可引起鱼中毒死亡。鱼中毒一般自清晨开始,先是失衡,侧卧,呼吸困难,最终昏迷死亡。可危害多种鱼类,以鲢、鳙最敏感。防治方法是全池泼洒硫酸铵,用量为 5~10 克/米^3;或每 1 000 米^2 水面施尿素 1.5~2 千克和磷酸钙 3~5 克,以繁殖浮游生物来抑制三毛金藻。

思　考　题

　　1.为什么说鱼病的防控比治疗更重要?

　　2.简述鱼病诊断的一般方法。

　　3.为什么说病毒性疾病一旦暴发就很难用药物控制?

　　4.简述常见细菌性疾病(出血病、肠炎、烂鳃病)的鉴别诊断与防治措施。

附　　录

食品动物禁用的兽药
及其它化合物清单

（农业部公告第 193 号）

为保证动物源性食品安全，维护人民身体健康，根据《兽药管理条例》的规定，我部制定了《食品动物禁用的兽药及其它化合物清单》（以下简称《禁用清单》），现公告如下：

一、《禁用清单》序号 1 至 18 所列品种的原料药及其单方、复方制剂产品停止生产，已在兽药国家标准、农业部专业标准及兽药地方标准中收载的品种，废止其质量标准，撤销其产品批准文号；已在我国注册登记的进口兽药，废止其进口兽药质量标准，注销其《进口兽药登记许可证》。

二、截至 2002 年 5 月 15 日，《禁用清单》序号 1 至 18 所列品种的原料药及其单方、复方制剂产品停止经营和使用。

三、《禁用清单》序号 19 至 21 所列品种的原料药及其单方、复方制剂产品不准以抗应激、提高饲料报酬、促进动物生长为目的在食品动物饲养过程中使用。

说明：附录表格中量和单位的表示方法按所选国家标准中原格式排出，未按出版标准修改。出版者注。

食品动物禁用的兽药及其它化合物清单

序号	兽药及其它化合物名称	禁止用途	禁用动物
1	β-兴奋剂类：克仑特罗 Clenbuterol、沙丁胺醇 Salbutamol、西马特罗 Cimaterol 及其盐、酯及制剂	所有用途	所有食品动物
2	性激素类：己烯雌酚 Diethylstilbestrol 及其盐、酯及制剂	所有用途	所有食品动物
3	具有雌激素样作用的物质：玉米赤霉醇 Zeranol、去甲雄三烯醇酮 Trenbolone、醋酸甲孕酮 Mengestrol Acetate 及制剂	所有用途	所有食品动物
4	氯霉素 Chloramphenicol 及其盐、酯（包括琥珀氯霉素 Chloramphenicol Succinate)及制剂	所有用途	所有食品动物
5	氨苯砜 Dapsone 及制剂	所有用途	所有食品动物
6	硝基呋喃类：呋喃唑酮 Furazolidone、呋喃它酮 Furaltadone、呋喃苯烯酸钠 Nifurstyrenate sodium 及制剂	所有用途	所有食品动物
7	硝基化合物：硝基酚钠 Sodium nitrophenolate、硝呋烯腙 Nitrovin 及制剂	所有用途	所有食品动物
8	催眠、镇静类：安眠酮 Methaqualone 及制剂	所有用途	所有食品动物
9	林丹（丙体六六六）Lindane	杀虫剂	所有食品动物
10	毒杀芬（氯化烯）Camahechlor	杀虫剂、清塘剂	所有食品动物
11	呋喃丹（克百威）Carbofuran	杀虫剂	所有食品动物
12	杀虫脒（克死螨）Chlordimeform	杀虫剂	所有食品动物
13	双甲脒 Amitraz	杀虫剂	水生食品动物

续表

序号	兽药及其它化合物名称	禁止用途	禁用动物
14	酒石酸锑钾 Antimony potassium tartrate	杀虫剂	所有食品动物
15	锥虫胂胺 Tryparsamide	杀虫剂	所有食品动物
16	孔雀石绿 Malachite green	抗菌、杀虫剂	所有食品动物
17	五氯酚酸钠 Pentachlorophenol sodium	杀螺剂	所有食品动物
18	各种汞制剂,包括:氯化亚汞(甘汞)Calomel、硝酸亚汞 Mercurous nitrate、醋酸汞 Mercurous acetate、吡啶基醋酸汞 Pyridyl mercurous acetate	杀虫剂	所有食品动物
19	性激素类:甲基睾丸酮 Methyltestosterone、丙酸睾酮 Testosterone Propionate、苯丙酸诺龙 Nandrolone Phenylpropionate、苯甲酸雌二醇 Estradiol Benzoate 及其盐、酯及制剂	促生长	所有食品动物
20	催眠、镇静类:氯丙嗪 Chlorpromazine、地西泮(安定)Diazepam 及其盐、酯及制剂	促生长	所有食品动物
21	硝基咪唑类:甲硝唑 Metronidazole、地美硝唑 Dimetronidazole 及其盐、酯及制剂	促生长	所有食品动物

注:食品动物是指各种供人食用或其产品供人食用的动物。

水产品中渔药残留限量

药物类别		药物名称		指标（MRL）
		中文	英文	/（微克/千克）
抗生素类	四环素类	金霉素	Chlortetracycline	100
		土霉素	Oxytetracycline	100
		四环素	Tetracycline	100
	氯霉素类	氯霉素	Chloramphenicol	不得检出
磺胺类及增效剂		磺胺嘧啶	Sulfadiazine	100（以总量计）
		磺胺甲基嘧啶	Sulfamerazine	
		磺胺二甲基嘧啶	Sulfadimidine	
		磺胺甲噁唑	Sulfamethoxazole	
		甲氧苄啶	Trimethoprim	50
喹诺酮类		噁喹酸	Oxilinic acid	300
硝基呋喃类		呋喃唑酮	Furazolidone	不得检出
其他		己烯雌酚	Diethylstilbestrol	不得检出
		喹乙醇	Olaquindox	不得检出

注：选自 NY 5070—2002。

渔用药物使用方法

渔药名称	用途	用法与用量	休药期/天	注意事项
氧化钙（生石灰）calcii oxydum	用于改善池塘环境，清除敌害生物及预防部分细菌性鱼病	带水清塘：200～250毫克/升（虾类350～400毫克/升）全池泼洒：20～25毫克/升（虾类：15～30毫克/升）		不能与漂白粉、有机氯、重金属盐、有机络合物混用
漂白粉 bleaching powder	用于清塘、改善池塘环境及防治细菌性皮肤病、烂鳃病、出血病	带水清塘：20毫克/升 全池泼洒：1.0～1.5毫克/升	≥5	1.勿用金属容器盛装 2.勿与酸、铵盐、生石灰混用
二氯异氰尿酸钠 sodium dichloroisocyanurate	用于清塘及防治细菌性皮肤溃疡病、烂鳃病、出血病	全池泼洒：0.3～0.6毫克/升	≥10	勿用金属容器盛装
三氯异氰尿酸 trichloroisocyanuric acid	用于清塘及防治细菌性皮肤溃疡病、烂鳃病、出血病	全池泼洒：0.2～0.5毫克/升	≥10	1.勿用金属容器盛装 2.针对不同的鱼类和水体的pH值，使用量应适当增减
二氧化氯 chlorine dioxide	用于防治细菌性皮肤病、烂鳃病、出血病	浸浴：20～40毫克/升，5～10分钟 全池泼洒：0.1～0.2毫克/升，严重时0.3～0.6毫克/升	≥10	1.勿用金属容器盛装 2.勿与其他消毒剂混用

续表

渔药名称	用途	用法与用量	休药期/天	注意事项
二溴海因	用于防治细菌性和病毒性疾病	全池泼洒：0.2～0.3毫克/升		
氯化钠（食盐）sodium chioride	用于防治细菌、真菌或寄生虫疾病	浸浴：1%～3%，5～20分钟		
硫酸铜（蓝矾、胆矾、石胆）copper sulfate	用于治疗纤毛虫、鞭毛虫等寄生性原虫病	浸浴：8毫克/升（海水鱼类8～10毫克/升），15～30分钟 全池泼洒：0.5～0.7毫克/升（海水鱼类0.7～1.0毫克/升）		1.常与硫酸亚铁合用 2.广东鲂慎用 3.勿用金属容器盛装 4.使用后注意池塘增氧 5.不宜用于治疗小瓜虫病
硫酸亚铁（硫酸低铁、绿矾、青矾）ferrous sulphate	用于治疗纤毛虫、鞭毛虫等寄生性原虫病	全池泼洒：0.2毫克/升（与硫酸铜合用）		1.治疗寄生性原虫病时需与硫酸铜合用 2.乌鳢慎用
高锰酸钾（锰酸钾、灰锰氧、锰强灰）potassium permanganate	用于杀灭锚头鳋	浸浴：10～20毫克/升，15～30分钟 全池泼洒：4～7毫克/升		1.水中有机物含量高时药效降低 2.不宜在强烈阳光下使用
四烷基季铵盐络合碘（季铵盐含量为50%）	对病毒、细菌、纤毛虫、藻类有杀灭作用	全池泼洒：0.3毫克/升（虾类相同）		1.勿与碱性物质同时使用 2.勿与阴性离子表面活性剂混用 3.使用后注意池塘增氧 4.勿用金属容器盛装

续表

渔药名称	用途	用法与用量	休药期/天	注意事项
大蒜 crown's treacle,garlic	用于防治细菌性肠炎	拌饵投喂:10～30克/千克体重,连用4～6天(海水鱼类相同)		
大蒜素粉(含大蒜素10%)	用于防治细菌性肠炎	0.2克/千克体重,连用4～6天(海水鱼类相同)		
大黄 medicinal rhubarb	用于防治细菌性肠炎、烂鳃	全池泼洒:2.5～4.0毫克/升(海水鱼类相同) 拌饵投喂:5～10克/千克体重,连用4～6天(海水鱼类相同)		投喂时常与黄芩、黄柏合用(三者比例为5:2:3)
黄芩 raikai skullcap	用于防治细菌性肠炎、烂鳃病、赤皮病、出血病	拌饵投喂:2～4克/千克体重,连用4～6天(海水鱼类相同)		投喂时常与大黄、黄柏合用(三者比例为2:5:3)
黄柏 amur corktree	用于防治细菌性肠炎、出血病	拌饵投喂:3～6克/千克体重,连用4～6天(海水鱼类相同)		投喂时常与大黄、黄芩合用(三者比例为3:5:2)
五倍子 Chinese sumac	用于防治细菌性烂鳃病、赤皮病、白皮病、疖疮	全池泼洒:2～4毫克/升(海水鱼类相同)		
穿心莲 common andrographis	用于防治细菌性肠炎、烂鳃病、赤皮病	全池泼洒:15～20毫克/升 拌饵投喂:10～20克/千克体重,连用4～6天		

续表

渔药名称	用途	用法与用量	休药期/天	注意事项
苦参 lightyellow sophora	用于防治细菌性肠炎、竖鳞病	全池泼洒：1.0～1.5毫克/升 拌饵投喂：1～2克/千克体重，连用 4～6 天		
土霉素 oxytetracycline	用于治疗肠炎病、弧菌病	拌饵投喂：50～80毫克/千克体重，连用 4～6 天（海水鱼类相同，虾类50～80毫克/千克体重，连用 5～10天）	≥30（鳗鲡） ≥21（鲶鱼）	勿与铝、镁离子及卤素、碳酸氢钠、凝胶合用
噁喹酸 oxolinic acid	用于治疗细菌性肠炎病、赤鳍病，香鱼、对虾弧菌病，鲈鱼结节病，鲱鱼疖疮病	拌饵投喂：10～30毫克/千克体重，连用 5～7 天（海水鱼类 1～20毫克/千克体重；对虾 6～60毫克/千克体重，连用 5天）	≥25（鳗鲡） ≥21（鲤鱼、香鱼） ≥16（其他鱼类）	用药量视不同的疾病有所增减
磺胺嘧啶 （磺胺哒嗪） sulfadiazine	用于治疗鲤科鱼类的赤皮病、肠炎病，海水鱼链球菌病	拌饵投喂：100毫克/千克体重，连用 5 天（海水鱼类相同）		1.与甲氧苄氨嘧啶（TMP）同用，可产生增效作用 2.第一天药量加倍

续表

渔药名称	用途	用法与用量	休药期/天	注意事项
磺胺甲噁唑（新诺明、新明磺）sulfamethox-azole	用于治疗鲤科鱼类的肠炎病	拌饵投喂：100毫克/千克体重，连用5～7天	≥30	1. 不能与酸性药物同用 2. 与甲氧苄氨嘧啶（TMP）同用，可产生增效作用 3. 第一天药量加倍
磺胺间甲氧嘧啶（制菌磺、磺胺-6-甲氧嘧啶）sulfamonome-thoxine	用于治疗鲤科鱼类的竖鳞病、赤皮病及弧菌病	拌饵投喂：50～100毫克/千克体重，连用4～6天	≥37（鳗鲡）	1. 与甲氧苄氨嘧啶（TMP）同用，可产生增效作用 2. 第一天药量加倍
氟苯尼考 florfenicol	用于治疗鳗鲡爱德华氏病、赤鳍病	拌饵投喂：10.0毫克/千克体重，连用4～6天	≥7（鳗鲡）	
聚维酮碘（聚乙烯吡咯烷酮碘、皮维碘、PVP-1、碘伏）（有效碘1.0%）povidone-iodine	用于防治细菌性烂鳃病、弧菌病、鳗鲡红头病。并可用于预防病毒病：如草鱼出血病、传染性胰腺坏死病、传染性造血组织坏死病、病毒性出血败血症	全池泼洒：海、淡水幼鱼、幼虾0.2～0.5毫克/升，海、淡水成鱼、成虾1～2毫克/升，鳗鲡2～4毫克/升 浸浴：草鱼种30毫克/升，15～20分钟；鱼卵30～50毫克/升（海水鱼卵25～30毫克/升），5～15分钟		1. 勿与金属物品接触 2. 勿与季铵盐类消毒剂直接混合使用

注：选自 NY 5071—2002。

禁用渔药

药物名称	化学名称（组成）	别　名
地虫硫磷 fonofos	0-2 基-S 苯基二硫代磷酸乙酯	大风雷
六六六 BHC(HCH) benzem, bexachloridge	1,2,3,4,5,6-六氯环己烷	
林丹 lindane, agammaxare, gamma-BHC	γ-1,2,3,4,5,6-六氯环己烷	丙体六六六
毒杀芬 camphechlor(ISO)	八氯莰烯	氯化莰烯
滴滴涕 DDT	2,2-双(对氯苯基)-1,1,1-三氯乙烷	
甘汞 calomel	二氯化汞	
硝酸亚汞 mercurous nitrate	硝酸亚汞	
醋酸汞 mercuric acetate	醋酸汞	
呋喃丹 carbofuran	2,3-二氢-2,2-二甲基-7-苯并呋喃基-甲基氨基甲酸酯	克百威、大扶农
杀虫脒 chlordimeform	N-(2-甲基-4-氯苯基)N′,N′-二甲基甲脒盐酸盐	克死螨
双甲脒 amitraz	1,5-双-(2,4-二甲基苯基)-3 甲基-1,3,5-三氮戊二烯-1,4	二甲苯胺脒
氟氯氰菊酯 cyfluthnin	(R,S)-α-氰基-3-苯氧苄基-(R,S)-2-(4-二氟甲氧基)-3-甲基丁酸酯	保好江乌、氟氯菊酯

续表

药物名称	化学名称（组成）	别　名
五氯酚钠 PCP-Na	五氯酚钠	
孔雀石绿 malachite green	$C_{23}H_{25}CIN_2$	碱性绿、盐基块绿、孔雀绿
锥虫肿胺 tryparsamide		
酒石酸锑钾 anitmonyl potassium tartrate	酒石酸锑钾	
磺胺噻唑 sulfathiazolum ST，norsultazo	2-(对氨基苯磺酰胺)-噻唑	消治龙
磺胺脒 sulfaguanidine	N_1-脒基磺胺	磺胺胍
呋喃西林 furacillinum，nitrofurazone	5-硝基呋喃醛缩氨基脲	呋喃新
呋喃唑酮 furazolidonum，nifulidone	3-(5-硝基糠叉胺基)-2-噁唑烷酮	痢特灵
呋喃那斯 furanace，nifurpirinol	6-羟甲基-2-[5-硝基-2-呋喃基乙烯基]吡啶	P-7138 （实验名）
氯霉素 （包括其盐、酯及制剂） chloramphennicol	由委内瑞拉链霉素产生或合成法制成	
红霉素 erythromycin	属微生物合成，是 *Streptomyces eyythreus* 产生的抗生素	

续表

药物名称	化学名称（组成）	别名
杆菌肽锌 zinc bacitracin premin	由枯草杆菌 *Bacillus subtilis* 或 *B. lecheniformis* 所产生的抗生素，为一含有噻唑环的多肽化合物	枯草菌肽
泰乐菌素 tylosin	*S. fradiae* 所产生的抗生素	
环丙沙星 ciprofloxacin(CIPRO)	为合成的第三代喹诺酮类抗菌药，常用盐酸盐水合物	环丙氟哌酸
阿伏帕星 avoparcin		阿伏霉素
喹乙醇 olaquindox	喹乙醇	喹酰胺醇羟乙喹氧
速达肥 fenbendazole	5-苯硫基-2-苯并咪唑	苯硫哒唑氨甲基甲酯
己烯雌酚 （包括雌二醇等其他类似合成等雌性激素） diethylstilbestrol, stilbestrol	人工合成的非甾体雌激素	乙烯雌酚，人造求偶素
甲基睾丸酮 （包括丙酸睾丸素、去氢甲睾酮以及同化物等雄性激素） methyltestosterone, metandren	睾丸素 C_{17} 的甲基衍生物	甲睾酮、甲基睾酮

注：选自 NY 5071—2002。

渔用配合饲料的安全指标限量

项目	限量	适用范围
铅(以 Pb 计)/(毫克/千克)	≤5.0	各类渔用配合饲料
汞(以 Hg 计)/(毫克/千克)	≤0.5	各类渔用配合饲料
无机砷(以 As 计)/(毫克/千克)	≤3	各类渔用配合饲料
镉(以 Cd 计)/(毫克/千克)	≤3	海水鱼类、虾类配合饲料
	≤0.5	其他渔用配合饲料
铬(以 Cr 计)/(毫克/千克)	≤10	各类渔用配合饲料
氟(以 F 计)/(毫克/千克)	≤350	各类渔用配合饲料
游离棉酚/(毫克/千克)	≤300	温水杂食性鱼类、虾类配合饲料
	≤150	冷水性鱼类、海水鱼类配合饲料
氰化物/(毫克/千克)	≤50	各类渔用配合饲料
多氯联苯/(毫克/千克)	≤0.3	各类渔用配合饲料
异硫氰酸酯/(毫克/千克)	≤500	各类渔用配合饲料
噁唑烷硫酮/(毫克/千克)	≤500	各类渔用配合饲料
油脂酸价(KOH)/(毫克/克)	≤2	渔用育苗配合饲料
	≤6	渔用育成配合饲料
	≤3	鳗鲡育成配合饲料
黄曲霉毒素 B_1/(毫克/千克)	≤0.01	各类渔用配合饲料
六六六/(毫克/千克)	≤0.3	各类渔用配合饲料
滴滴涕/(毫克/千克)	≤0.2	各类渔用配合饲料
沙门氏菌/(cfu/25 克)	不得检出	各类渔用配合饲料
霉菌/(cfu/克)	≤3×10^4	各类渔用配合饲料

注:选自 NY 5072—2002。

淡水养殖用水水质要求

序号	项目	标准值
1	色、臭、味	不得使养殖水体带有异色、异臭、异味
2	总大肠菌群（个/升）	≤5 000
3	汞（毫克/升）	≤0.000 5
4	镉（毫克/升）	≤0.005
5	铅（毫克/升）	≤0.05
6	铬（毫克/升）	≤0.1
7	铜（毫克/升）	≤0.01
8	锌（毫克/升）	≤0.1
9	砷（毫克/升）	≤0.05
10	氟化物（毫克/升）	≤1
11	石油类（毫克/升）	≤0.05
12	挥发性酚（毫克/升）	≤0.005
13	甲基对硫磷（毫克/升）	≤0.000 5
14	马拉硫磷（毫克/升）	≤0.005
15	乐果（毫克/升）	≤0.1
16	六六六（丙体）（毫克/升）	≤0.002
17	DDT（毫克/升）	0.001

注：选自 NY 5051—2001。

参 考 文 献

[1] 刘建康,何碧梧.中国淡水鱼类养殖学.北京:科学出版社,1992.

[2] 潘黔生,方之平.实用淡水养殖技术.武汉:湖北科学技术出版社,1988.

[3] 中国科学院水生生物研究所.淡水渔业增产新技术.南昌:江西科学技术出版社,1988.

[4] 楼允东.鱼类育种学.北京:中国农业出版社,2001.

[5] 王振龙,宋憬愚.淡水养殖实用新技术.北京:中国农业科学技术出版社,1996.

[6] 王诗成.渔政知识全书.济南:山东友谊出版社,1995.

[7] 张杨宗,谭玉钧.中国池塘养鱼学.北京:科学出版社,1989.

[8] 岳永生.养鱼手册.2版.北京:中国农业大学出版社,2005.

[9] 农业部渔业局.渔民必读.2002.

[10] 山东省海洋与渔业厅.水产标准汇编.2002.

[11] 侯永清.水产动物营养与饲料配方.武汉:湖北科学技术出版社,2001.

[12] 王道尊,刘永发,徐寿山,等.渔用饲料实用手册.上海:上海科学技术出版社,2004.